LEÇONS SUR L'INFORMATIQUE

RICHARD P. FEYNMAN

LEÇONS SUR L'INFORMATIQUE

Traduit de l'anglais (États-Unis)
par Céline Laroche

Odile Jacob

OUVRAGE TRADUIT AVEC LE CONCOURS
DU CENTRE NATIONAL DU LIVRE

Ouvrage original paru sous le titre
Lectures on Computation
chez Addison-Wesley publishing company, Inc.

3, rue Auguste-Comte, 75006 Paris

www.odilejacob.fr

ISBN 978-2-7381-1415-0

LEÇON 1

Les ordinateurs : introduction

Les ordinateurs peuvent faire tout un tas de choses. Ils sont capables d'additionner des millions de nombres en un clin d'œil. Ils peuvent vaincre les plus grands maîtres d'échecs. Certains guident des missiles jusqu'à leur cible, d'autres nous permettent de réserver dans l'avion une place non-fumeur, entre une religieuse férue de guitare et un professeur de physique. Certains peuvent même jouer du bongo... autant dire que c'est plutôt varié ! Donc, si nous devons étudier les ordinateurs, mieux vaut sélectionner tout de suite ceux d'entre eux qui nous intéresseront, et en quoi.

En fait, nous ne nous attarderons pas longtemps sur les machines elles-mêmes. En effet, l'inspection des entrailles d'un ordinateur révèle qu'à l'instar des êtres humains, ces engins se ressemblent tous plus ou moins. Ils pourront se distinguer par leur fonction, par la nature de leurs données d'entrée ou de sortie — l'un fera de la musique et l'autre du dessin, certains pourront être commandés par un clavier, d'autres par le couple moteur des roues d'une voiture — mais dans le fond, tous sont très semblables. Nous ne nous intéresserons donc qu'à leurs entrailles. En outre, nous ne ferons aucune hypothèse sur leurs structures d'entrée et de sortie, ni sur la manière dont l'information entre et sort de la machine. Tout ce qui nous intéressera, quelle que soit la manière dont la donnée d'entrée est fournie à la machine, c'est qu'elle le soit sous forme numérique ; de même, quel que soit le signal de sortie quittant les entrailles de l'ordinateur, nous demanderons uniquement qu'il s'agisse d'un signal numérique. J'entends par là un nombre binaire : une série de 0 et de 1.

À quoi ressemblent les entrailles d'un ordinateur ? Grosso modo, disons que la machine est construite à partir d'un ensemble d'éléments simples. Ces derniers n'ont rien de particulier (ils pourraient être des valves de contrôle, par exemple, ou des perles sur les fils d'un boulier) et il existe un large choix de possibilités pour l'ensemble élémentaire. Tout ce qui compte, c'est que nous puissions les utiliser pour tout construire. Comment s'agencent-ils ? Ici encore, les choix sont nombreux ; la meilleure structure sera sélectionnée en fonction, par exemple, de la vitesse, de la dissipation d'énergie, de l'esthétique ou de ce qui nous passera par la tête. À cet égard, la diversité des ordinateurs s'apparente un peu à la diversité des habitations : à première vue, nous dirions d'un immeuble hausmannien qu'il n'a rien de commun avec un hangar à bateaux. Et pourtant, tous deux sont construits à partir des mêmes éléments (briques, mortier, bois, huile de coude) ; certes, il en faudra plus pour édifier un immeuble hausmannien, et il faudra les agencer différemment suivant les besoins de ses occupants. Mais au fond, ces deux édifices ont beaucoup de points communs.

Restons dans l'abstrait pour le moment et posons-nous la question de savoir comment câbler un ensemble de tels ou tels éléments afin qu'il accomplisse le plus de choses possible. Voilà une question qui peut sembler fondamentale. Et pourtant, ici encore, j'y répondrai en disant que, dans une certaine mesure, cela importe peu. Un ordinateur sachant faire un certain nombre de choses (ou, plus rigoureusement, une machine possédant un certain « ensemble suffisant » de procédures élémentaires), effectuera à peu près les mêmes tâches que n'importe quel autre. Voilà en gros l'essence du grand « principe d'universalité ». « Holà ! pas si vite, vous écriez-vous, ma calculette de poche est incapable de faire des simulations concernant Jupiter comme une armée de super-calculateurs Cray ! » Eh bien, si : il faudrait la réorganiser un peu, gonfler sa mémoire... certes, elle serait terriblement lente, mais avec suffisamment de temps, votre calculette pourrait reproduire n'importe quel calcul mené par un Cray. Plus généralement, imaginons deux ordinateurs ***A*** et ***B***, et supposons que nous connaissions ***A*** sur le bout des doigts (nous savons comment il fonctionne, nous connaissons ses « règles de changement d'état », et ainsi de suite). Supposons que la machine ***B*** soit capable de décrire plus ou moins l'état de ***A***. Nous pouvons alors utiliser ***B*** pour simuler le fonctionnement de ***A*** en décrivant ses changements d'état successifs. Autrement dit, ***B*** imiterait la machine ***A***. Cela prendrait une éternité dans le cas de figure d'une machine ***B*** rudimentaire et d'un ordinateur ***A*** très sophistiqué, mais au bout du compte, ***B*** pourra reproduire tout ce que fait ***A***. Nous en ferons la preuve un peu plus loin dans le cours, lorsque nous nous intéresserons à la conception d'ordinateurs tels que ***B***, connus sous le nom de « machines de Turing ».

Abordons la question de l'universalité sous un autre angle. Le langage fournit une bonne analogie. Posons-nous la question de savoir comment désigner au mieux un objet donné ? Disons... un véhicule à essence, muni de quatre roues. Bien sûr, dans la plupart des langues, ou tout du moins dans les langues occidentales, il existe un mot pour désigner cet engin : nous dirions *voiture*, les Anglo-Saxons disent *car*, les Italiens *machina* et ainsi de suite. Toutefois certaines langues, dans leur évolution, n'ont pas eu besoin d'un mot pour dire *voiture*, et les natifs de ces langues-ci auront à inventer une description, sûrement longue et compliquée, à partir de leurs éléments linguistiques de base.

Et pourtant, aucune de toutes ces descriptions n'est intrinsèquement « meilleure » qu'une autre : toutes font leur boulot, et seule l'efficacité les distingue. Inutile d'introduire une démocratie des mots. Poursuivons jusqu'aux alphabets. Quel serait, par exemple, le meilleur alphabet pour la langue française ? J'entends par là : pourquoi nous cantonner à nos vingt-six lettres habituelles ? Tout ce que nous pouvons faire avec ces vingt-six lettres, nous le faisons tout aussi bien à l'aide de trois symboles seulement (je pense à l'alphabet morse : point, tiret, espace), voire même deux (par exemple dans le code télégraphique Bacon, où les lettres A à Z sont représentées par des nombres binaires à cinq chiffres). Nous avons donc beaucoup de liberté dans le choix de notre ensemble fondamental d'éléments, et ce choix n'affecte que l'efficacité de notre langage, le poids de nos livres : il n'existe pas d'alphabet ou de langage « meilleur » que les autres ; chacun est universel dans sa logique et chacun peut imiter tous les autres. Pour revenir aux ordinateurs, le principe d'universalité énonce en fait que l'ensemble des besognes compliquées que peut effectuer un « ensemble suffisant » de procédures élémentaires est indépendant du détail de la structure de cet ensemble de base.

Afin que les ordinateurs d'aujourd'hui puissent accomplir les tâches si complexes qui leur sont imparties, nous devons établir une décomposition précise et exhaustive de cette tâche en procédures simples — le *software* — et disposer d'une machine effectuant ces étapes élémentaires dans un ordre particulier — voilà le *hardware*. Ces instructions doivent être exactes et non ambiguës. Bien entendu, dans la vie, nous ne nous disons jamais tout ce que nous avons à nous transmettre dans les moindres détails, car le contexte, le langage corporel ou le degré d'intimité avec notre interlocuteur sont autant d'aspects qui « comblent les ellipses » et nous préservent des ambiguïtés. En revanche, les ordinateurs sont incapables de « deviner » ce que nous voulons dire comme pourrait le faire un être humain. Nous devons tout décortiquer jusque dans les moindres détails. Qui sait, peut-être nos machines parviendront-elles un jour à interpréter des descriptions plus approximatives, mais pour le moment, nous devons rester très pointilleux lorsque nous demandons quelque chose à un ordinateur.

Voyons comment construire des instructions compliquées à partir d'un ensemble d'éléments simples. Manifestement, si nous partons d'un ensemble d'instructions très rudimentaire (notons-le B), il nous faudra, pour réaliser un processus complexe, une description faramineuse, et le « programme » correspondant sera long et compliqué. Imaginons par exemple la situation suivante : nous voulons que notre ordinateur exécute toutes sortes d'opérations numériques, mais la multiplication ne fait pas partie des opérations élémentaires de l'ensemble B. Demandons à notre machine de multiplier 35 par 3, elle répond : « Faire... quoi ? » Toutefois, si B contient l'addition, en y réfléchissant une seconde, vous verrez qu'on peut bel et bien effectuer des multiplications en additionnant plusieurs fois le même nombre (dans notre exemple, il suffit d'ajouter deux fois de suite 35 à lui-même). Cela étant, la rédaction des programmes à exécuter à partir de B sera beaucoup plus simple si nous ajoutons à B l'instruction distincte « multiplier », que nous définissons à partir des instructions élémentaires de B permettant de fabriquer la multiplication. Dans ce cas, il nous suffit alors, pour multiplier deux nombres, de demander : « Ordinateur ! 3 fois 35 ? », et celui-ci reconnaîtra l'instruction « fois » (ce n'est rien de plus que quelques additions, opération qu'il connaît bien). La machine décompose ces instructions à tiroir en leurs composants élémentaires. Ce faisant, elle nous évite de nous enliser en revenant sans cesse aux concepts élémentaires. Les processus complexes sont donc construits étape par étape. Il existe dans la vie de tous les jours un analogue très semblable : nous avons coutume de remplacer par un mot tout un ensemble d'idées, et les liaisons de l'une à l'autre. Lorsque nous utilisons ces idées ou leur interconnexion, nous pouvons donc nous contenter d'un seul mot, ce qui nous évite de remonter jusqu'aux concepts élémentaires. Les ordinateurs sont si complexes qu'il s'avère généralement indispensable de simplifier les idées de la sorte, et il est essentiel de bien les concevoir pour ne pas se perdre dans les détails.

Nous commencerons par construire un ensemble de procédures très élémentaires, afin de comprendre comment exécuter des opérations comme l'addition de deux nombres ou le transfert de nombres d'une case mémoire à une autre. Puis nous passerons au niveau de complexité suivant, en utilisant ces instructions dans le but de produire des opérations comme la multiplication, et ainsi de suite. Nous ne poursuivrons pas très loin dans la hiérarchie, mais si vous tenez à voir jusqu'où cela peut aller, consultez par exemple l'article de P. J. Denning et R. L. Brown sur les systèmes opératoires (*Scientific American*, septembre 1984, p. 96-104) : ils en dénombrent treize niveaux ! Ils partent du niveau 1, celui des circuits électroniques (enregistreurs, portes, bus) et terminent au niveau 13, celui du système d'exploitation, qui gère l'environnement de programmation de l'utilisateur. Cette décomposition hiérarchique des instructions transforme les transferts élémentaires de zéros et de uns du niveau 1 en commandes capables, lorsqu'on arrive au niveau 13, de simuler le décollage d'une navette spatiale ou de vérifier si un nombre de quarante chiffres est premier ou pas. Nous aborderons cette hiérarchie d'une manière assez souple, afin de pouvoir la parcourir dans un sens comme dans l'autre.

En outre, nous limiterons notre discussion aux ordinateurs possédant la fameuse « architecture de Von Neumann ». Le mot « architecture » impressionne, mais ce n'est qu'un grand mot pour désigner la façon dont sont agencés les composants électroniques (plutôt que briques et parpaings). Von Neumann fut un mathématicien célèbre qui, outre ses contributions importantes aux fondements de la théorie quantique, fut aussi le premier à établir clairement les principes fondamentaux des ordinateurs modernes. Nous étudierons également le fonctionnement de plusieurs ordinateurs travaillant sur un même problème, en nous restreignant aux ordinateurs qui travaillent en séquence plutôt qu'en parallèle (c'est-à-dire qui résolvent les différentes parties d'un problème les unes après les autres plutôt que de les traiter simultanément). En optant pour le traitement séquentiel plutôt que parallèle, nous ne perdons qu'en vitesse d'exécution : rien de fondamental.

Nous avons mentionné plus haut le fait que la « science des ordinateurs » n'était pas vraiment une science. Il nous faut maintenant renier jusqu'au mot « ordinateur » ! Voyez-vous, « ordinateur » nous rappelle l'arithmétique — additionner, soustraire, multiplier, etc. — et d'aucuns pourraient croire que c'est tout ce que fait un ordinateur. Or une machine ordinaire effectue les opérations mathématiques élémentaires en un endroit particulier, le reste de la machine étant réservé à la tâche principale de l'ordinateur, à savoir trier des bouts de papier — ici, bien sûr, les « bouts de papier » sont des signaux numériques. L'ordinateur inspire, par bien des façons, une armada d'employés de bureau préposés au classement : ils vont et viennent sans relâche, de leur bureau à leur meuble classeur, en sortent continuellement des fichiers pour les y remettre ensuite, gribouillent sur de petits bouts de papier, se passent des notes les uns les autres, et ainsi de suite. Il se trouve que cette image de l'employé qui brasse des papiers dans son bureau à longueur de journée est un bon point de départ pour se faire une première idée de l'organisation d'un ordinateur. Nous étudierons avec quelque détail, peut-être même trop pour les plus impatients d'entre vous, mais le modèle est parfait pour transmettre l'essentiel de ce que fait un ordinateur : il mérite donc que nous y consacrions un peu de temps.

1.1 Le modèle du préposé au classement

Imaginons une grande entreprise, qui emploie de nombreux vendeurs. Une quantité colossale d'informations concernant ces vendeurs est archivée quelque part, dans un vaste système de classement géré par un employé. Supposons pour commencer que ce préposé au classement sache extraire l'information du système d'archivage. Les données sont enregistrées sur des cartes, chacune d'elles indiquant le nom du vendeur, la région dans laquelle il exerce, le nombre et la nature des ventes qu'il a effectuées, son salaire et ainsi de suite.

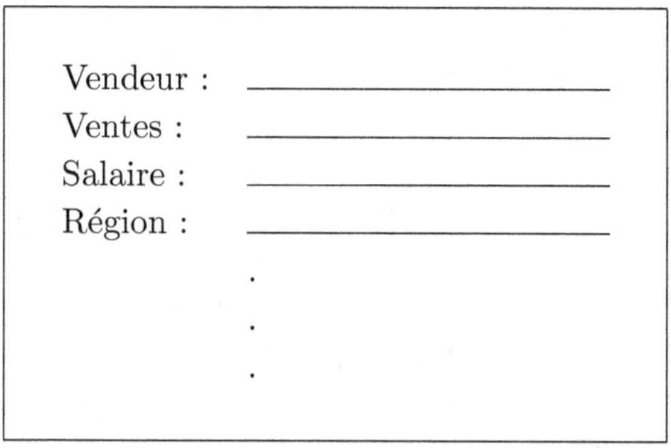

Imaginons à présent que nous voulions répondre à une question précise : « Quel est le nombre total de ventes de la région Basse-Normandie » ? Plutôt simplette, comme question. C'est justement pour cela que je l'ai choisie : nous devons commencer avec des questions simples si nous espérons, par la suite, comprendre les questions difficiles. Comment notre préposé peut-il trouver le nombre total de ventes en Basse-Normandie ? Voici une façon de procéder :

- Prendre une carte
- Si la rubrique « Région » indique « Basse-Normandie », alors :
  - Ajouter, au compteur courant appelé *total*, le nombre indiqué à la rubrique « ventes »
- Ranger la carte du vendeur
- Prendre la carte suivante et recommencer.

Bien évidemment, il faut renouveler cette opération jusqu'à l'épuisement de toutes les cartes. Imaginons toutefois que l'entreprise n'ait recruté que des employés particulièrement stupides qui, s'ils savent lire, sont complètement dépassés par des instructions comme celles-ci. Admettons qu'ils ne sachent pas tenir à jour un compteur. Nous devons les aider un petit peu. Inventons donc, à l'intention de notre préposé au classement, une carte baptisée *total*. Voici comment il l'utilisera pour garder trace du total courant :

- Prendre la carte *vendeur* suivante
- Si « Basse-Normandie », alors :
  - Prendre la carte *total*
  - Ajouter le nombre de ventes au nombre porté sur la carte *total*
  - Ranger la carte *total*
- Ranger la carte *vendeur*
- Prendre la carte *vendeur* suivante et recommencer.

Voilà une interprétation très mécanique de la façon dont un ordinateur rudimentaire pourrait résoudre ce problème d'addition. Évidemment, les données ne seraient pas enregistrées sur des cartes, et la machine n'aurait pas à « prendre une carte » : elle lirait l'information mémorisée sur un fichier. De même, elle écrit sur une « carte » une donnée relevée sur un fichier, sans avoir à « remettre » physiquement quoi que ce soit en place.

Exigeons à présent le maximum de notre employé ! Imaginons que chacun des vendeurs reçoive, outre le salaire que lui paye l'entreprise, une petite commission sur les ventes. Pour en connaître le montant, il suffit de multiplier le nombre de ventes par le pourcentage correspondant. Nous voudrions que notre préposé fasse ce travail. Il ne nous coûte pas trop cher et il est même assez rapide, mais il est malheureusement trop ignorant pour faire des multiplications[1]. Si nous lui demandons de multiplier 5 par 7, il répond : « Faire... quoi ? » C'est donc à nous de lui enseigner cette opération. Pour ce faire, nous tirerons parti de ses talents ; il est une chose qu'il fait à la perfection : il manipule les cartes très, très vite.

Nous travaillerons en base deux. Comme vous le savez peut-être, les règles du calcul binaire sont plus simples que celles du calcul en base dix : la table de multiplication est si courte qu'elle tiendra facilement sur une carte. Et nous supposerons que le premier venu est capable de les retenir, même notre préposé. Il lui suffira de faire des décalages et des retenues, comme l'illustre l'exemple ci-dessous :

En décimal : $22 \times 5 \quad = 110$

En binaire :	10110		En décimal :	22
	101			5
	10110			
	10110	(décaler 2 fois)		
	1101110			110

Si notre employé sait faire décalages et retenues, eh bien, il peut multiplier. Il le fait de manière très stupide, certes, mais il le fait

[1] Je précise en aparté que notre crétin préposé au classement a beau être un homme, il n'y a rien de sexiste dans tout cela !

aussi très rapidement, et c'est justement le but de tout cela : l'intérieur d'un ordinateur est complètement débile, mais il tourne à toute allure ! Il peut exécuter plusieurs millions d'opérations simples en une seconde et, en cela, ressemble de très près à notre préposé au classement : vif mais sot. C'est uniquement parce qu'il fonctionne aussi vite qu'on ne réalise pas qu'il fait les choses aussi bêtement. (Ce qui est très intéressant, c'est qu'il faut quelques millisecondes aux neurones du cerveau humain pour exécuter certaines opérations élémentaires. D'où le mystère de savoir pourquoi le cerveau est si intelligent. Les ordinateurs ont beau devancer largement le cerveau humain pour la multiplication, ils rencontrent des difficultés avec des tâches que même les plus jeunes enfants trouvent très simples, comme de reconnaître les gens ou manipuler des objets.)

Pour continuer, nous devons préciser un peu notre ensemble d'opérations élémentaires. L'une des plus fondamentales est celle qui consiste à transférer l'information depuis les cartes que lit notre employé, jusqu'à une sorte de bloc-notes sur lequel il fait ses calculs :

Opérations de transfert :
- « Prendre la carte X » = l'information sur la carte X est reportée sur le bloc-notes
- « Replacer la carte Y » = l'information sur le bloc-notes est reportée sur la carte Y

Nous n'avons fait guère plus que définir l'instruction « prendre la carte X » comme l'acte consistant à recopier l'information contenue dans la carte X sur le bloc-notes, et de même pour l'instruction « replacer la carte Y ». Nous voulons ensuite montrer à notre préposé comment vérifier si la région indiquée sur la carte X est bien la Basse-Normandie. Il devra le faire pour chaque carte, et la première chose à lui enseigner est donc de mémoriser « Basse-Normandie » d'une carte à la suivante. Pour l'y aider, nous pouvons introduire une nouvelle carte N portant uniquement la mention Basse-Normandie. Ses instructions deviennent alors :

- Prendre la carte X (du classeur au bloc-notes)
- Prendre la carte N (du classeur au bloc-notes)
- Comparer le contenu de la carte X avec celui de la carte N.

Il nous reste à lui indiquer la tâche à accomplir si le contenu des cartes sont les mêmes et à lui demander, dans le cas contraire, de remettre les cartes pour prendre les suivantes. Il semble plutôt vain d'avoir constamment à sortir et à replacer la carte Basse-Normandie et, en effet, c'est inutile : au lieu de cela, l'information pourrait être conservée sur le bloc-notes. Ce serait mieux ainsi, mais tout dépend de l'espace dont notre préposé dispose sur ledit bloc, et du nombre de données qu'il devra y conserver. S'il n'a pas beaucoup de place, alors il faudra s'accommoder de ces nombreux va-et-vient. Nous devons avoir conscience de ce genre de choses !

Continuons de décomposer en éléments de plus en plus simples et fondamentaux les tâches complexes qui incombent à notre employé. Par exemple, comment lui demander de relever le contenu de la rubrique « région » d'une carte qu'il vient de piocher dans son classeur ? Une façon de faire serait d'enquiquiner encore le pauvre type avec une nouvelle carte, sur laquelle serait inscrit quelque chose comme :

0000 0000 0000 0000 0000 1111 0000 0000 0000 0000...

À chaque série de chiffres correspond une donnée particulière sur la carte : la première suite de zéros est « alignée » avec le nom du vendeur, la suivante avec son âge, disons, et ainsi de suite. L'employé parcourt en un clin d'œil toute cette liste de nombres jusqu'à ce qu'il rencontre un ensemble de uns. Alors seulement lit-il l'information correspondante. Dans notre cas, 1111 est aligné avec « Basse-Normandie ». C'est ce type de processus de localisation qu'utilisent les ordinateurs, l'opération appelée « AND » pouvant y être utile (nous verrons cela plus loin). Cette petite digression avait pour seul but d'insister sur le fait que nous ne considérons aucune des compétences de notre employé comme acquise : nous nous arrangeons pour lui faire accomplir son travail de plus en plus bêtement.

1.2 Jeux d'instructions

Jetons un œil au bloc-notes de notre préposé au classement. Nous ne lui avons pas encore montré comment l'utiliser, et c'est ce que nous allons faire maintenant. Imaginons une séparation en deux groupes des instructions qu'il peut exécuter : d'une part, un « ensemble d'instructions » central, avec les procédures simples à accomplir sur le bloc-notes : ajouter, transférer, etc. Ces instructions font partie du *hardware* : elles restent les mêmes quel que soit le problème à résoudre. Disons qu'elles illustrent les compétences de notre employé. Il existe ensuite un second jeu d'instructions qui, quant à elles, sont propres à la tâche à accomplir (disons, ici, le calcul de la commission des vendeurs). Les éléments de ce second jeu d'instructions sont construits à partir des instructions centrales, sur le même principe que ce que nous avons vu plus haut, et représentent les combinaisons des talents de notre employé qui lui seront nécessaires pour accomplir le travail demandé.

La première chose à enseigner à notre employé, c'est de faire les choses dans le bon ordre, c'est-à-dire de suivre une succession d'instructions. Pour ce faire, nous réquisitionnons l'une des zones de mémoire du bloc-notes pour servir de « compteur ordinal ». Celui-ci contiendra un nombre indiquant à l'employé où il en est des procédures à exécuter. Pour ce dernier, ce nombre n'est qu'une adresse. Il sait qu'au fin fond du système de classement se trouve un classeur spécial contenant les « fichiers d'instructions », et qu'il doit récupérer, dans ce classeur, une carte correspondant au numéro donné par le compteur. Il lira sur cette carte l'instruction à accomplir ensuite, qu'il inscrit sur son bloc aide-mémoire, dans la zone appelée « registre instruction ».

Fichier

Adresse	Instruction

Compteur ordinal

CO

Avant d'exécuter cette instruction, il se prépare pour la suivante en ajoutant simplement 1 au compteur ordinal. Alors seulement fait-il ce qui lui est demandé dans le registre. Cette séquence d'actions pourrait être résumée de la manière suivante, la notation () désignant « le contenu de » — mémorisez-la car nous l'utiliserons à plusieurs reprises :

- Récupérer les instructions à l'adresse CO
- $CO \leftarrow (CO) + 1$
- Exécuter l'instruction

La deuxième ligne n'est qu'une manière élaborée de dire que le compteur CO prend la nouvelle valeur (CO)+1. L'employé aura également besoin de place, sur son bloc-notes, pour mémoriser temporairement des données — qui pourront lui permettre de faire des calculs par exemple. Ces espaces s'appellent des « registres ». Grâce à eux, l'employé peut réserver une donnée pendant qu'il va en chercher une autre. Ne serait-ce que pour additionner deux nombres, il faut bien se souvenir du premier tant qu'on n'a pas récupéré le second ! Tout est exécuté de manière séquentielle, les registres permettant d'organiser les opérations. En général, ils portent des noms. Dans notre exemple, nous en aurons quatre, que nous baptiserons A, B, X et C pour le quatrième, un peu particulier (il ne peut mémoriser qu'une seule donnée, et nous l'appellerons le « registre de retenue »). Nous pourrions imaginer plus de registres, voire moins (d'une manière générale, un programme est d'autant plus facile à écrire que l'on dispose de plus de registres) mais quatre suffiront à illustrer nos propos.

Notre employé sait donc s'enquérir de ce qu'il doit faire, et au bon moment. Regardons à présent le jeu d'instructions centrales de son bloc-notes. Le premier type d'instructions concerne le transfert des données d'une carte sur une autre. Prenons par exemple un espace mémoire M sur le bloc-notes. Nous voulons une instruction permettant de reporter le contenu du registre A sur M :

$$\text{reporter } (A) \text{ sur } M \qquad \text{ou} \qquad M \leftarrow (A).$$

De même, l'inverse, c'est-à-dire le transfert du contenu de M sur A (notez que M, contrairement à A, n'est pas forcément adaptée aux mémorisations temporaires), doit être possible :

$$\text{reporter } (M) \text{ sur } A \qquad \text{ou} \qquad A \leftarrow (M).$$

Il nous faut également les instructions analogues pour le registre B :

$$\text{reporter } (B) \text{ sur } M \qquad \text{ou} \qquad M \leftarrow (B),$$
$$\text{reporter } (M) \text{ sur } B \qquad \text{ou} \qquad B \leftarrow (M).$$

Nous utiliserons le registre X un peu différemment : en faisant des reports de B vers X et de X vers B :

$$X \leftarrow (B) \qquad \text{et} \qquad B \leftarrow (X).$$

En plus de cela, il faut pouvoir garder un œil sur le compteur ordinal CO, et y porter les modifications nécessaires. C'est évidemment indispensable : si l'employé file s'attaquer à une multiplication, par exemple, il faut qu'il sache quoi faire à son retour

— il doit se souvenir du nombre qu'indique CO. Nous allons donc le conserver dans le registre X. Ainsi, ajoutons-nous l'instruction suivante :

$$CO \leftarrow (X) \qquad \text{et} \qquad X \leftarrow (CO).$$

Ensuite, nous aurons besoin d'opérations arithmétiques et logiques. La plus élémentaire est la fonction « effacer » :

$$\text{Effacer } A \qquad \text{ou} \qquad A \leftarrow 0.$$

Cela implique, quel que soit le contenu de A, que nous l'oublions, que nous le jetons. Puis vient l'opération « additionner »,

$$\text{Additionner } B \text{ à } A \qquad \text{ou} \qquad A \leftarrow (A) + (B),$$

qui signifie que le registre A devient la somme du contenu de B et de ce que A contenait initialement. Il nous faut aussi une opération de décalage, qui nous permettra d'effectuer des multiplications sans avoir à introduire une instruction centrale :

Décaler A vers la gauche et Décaler A vers la droite.

La première décale tous les bits de A un cran plus loin vers la gauche. Si, par cette opération, le bit à l'extrême gauche se retrouve en trop, alors nous le mémorisons dans le registre C. Nous pouvons aussi tout décaler vers la droite ; je n'en ai aucune application en tête, mais cela pourrait s'avérer utile !

Voici maintenant les instructions pour les opérations logiques. Nous les étudierons avec plus de détail dans le prochain chapitre, mais j'en fais mention ici, par souci de complétude. Trois d'entre elles vont nous intéresser : AND, OR et XOR. Chacune de ces opérations est une fonction de deux données d'entrée, x et y. Si les deux données valent 1, alors AND fournit 1 ; elle donne 0 dans tous les autres cas. Comme nous le verrons, l'opération AND entre en scène pour l'addition des nombres binaires, et donc pour leur multiplication. Dans l'addition de deux chiffres x et y

en base deux (x AND y) donne la retenue : elle ne vaut un que si les deux chiffres valent un. Revenons à nos registres : x et y correspondent à (A) et (B), et c'est sur eux que AND opère :

$$\text{AND}: \quad A \leftarrow (A) \wedge (B),$$

où l'on a utilisé le symbole logique $\wedge$ pour désigner l'opération AND. Le résultat de l'action d'un tel opérateur sur une paire de variables est souvent résumé par une « table de vérité » (table 1.2) :

A	B	X
0	0	0
0	1	0
1	0	0
1	1	1

$$X = A \wedge B$$

TAB. 1.1 – *La table de vérité de l'opérateur AND.*

Nos deux autres opérateurs admettent une description très semblable. OR opère également sur (A) et (B) ; elle donne un pourvu que (A) et (B) ne valent tous deux zéro (autrement dit, (x OR y) vaut un si x ou y valent un). XOR, encore appelé « ou exclusif », ressemble à OR, à ceci près qu'il donne zéro si (A) et (B) valent tous les deux un ; dans l'addition binaire de x et y, cela correspond à ce que l'on obtient en ajoutant x à y sans se soucier des retenues. L'addition binaire de 1 et 1 vaut 10, c'est-à-dire 0 en laissant de côté la retenue. Voici les symboles logiques correspondants :

$$\begin{aligned} \text{OR}: &\quad A \leftarrow (A) \vee (B); \\ \text{XOR}: &\quad A \leftarrow (A) \oplus (B). \end{aligned}$$

Les tables de vérité ci-dessous résument l'action des opérateurs OR et XOR :

A	B	X
0	0	0
0	1	1
1	0	1
1	1	1

$X = A \vee B$

A	B	X
0	0	0
0	1	1
1	0	1
1	1	0

$X = A \oplus B$

TAB. 1.2 – *Tables de vérité des opérateurs OR ($\vee$) et XOR ($\oplus$).*

Deux autres opérations qui peuvent se révéler commodes sont les instructions « incrémenter » et « décrémenter » permettant d'ajouter ou d'ôter une unité au contenu d'un registre :

$$\text{Incrémenter } A \quad \text{ou} \quad A \leftarrow (A) + 1$$
$$\text{Décrémenter } A \quad \text{ou} \quad A \leftarrow (A) - 1.$$

Évidemment, nous pourrions continuer à ajouter des instructions qui se révéleront utiles... ou pas. À ce stade, nous disposons déjà du minimum nécessaire pour faire des calculs intéressants. Mais comme nous voulons en faire le plus possible, nous introduirons de nouvelles instructions. Par exemple, il nous sera utile de pouvoir déposer une donnée directement sur un registre. Par exemple, plutôt que d'écrire « Basse-Normandie » sur une carte puis de reporter le contenu de la carte sur le bloc-notes, il sera pratique de pouvoir écrire « Basse-Normandie » directement sur le bloc-notes. Voici donc l'instruction « charger directement » :

$$\text{Charger directement :} \qquad B \leftarrow K,$$

où K est une constante quelconque.

Il est une classe d'instructions absolument incontournable : celle des « sauts ». « Sauter jusqu'à Z » revient, pour notre employé, à regarder directement (l'instruction située) en Z. Autrement dit, cela implique que la valeur du compteur CO soit modifiée d'une valeur supérieure à l'unité habituelle. Cela permettra à notre employé de passer directement d'une partie du programme à une autre. Il existe deux sortes de sauts : les sauts « inconditionnels » et les sauts « conditionnels ». Nous avons déjà introduit le saut inconditionnel :

$$\text{Sauter en } (Z) \qquad \text{ou} \qquad CO \leftarrow (Z).$$

Mais le saut conditionnel est vraiment nouveau :

$$\text{Sauter en } (Z) \textit{ si } C = 1.$$

Grâce à cette instruction, le saut en (Z) ne se fait *que* si le registre de retenue C contient un bit de retenue. Cette instruction conditionnelle procure une liberté qui sera primordiale pour l'élaboration de machines un tant soit peu intéressantes.

Nous pourrions ajouter bien d'autres types de sauts. Il sera parfois utile de pouvoir sauter un certain nombre d'étapes du programme plutôt que de sauter jusqu'à une instruction donnée. Nous introduirions alors des instructions de saut qui ajoutent ce nombre d'étapes au conteur ordinal :

$$\text{Sauter en } (CO) + (Z) \qquad \text{ou} \qquad CO \leftarrow (CO) + (Z)\,;$$

$$\text{Sauter en } (CO) + (Z) \textit{ si } C = 1.$$

Pour finir, nous aurons besoin d'une dernière commande, à savoir l'instruction qui intime à notre employé de s'arrêter :

Pause.

Munis de ces instructions, nous pouvons maintenant accomplir à peu près tout ce que nous désirons ; je vous proposerai un peu plus loin quelques exercices pour vous entraîner. Avant cela, voici un bref résumé de ce que nous venons de voir et de ce que nous tentons de faire. L'idée de départ était de donner un aperçu des opérations et des méthodes sous-jacentes au fonctionnement des ordinateurs, et de préciser de quoi ceux-ci sont faits (je n'ai pas donné de description précise, mais j'en ai donné une idée). Un ordinateur rudimentaire ne possède qu'un petit nombre de registres, et si les plus élaborés en ont plus, les concepts restent néanmoins les mêmes : ce n'est qu'une question d'échelle.

Il vaut la peine de se pencher sur la manière dont sont représentées les instructions que nous venons d'introduire. Dans notre situation, les instructions sont constituées de deux parties : l'adresse de l'instruction d'une part, et le numéro qui l'identifie, dit « code d'opération », d'autre part.

Adresse d'instruction	Code d'opération

Par exemple, l'une des instructions que nous avons vues plus haut consistait à « déposer le contenu de la mémoire M dans le registre A ». L'ordinateur ne comprend pas le français : nous devons traduire cette commande sous une forme compréhensible pour lui, c'est-à-dire sous la forme d'une chaîne binaire. Voilà ce qu'est le *code d'opération*, encore appelé « numéro d'instruction », dont la longueur détermine le nombre d'instructions qui pourront être exécutées. Si le numéro d'instruction est un nombre binaire à quatre chiffres, alors il sera possible d'encoder $2^4 = 16$ instructions différentes, parmi lesquelles le dépôt du contenu de la mémoire dans A n'est qu'un exemple. La seconde partie de l'instruction est son adresse : celle-ci indique à l'ordinateur où trouver ce qu'il doit déposer en A, c'est-à-dire, en l'occurrence, l'adresse de la mémoire M. Certaines instructions n'ont pas besoin d'adresse ; c'est le cas de « Effacer A » par exemple.

Il n'est pas nécessaire, pour utiliser les instructions, de connaître les détails sur la manière dont les codes d'opération sont représentés ni sur la façon précise dont les choses s'organisent dans la mémoire de l'ordinateur. Nous étudions la première étape, la plus élémentaire, de toute une série de plus en plus compliquée. Et nous cherchons à la comprendre, mais avec le moins de connaissances préalables possible. Autrement dit, nous voulons régler les détails les plus élémentaires une bonne fois pour toutes, si bien que le premier type venu qui souhaiterait utiliser notre structure pourra le faire sans se soucier de ces petits détails.

Il reste un aspect que nous n'avons pas encore abordé. Telle que je l'ai décrite jusqu'à présent, notre machine ne pourrait pas fonctionner : nous n'avons aucun moyen de lui fournir ou de lui faire fournir des nombres ! Nous devons à présent nous pencher sur les données d'entrée et de sortie. Une manière rapide de contourner le problème serait d'attribuer une partie de la mémoire, disons l'adresse 17642, aux données d'entrée et la relier à un clavier, de telle sorte qu'un utilisateur extérieur à la machine pourrait en modifier le contenu. De la même manière, nous pourrions choisir une autre adresse pour les données de sortie, mettons 17644, que nous relions à un écran de télé ou à quelque autre engin permettant de communiquer le résultat des calculs au monde extérieur.

Pour bien comprendre tout cela, nous avons le choix entre deux méthodes. La première consiste à se souvenir des idées générales puis, une fois de retour chez soi, d'essayer de retrouver les commandes utiles en prenant soin de ne rien oublier. Nous pouvons raccourcir ou rallonger la liste selon nos souhaits, et tenter de mieux comprendre les compromis possibles en s'essayant à résoudre des problèmes avec notre choix de commandes. Personnellement, je procède ainsi... car c'est mon tempérament ! C'est ma méthode de travail : je ne comprends les choses qu'en m'efforçant de les retrouver par moi-même ; autrement dit, c'est la compréhension par la (re)création. Pas forcément de A à Z évidemment, mais en indiquant la bonne direction, sans pour autant redonner tous les détails. Les détails, ce sera à vous de les retrouver.

L'autre méthode, qui est tout aussi valable, est de lire attentivement comment un autre s'y est pris. Pour ma part, je préfère la première méthode dès lors que j'ai compris les grandes lignes. Quand je suis coincé, je consulte un livre pour voir comment quelqu'un d'autre s'y est pris. Je tourne les pages, et « ah, j'ai oublié ce truc-là » ; je referme alors le livre, et je continue par moi-même. Au bout du compte, une fois arrivé au bout, si je reprends le livre… je réalise que sa solution est beaucoup plus intelligente et plus efficace que la mienne. Mais au moins, de cette façon, je comprends réellement les idées mises en jeu et j'ai un point de départ pour aborder le problème. Si je commence dès le début par la solution de quelqu'un d'autre, je m'ennuie et j'ai du mal à me concentrer car je n'ai rien à quoi me raccrocher qui me donne une vision globale du problème. Quoi qu'il en soit, c'est comme cela que ça marche pour moi !

Au fil de ces pages, je vous proposerai des problèmes pour vous faire la main. Peut-être serez-vous tentés de passer outre. S'ils sont trop difficiles, alors d'accord. Et il est vrai que certains sont assez compliqués. Mais attention : ne passez pas outre parce que vous estimez qu'il y a bien quelqu'un d'autre qui les a déjà résolus ! *Évidemment* que quelqu'un d'autre les a déjà résolus ! Et alors ? Faites-les *pour le plaisir* ! Le voilà, le truc pour faire les choses quand on doit absolument les faire. Prenons un exemple. Imaginons que je cherche à additionner une série de nombres :

$$1 + 2 + 3 + 4 + 5 + 6 + 7 + \cdots ,$$

jusqu'à 62 par exemple. Vous savez le faire, c'est certain ; mais si nous jouons avec ce genre de problème comme un enfant qui n'aurait jamais vu la solution… eh bien nous pouvons nous *amuser* à deviner comment le résoudre. En fait, en arrivant à maturité, nous devrions acquérir une certaine confiance en notre capacité à découvrir des choses ; et si ces choses ont déjà été découvertes, eh bien, cela ne devrait pas nous déranger plus que ça. Ce qu'un idiot peut faire, n'importe quel autre idiot pourra le faire et le fait qu'un autre idiot nous ait devancé ne devrait pas nous perturber : nous devrions être contents d'avoir découvert quelque chose par — et pour — nous-mêmes. La plupart des problèmes que je vous proposerai dans ce livre ont déjà été résolus à maintes reprises, et parfois de manière très ingénieuse. Mais en re-démontrant ce que d'autres ont déjà prouvé, en prenant confiance, en s'attaquant à des problèmes de plus en plus compliqués (juste pour le plaisir), alors un jour peut-être réaliserez-vous que *personne ne l'avait encore trouvé celui-là* ! Et voilà comment on devient informaticien.

Je vais vous donner un exemple issu de ma propre expérience. J'ai parlé un peu plus haut d'additionner des entiers. Or, il y a de cela plusieurs années, je me suis un jour intéressé à la généralisation d'un problème de ce type : je voulais trouver des formules pour des sommes de carrés, de cubes et de puissances plus élevées, c'est-à-dire trouver la somme de m objets élevés chacun à la puissance n. Et j'ai réussi ! J'ai trouvé un tas de jolies formules. Au final, j'avais une formule pour chaque somme, dans laquelle apparaissait un nombre (un pour chaque n) pour lequel je n'avais pas trouvé de formule. J'ai obtenu ces nombres sans parvenir à les déduire d'une règle plus générale. Chose intéressante, tous ces nombres étaient des entiers tant que n ne dépassait pas 13 ! Étonnant, non ? Et amusant.

Quoi qu'il en soit, j'ai découvert plus tard que ces nombres avaient déjà été découverts en 1746. Ainsi étais-je parvenu à remonter le temps jusqu'en 1746 ! Il s'agissait des « nombres de Bernoulli ». La formule dont ils découlent est assez compliquée, et on ne lui connaît pas de signification simple. J'avais une relation de récurrence qui me permettait d'obtenir chaque nombre à partir du précédent, mais je n'arrivais pas à trouver une relation arbitraire. Alors j'ai dû me faire une raison jusqu'à ce que je redécouvre quelque chose qui avait déjà été découvert en 1889, puis autre chose datant de 1921... et enfin je découvris quelque chose datant de l'année de ma découverte. Mais je me suis tellement amusé à faire tout cela que j'imagine qu'il doit bien y en avoir d'autres que cela amuse ! Alors voilà, je vous livre ces problèmes pour que vous vous *amusiez* à les faire. (Certes, chacun s'amuse comme il peut.) J'insiste : ne vous laissez pas intimider ! Ne reculez pas non plus sous prétexte qu'ils ont déjà été résolus. Il y a peu de chances de découvrir quelque chose de nouveau si l'on n'a pas fait ses armes sur des problèmes plus anciens. En outre, vous devriez vraiment vous amuser à trouver des relations rigolotes et des choses intéressantes. Et puis si vous regardez ailleurs ce qu'un autre a pu faire, vous pourrez apprécier à quel point c'était difficile (ou pas), voir ce qu'il a tenté de faire, cerner les problèmes qu'il a pu rencontrer, etc. C'est bien plus facile de comprendre toutes ces choses-là quand on les a un peu bricolées soi-même avant de regarder la solution. Pour toutes ces raisons, je vous propose de tenter votre chance...

Problème 1.1 : **(a)** Revenons à notre employé préposé au classement, et au problème qui consistait à trouver le nombre total de ventes en Basse-Normandie. Proposeriez-vous à la direction d'engager deux employés pour faire ce travail plus rapidement ? Si oui, comment les feriez-vous travailler ? Parviendriez-vous à accélérer le travail d'un facteur 2 ? Pensez à la manière dont les employés vont chercher leurs instructions. Pouvez-vous généraliser votre solution à k, ou même 2^k employés ?

(b) Quels genres de problèmes pourraient être résolus plus rapidement avec k employés ? Et pour quels types de problèmes ne serait-ce d'aucune aide ?

(c) De nos jours, la plupart des ordinateurs n'ont qu'un processeur (c'est-à-dire un seul employé, avec notre analogie). Cet employé unique passe ses journées à travailler comme un fou, sortant et remettant les cartes dans le classeur à une vitesse fulgurante. La vitesse de l'ordinateur dépend de la vitesse à laquelle l'employé (le processeur) peut faire toutes ces opérations. Voyons comment améliorer les performances de la machine. Imaginons que nous voulions comparer deux nombres à n chiffres, n étant relativement élevé, par exemple 1024 ; nous voudrions savoir si les deux nombres sont égaux. Pour notre employé, la meilleure manière de faire cela serait de lire chacun des deux nombres, et de comparer chaque chiffre l'un après l'autre. Manifestement, le temps requis sera proportionnel à n, le nombre de fois qu'il faudra comparer deux chiffres. Mais supposons que nous puissions engager n employés pour faire ce travail, ou $2n$ voire même $3n$ (à vous de décider combien, en gardant un nombre proportionnel à n). En fait, il se trouve qu'en augmentant astucieusement le nombre d'employés, nous pouvons réduire le temps nécessaire à la comparaison des deux nombres jusqu'à ce qu'il soit proportionnel à $\log_2 n$. Voyez-vous comment ?

(d) Si vous parvenez à résoudre le problème de la comparaison des deux nombres, peut-être voudrez-vous vous essayer à une question plus difficile. Parviendriez-vous à additionner deux nombres à n chiffres en « $\log n$ » unités de temps ? Cette fois-ci, c'est plus compliqué car il faut prendre en compte les retenues !

Problème 1.2 : Ce second problème consiste à enseigner la multiplication à l'employé préposé au classement (souvenons-nous que la multiplication ne fait pas partie du jeu d'instructions élémentaires dont il dispose). Le problème s'organise en deux parties. Premièrement, trouvez le jeu d'instructions qui permet de faire des multiplications. Une fois ce jeu d'instructions à votre disposition, supposons que vous puissiez l'enregistrer quelque part dans l'ordinateur afin de ne pas avoir à le dupliquer à chaque fois qu'il faudra faire une multiplication. Disons qu'elles sont sauvegardées entre m et $m+k$. Quelles instructions donner à l'employé afin qu'il utilise ce jeu d'instructions pour faire une multiplication, avant de retourner à la bonne étape du programme ?

1.3 Résumé

Nous en savons déjà suffisamment pour poursuivre le but que nous nous sommes fixé d'étudier les différentes manières de concevoir un ordinateur. Mais plutôt que de regarder en détail un type de machine particulier, nous allons procéder autrement. Au stade que nous avons atteint, nous pouvons monter, descendre, ou partir de biais... Qu'est-ce que je veux dire par là ? Eh bien « monter » signifie cacher de plus en plus de détails des rouages de la machine (ou introduire de plus en plus de niveaux d'abstraction). Nous avons déjà vu quelques exemples de cet acabit : construire de nouvelles opérations, comme la multiplication, à partir des opérations de notre jeu d'instructions central, par exemple. Dès qu'une multiplication s'impose, nous faisons appel à ce sous-programme « multiplier ». Un autre exemple valant la peine d'être signalé est la possibilité de traiter des variables algébriques plutôt que des zones de la mémoire. Supposons que nous voulions faire la somme de X et Y et l'appeler Z :

$$Z = X + Y.$$

X et Y sont déjà connus de l'ordinateur et sont enregistrés en des endroits précis de sa mémoire. La première chose à faire est d'attribuer un espace-mémoire pour y conserver la valeur de Z, puis s'assurer que cet espace-mémoire contient bien la somme des contenus des deux espaces-mémoire correspondant à X et Y. Nous connaissons maintenant Z et pouvons même l'utiliser dans des expressions comme $Z + X$. Il devient clairement plus simple de parler de variables algébriques plutôt que de contenus d'espaces-mémoire, mais il faudra travailler un peu pour mettre tout cela en place. Jusqu'à présent, nous devions connaître exactement l'endroit où était enregistré chaque nombre pour pouvoir l'utiliser. Nous pouvons à présent introduire un nouveau nombre Z et dire à l'ordinateur : « Je veux un nombre Z ; trouve un endroit pour l'enregistrer et ne me dérange pas pour me dire où ! » Voilà ce que j'entends par « monter ».

Certes, nous sommes déjà allés dans ce sens lorsque nous avons résumé les opérations par des instructions comme « effacer A », etc. Ce type de raccourci est introduit pour nous simplifier la tâche, et les programmes correspondants ne peuvent pas être compris directement par la machine. Ces programmes en « langage d'assemblage » doivent être traduits en « langage machine », compréhensible par l'ordinateur. C'est un programme appelé « assembleur » qui fait ce travail. Le prochain niveau en montant, celui des multiplications, des variables, etc., requiert un autre programme, qui traduise ces programmes de « niveau haut » en langage d'assemblage. Ces programmes de traduction sont des « compilateurs » ou « interpréteurs ». La seule distinction entre les deux concerne le moment auquel se fait la traduction. L'interpréteur regarde ce qui doit être fait pas à pas, au fur et à mesure du déroulement du programme, interprétant chaque instruction l'une après l'autre à partir du langage rudimentaire. Le compilateur voit le programme dans son ensemble et le convertit dans sa totalité en langage machine ou en langage d'assemblage avant que ne soit lancé le programme. L'avantage des compilateurs est que, dans certains cas, le fait d'envisager le programme dans sa globalité leur permet de trouver des moyens de simplifier les opérations. C'est le cœur de ce que l'on appelle l'« optimisation des compilateurs » et qui devient de plus en plus important avec l'avènement des ordinateurs à processeurs parallèles « non Von Neumann ».

Bien sûr, nous pouvons continuer dans le sens de la montée, en élaborant de nouveaux algorithmes, de nouveaux langages de programmation, en ajoutant la possibilité de manipuler des « fichiers » contenant programmes et données, et ainsi de suite. De nos jours, c'est à la portée de tout le monde de travailler gaiement à ces niveaux les plus hauts, grâce à des langages de haut niveau eux aussi, qui permettent à tout un chacun de programmer sa machine. Mais imaginez-vous à quel point cela devait être fastidieux (et ça l'est aujourd'hui encore pour les concepteurs d'ordinateurs !) de ne travailler qu'en langage machine !

Voilà pour la montée. Il est temps de descendre, maintenant. Pouvons-nous imaginer quelque chose de plus simple que notre modèle tout bête d'un employé préposé au classement muni de sa petite liste d'instructions ? Ce que nous n'avons pas pris en compte, c'est « de quoi » notre employé est *fait*. En termes plus concrets, nous n'avons pas regardé la manière dont nous pourrions construire les circuits électroniques permettant de mener à bien les opérations dont nous avons parlé. C'est là que je voudrais vous emmener, mais j'aimerais tout d'abord préciser ce que j'entends par aller « de biais ». Aller de biais implique de s'intéresser à quelque chose de complètement différent de l'architecture Von-Neumann, caractérisée par son processeur unique (CPU pour l'anglais *Central Processing Unit*) et par le fait que tout ce qui entre et sort le fait par un cycle de type « récupérer et exécuter ». Il existe aujourd'hui bien d'autres architectures, et certaines sont commercialisées. Aller « de biais » signifie donc de rester au même niveau de détail mais en regardant avec soin comment des machines structurées différemment exécuteraient les mêmes tâches. Nous nous sommes déjà penchés sur les ordinateurs à processeurs « parallèles », avec le problème qui consistait à faire travailler plusieurs employés sur le même calcul.

LEÇON 2

De l'organisation des ordinateurs

2.1 Portes et logique combinatoire

Commençons notre cheminement vers le bas en regardant ce dont nous aurons besoin pour exécuter les opérations les plus simples — additions, transferts, décisions sous contrôle, et ainsi de suite. Nous verrons qu'il ne faut pas grand-chose pour les faire *toutes* ! Pour comprendre les règles du jeu, partons de l'opération « addition ». Notre première décision importante sera de nous restreindre à travailler en base 2, c'est-à-dire à utiliser le système binaire : les seuls chiffres sont 0 et 1 et, comme nous le verrons, ceux-ci prennent tout naturellement leur place en informatique puisqu'ils seront associés aux états « allumé » ou « éteint » des composants électroniques (en anglais : *on* et *off*). Parallèlement à cela, nous adopterons une représentation graphique simple des nombres binaires : plutôt que d'écrire des suites de 0 et de 1, nous verrons un nombre binaire comme une rangée de cases, chaque case correspondant à un chiffre, un peu comme un bac à glaçons à une seule rangée ; le 0 correspondra à une case vide, et pour représenter le 1, nous y déposerons un galet. Prenons deux bandes comme celle-ci en supposant qu'il s'agit de deux nombres à additionner. Sous ces deux bandes, nous en glisserons une troisième pour le résultat (figure 2.1).

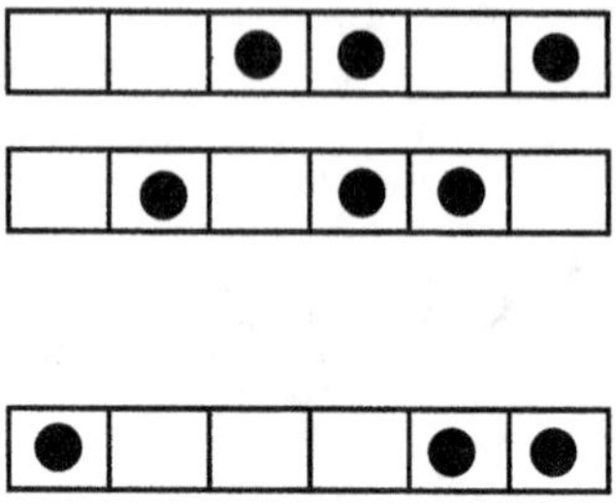

FIG. 2.1 – *Description graphique de l'addition binaire.*

Voilà qui transforme notre problème mathématique abstrait en un jeu « mécanique » concret. Pour mener à bien cette addition, il ne nous manque plus qu'un ensemble de règles simples pour déplacer les galets. Plutôt que des galets, de manipulation lente, nous pourrions tout aussi bien utiliser par exemple des câbles électriques avec une tension élevée pour représenter les 1 et avec une tension basse pour les 0. La question reste la même : quelles sont les règles de manipulation des galets — ou des câbles ? Celles de l'addition binaire sont les suivantes :

$$0+0=0,$$
$$0+1=1,$$
$$1+0=1,$$
$$1+1=0, \quad \text{plus une retenue.}$$

Les connaissant, nous pouvons formuler les instructions pour manipuler des galets à l'attention du premier imbécile venu : en présence de deux galets l'un au-dessus de l'autre, nous ne plaçons aucun galet dans la case du dessous (celle correspondant à la somme), mais nous gardons un galet pour le placer dans la case suivante, tout de suite à gauche ; et ainsi de suite. Ce qui est merveilleux, c'est qu'à l'aide de règles bien précises, l'imbécile en question pourra additionner des nombres même très grands ! Et avec des règles un tantinet plus élaborées, il pourra même passer à la multiplication ; voire même à des choses vraiment compliquées, faisant intervenir des fonctions hypergéométriques ou je ne sais quoi d'autre. Celui que nous prenions pour un imbécile heureux, tout juste capable de déplacer des galets, en arrive à évaluer des fonctions hypergéométriques et autres délices du même genre. Et s'il déplace ses galets assez rapidement, peut-être même ira-t-il plus vite que nous ; du coup, il aura toutes les raisons de se considérer plus intelligent que nous !

Bien évidemment, les vraies machines ne font pas leurs calculs en déplaçant des galets (mais n'oublions pas pour autant les bouliers de nos ancêtres !). Elles manipulent des signaux électroniques. C'est pour cette raison que si nous voulons mettre en pratique tout ce que nous savons sur les opérations, nous devrons raisonner en termes de circuits électriques. Laissons tomber galets et bacs à glaçons et intéressons-nous à la construction d'un additionneur réel, bien concret, pour faire la somme deux nombres binaires A et B. Il produira une somme S et une retenue R, ce que l'on résume dans la table ci-dessous :

A	B	S	C
0	0	0	0
0	1	1	0
1	0	1	0
1	1	0	1

TAB. 2.1 – *« Table de vérité » pour l'addition binaire.*

Représentons notre additionneur comme une boîte noire muni de deux câbles d'entrée (A et B) et deux câbles de sortie (S et C)[1] (figure 2.2) :

[1]Cette boîte est parfois appelée « demi-additionneur ». Nous rencontrerons un « additionneur complet » plus loin dans ce chapitre.

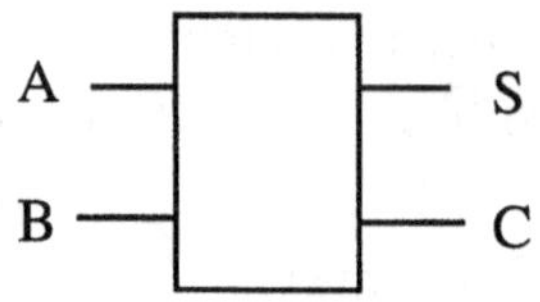

FIG. 2.2 – *La boîte noire d'un additionneur.*

Nous donnerons sous peu les détails du contenu de cette boîte. Pour l'instant, admettons qu'elle fonctionne comme nous l'attendons. (Nous pouvons nous demander combien d'additionneurs élémentaires de ce type seraient nécessaires pour faire la somme de deux nombres à r chiffres. Vous devriez aisément vous convaincre qu'il en faut $(2r - 1)$. Voilà une nouvelle illustration de notre principe qui consiste à construire les choses compliquées à partir des éléments les plus simples.)

Revenons à notre boîte noire qui additionne une paire de chiffres à la fois. Supposons que nous ne nous intéressions qu'à la retenue : celle-ci n'est différente de 0 que si A et B valent tous deux 1. Or, cela correspond exactement au comportement de ce qu'on appelle la porte AND en logique booléenne. Cette porte est elle aussi une boîte noire, avec deux entrées, une sortie et une « table de vérité » qui nous indique comment la sortie dépend des entrées. Cette table de vérité est donnée ci-dessous, ainsi que la représentation symbolique de la porte AND :

A	B	A AND B
0	0	0
0	1	0
1	0	0
1	1	1

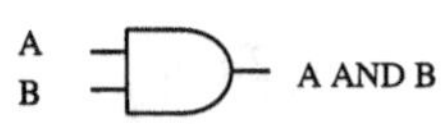

FIG. 2.3 – *La porte AND.*

Voilà qui est relativement simple : A AND B vaut 1 si, et seulement si, A vaut 1 *et* B vaut 1. Autrement dit, la retenue et l'opération AND sont une seule et même chose, et nous obtiendrons donc la retenue de notre additionneur en branchant les câbles A et B dans une porte AND. Bien que je l'aie présentée ici comme une boîte noire, nous savons la construire concrètement, avec de véritables composants et de vrais signaux électroniques pour A, B et C. Nous sommes donc sur la bonne voie pour fabriquer notre additionneur. La somme S, quant à elle, est donnée par une autre porte logique, le « ou exclusif », encore appelée porte « XOR ». À l'instar de la porte AND, celle-ci est définie par une table de vérité et symbolisée par un joli dessin (figure 2.4) :

A	B	A XOR B
0	0	0
0	1	1
1	0	1
1	1	0

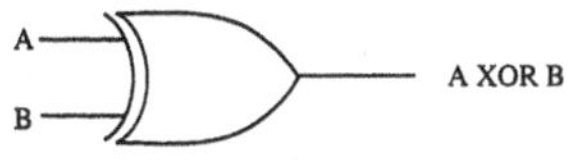

FIG. 2.4 – *La porte XOR.*

A XOR B vaut 1 si A *ou* B valent 1, mais pas les deux. Il faut prendre soin de distinguer la porte XOR d'une autre porte assez semblable, la porte OR, dont la table de vérité et le symbole sont donnés sur la figure 2.5 :

A	B	A OR B
0	0	0
0	1	1
1	0	1
1	1	1

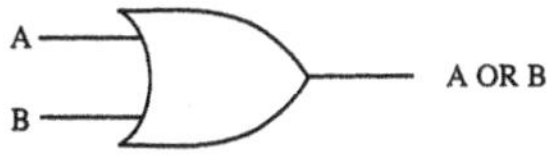

FIG. 2.5 – *La porte OR.*

Ces portes logiques sont des exemples de « bascules » : elles admettent en entrée des variables binaires et calculent le résultat d'une fonction binaire. Claude Shannon fut le premier à appliquer ces règles de l'algèbre booléenne à des circuits de bascules dans son mémoire de maîtrise du MIT en 1937. Ces fonctions de bascule peuvent être fabriquées à l'aide de circuits électroniques que l'on appelle des « portes ». La présence d'un signal électronique dans un câble correspond à un 1 (ou à la valeur « vrai »), l'absence de signal à un 0 (« faux »). Continuons notre descente pour étudier ces portes élémentaires plus en détail.

L'opération la plus simple de toutes est l'« identité », l'opération « ne rien faire ». C'est juste un câble qui entre et ressort d'une boîte, le signal le parcourant restant le même. L'identité correspond à un simple câble (figure 2.6) :

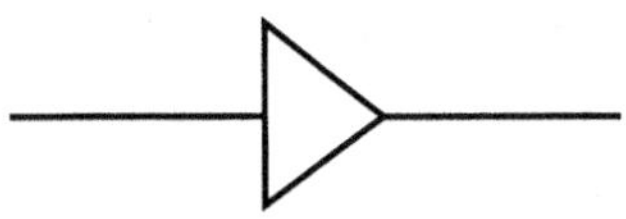

FIG. 2.6 – *L'opération identité.*

Dans un ordinateur, cet élément serait considéré comme un « retardateur » : comme nous le verrons à la leçon 7, il faut du temps au courant électrique pour parcourir les câbles, et ce temps de parcours (ou retard) est un facteur qu'il faut absolument prendre en compte lors de la conception des machines : dans un ordinateur, même les éléments qui n'ont aucun effet sur le papier peuvent jouer un rôle significatif au moment de leur fabrication ! Laissons de côté cette opération et passons à la suivante, très simple elle aussi : une boîte qui donne l'*opposé* du signal entrant. Si l'entrée vaut 1, alors la sortie sera 0 et vice versa. Il s'agit de l'opération NOT (ou « NON »), dont la table de vérité est plutôt évidente (figure 2.7) :

A	NOT A
0	1
1	0

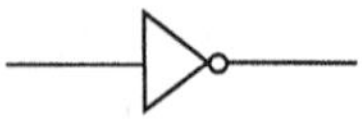

FIG. 2.7 – *La porte NOT.*

Le symbole représentant le NOT est simplement celui de l'identité avec un petit rond au bout de la flèche. En y réfléchissant, nous voyons qu'il existe une relation entre OR et AND faisant intervenir NOT. En jouant avec les tables de vérité, vous devriez pouvoir vous convaincre que A OR B est identique à NOT[(NOTA) AND (NOT B)]. Ce n'est qu'un exemple parmi bien d'autres des équivalences qui existent entre les différents opérateurs[2]. Bien évidemment, l'expression de OR en fonction de AND et NOT n'est pas la seule possibilité : nous pouvons également exprimer AND en fonction de OR et NOT, et ainsi de suite. L'un des jeux les plus amusants avec les portes logiques consiste à trouver le meilleur ensemble pour une utilisation donnée, ainsi que la manière d'exprimer les autres opérateurs en termes de cet ensemble de favoris. Une question qui se pose alors tout naturellement est celle de savoir s'il existe un ensemble fondamental qui permettrait d'obtenir *toutes* les fonctions logiques possibles. Autrement dit, pouvons-nous construire n'importe quelle boîte noire donnée (définie simplement en associant un signal de sortie pour chaque signal d'entrée) à partir des seules portes d'un ensemble fondamental ? Nous n'aborderons pas en détail cette question de la « complétude » d'un ensemble d'opérateurs ; la preuve existe, mais elle est plutôt ardue et dépasse largement le cadre de ces leçons. Nous nous contenterons de la preuve « à main levée » donnée en 2.4, un peu plus loin dans ce chapitre. Nous admettrons pour l'instant le fait que l'ensemble AND, OR et NOT est effectivement complet : avec ces trois opérateurs, nous pourrons fabriquer toutes les fonctions de bascule. Pour vous donner envie d'en savoir plus sur ces jolies choses, je signale qu'il existe même des opérateurs qui sont complets à eux seuls !

---

[2]Ces relations sont des cas particuliers d'une ancienne loi, plus générale, connue sous le nom de « théorème de de Morgan ».

Nous avons à notre disposition à peu près tous les symboles utilisés par les ingénieurs pour représenter les diverses portes. Ce sont des outils bien commodes pour illustrer les liens entre les différentes parties physiques. Par exemple, nous pouvons représenter graphiquement (figure 2.8) la relation entre AND, OR et NOT mentionnée plus haut :

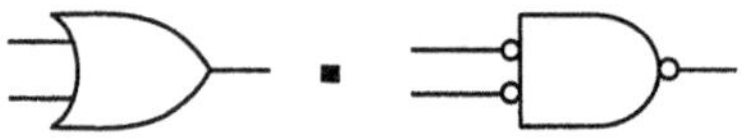

FIG. 2.8 – *Relation entre AND, OR et NOT.*

Notez que nous avons adopté la convention consistant à représenter les NOT par des cercles disposés directement sur les câbles concernés ; nous n'avons plus besoin des triangles !

Accordons-nous un peu de temps pour jouer avec tout cela. Comment fabriquer une porte XOR par exemple ? XOR ne donne 1 que lorsque $A = 1$ et $B = 0$ ou $A = 0$ et $B = 1$. La règle de construction de nouvelles portes à partir des trois portes de l'ensemble fondamental consiste à écrire les tables de vérité de A AND B, A OR B, A AND NOT(B) et ainsi de suite, afin de trouver la manière de disposer les sorties de ces portes en entrées d'autres portes afin d'obtenir le résultat désiré. Par exemple, nous obtenons 1 avec $A = 1$ et $B = 0$ en branchant A et B dans une porte AND, avec un NOT sur le câble de B. Nous utilisons à nouveau cette astuce pour l'autre possibilité, toujours avec un AND, mais cette fois avec le NOT sur l'entrée A. Si nous branchons alors le résultat de ces deux portes sur une troisième (une OR cette fois-ci), nous obtenons un XOR (figure 2.9).

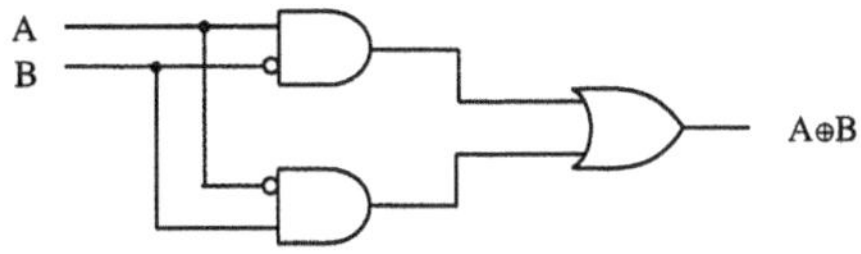

FIG. 2.9 – *XOR obtenu à l'aide de portes AND et OR.*

(J'attire votre attention sur la convention graphique que nous utiliserons : lorsque deux câbles sont connectés, nous plaçons un rond noir au point de croisement ; si les lignes se croisent sans contact électrique, alors nous n'ajoutons rien.) Bien sûr, il reste à vérifier que cette combinaison fait bien l'affaire pour les deux autres valeurs d'entrées possibles pour A et B. Et en effet, cela fonctionne. Si A et B valent tous deux 0, les deux portes AND donnent 0 et la porte OR donne donc 0 ; si A et B valent tous deux 1, à nouveau, les portes AND donnent 0, ce qui donne 0 pour le résultat final. Remarquez que ce circuit n'est pas unique : une autre manière de représenter une bascule XOR serait la suivante (figure 2.10) :

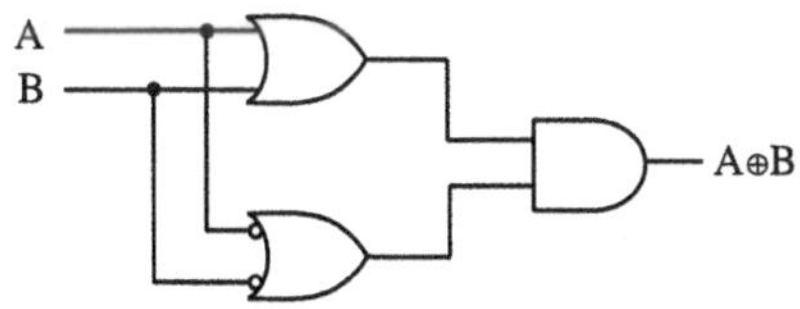

FIG. 2.10 – *Un autre XOR.*

En pratique, comment fabriquer le circuit XOR ? Cela dépend bien évidemment du contexte — du *hardware*, des semi-conducteurs, etc. Mais nous pouvons aussi envisager le problème sous un autre angle, en cherchant par exemple la méthode qui permettrait de le construire avec le moins d'éléments possible. Bien qu'il s'agisse d'une question de conception que nous devinons assez importante, nous ne l'aborderons pas ici. Tout ce qui nous intéresse, c'est de voir qu'avec un gros sac de ANDs, de ORs et de NOTs, nous pouvons fabriquer toutes les bascules possibles. Nous avons déjà vu comment fabriquer un additionneur simple à deux entrées (la retenue provient de la porte AND, et la somme de la porte XOR que nous savons maintenant construire à partir de notre ensemble fondamental). Prenons un autre exemple : un AND multiple, avec quatre entrées A, B, C, D. Cette porte à quatre entrées n'a toujours qu'une seule sortie, et par extension du cas AND à deux entrées, nous décidons que cette porte ne se « déclenche » (c'est-à-dire donne une sortie égale à 1) que lorsque les quatre entrées valent toutes 1. Cela peut s'écrire symboliquement sous la forme

$$A \wedge B \wedge C \wedge D,$$

le symbole $\wedge$ désignant l'opération « AND » (comme nous l'avons vu à la leçon précédente). Bien évidemment, lorsque les logiciens écrivent une telle expression, ils n'ont pas en tête un circuit particulier susceptible d'exécuter l'opération. Mais nous, nous pouvons fabriquer ce circuit à l'aide de nos petites « boîtes noires » élémentaires — plus exactement, à partir de trois portes AND, comme sur figure 2.11 :

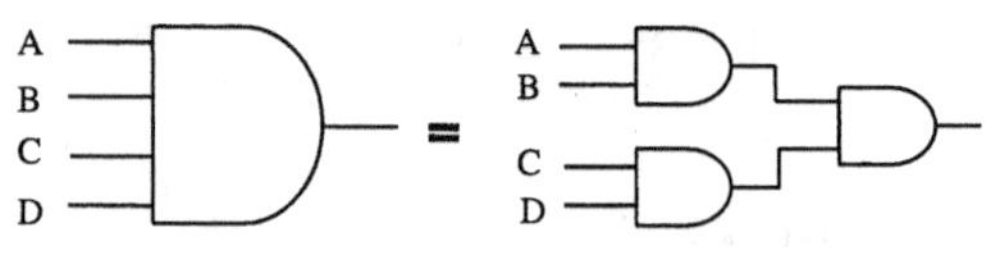

FIG. 2.11 – *Une porte AND multiple.*

De cette manière, nous pouvons fabriquer des AND multiples de toutes les tailles.

À présent, il est temps pour nous de descendre plus bas encore dans notre hiérarchie, presque jusqu'au fond, c'est-à-dire aux composants électroniques utilisés pour construire les portes logiques. En fait, nous finirons effectivement par toucher le fond puisque nous étudierons un peu plus loin (à la leçon 7) la physique des semi-conducteurs ainsi que le mouvement des électrons dans les circuits. Pour le moment, nous nous contenterons de donner quelques indications sur la construction de ces portes, qui devraient rester à la portée de ceux d'entre vous qui s'y entendent quelque peu en électronique.

L'ingrédient essentiel à la construction de toutes les portes est le « transistor ». Nous pourrions même avancer que le transistor est le plus important de tous les composants électroniques, et qu'il a joué un rôle primordial dans le développement et l'essor de l'industrie. Il n'existe que très peu d'appareils électroniques ne contenant pas de transistors, et les propriétés fondamentales de ces éléments sont incontournables si nous voulons comprendre le cœur des ordinateurs, sans lesquels ils sont utilisés comme des commutateurs. Voyons comment construire une porte NOT à l'aide d'un transistor. Prenons le circuit ci-dessous (figure 2.12) :

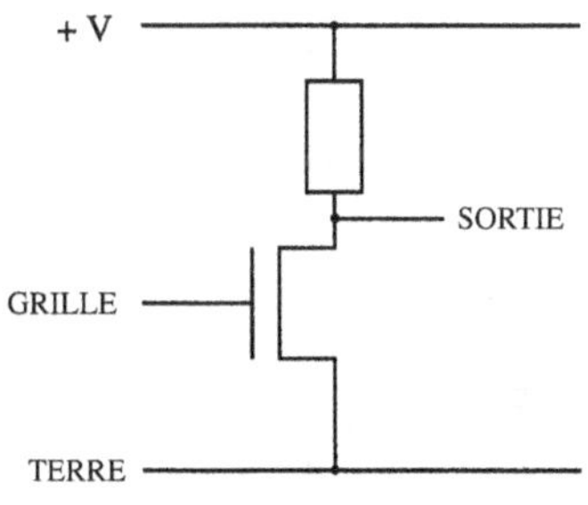

FIG. 2.12 – *Transistor en inverseur ou porte NOT.*

Un transistor est un composant à trois pattes en entrée : l'une d'elles est connectée au signal de la grille, une seconde à la terre et la troisième à une tension maintenue à une valeur positive, par l'intermédiaire d'une résistance. La principale propriété du transistor est la suivante : si la grille est soumise à une différence de tension positive, le composant sera conducteur ; si en revanche le signal à la grille est nul ou négatif, alors le composant ne conduira pas. Voyons maintenant le comportement de la tension de sortie en fonction de la tension d'entrée à la grille. Pour une tension d'entrée positive, associée à un 1 (par convention), le transistor conduit : un courant circule et la tension de sortie devient nulle, ce qui correspond au chiffre binaire 0. Si au contraire la tension à l'entrée est légèrement négative, voire nulle, il n'y a aucun courant dans le transistor, et le signal de sortie reste égal à la tension $+V$, soit 1 en binaire. Autrement dit, la sortie est toujours opposée à l'entrée : nous avons une porte NOT[3].

Et la porte AND ? De par la nature du transistor, il se révèle plus commode de commencer avec une porte NAND. Celle-ci est plus facile à réaliser, en technologie MOS, qu'une porte AND. Or, si nous parvenons à fabriquer la première, nous pourrons obtenir la seconde à l'aide d'une des lois de de Morgan, à savoir AND≡NOT{NAND}. Considérons donc ce premier circuit :

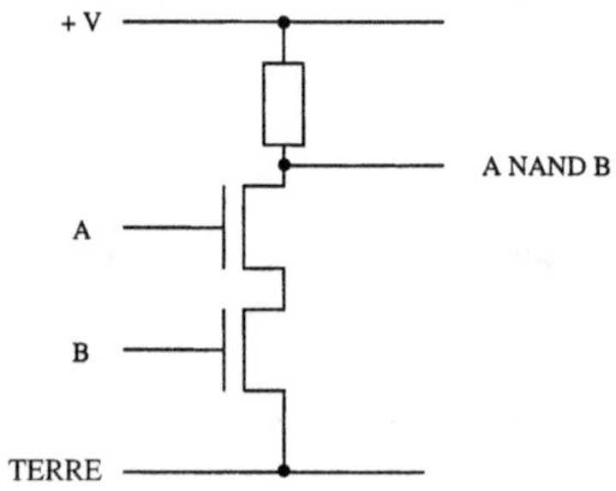

FIG. 2.13 – *Circuits de transistors pour une porte NAND.*

[3]En guise qu'aparté technologique, signalons que nous considérons des circuits MOS (de l'anglais *Metal Oxide Semiconductor*). Les résistances étant assez difficiles à fabriquer avec ce type de technologie au silicium, en pratique, celles-ci seraient remplacées par un autre câblage d'un transistor MOS (voir la leçon 7).

Pour que la tension de sortie soit nulle, il faut qu'un courant passe en A et B, ce qui n'est possible que si A et B sont tous deux positifs. Ainsi, ce circuit est-il bien une porte NAND. Pour obtenir une porte AND, il nous suffit de prendre la sortie NAND de la figure 2.13 et de la brancher en entrée de la porte NOT de la figure 2.12. La sortie ainsi obtenue sera un AND.

Et la porte OR ? Eh bien... nous avons déjà vu comment fabriquer un OR à partir de ANDs et de NOTs, aussi pourrions-nous procéder de cette manière, en prenant des combinaisons des circuits de transistors précédents. Toutefois, il existe une autre solution, plus simple (aussi bien du point de vue conceptuel que pratique) obtenue à partir du circuit parallèle ci-dessous :

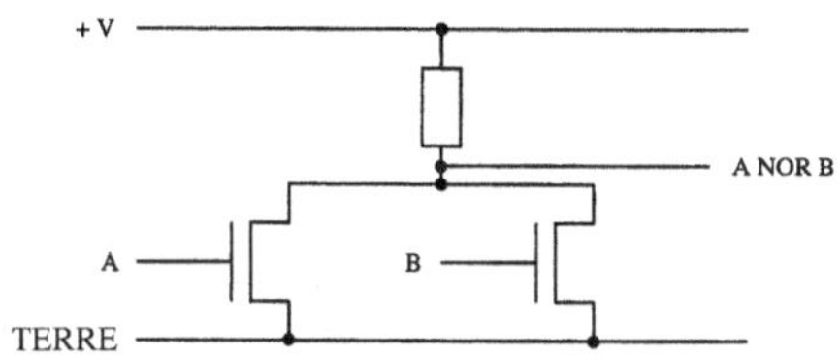

FIG. 2.14 – *Circuits de transistors pour une porte NOR.*

Si A ou B sont positifs, ou s'ils le sont tous les deux, un courant circule et la tension de sortie est nulle. Si A et B sont nuls tous les deux, nous obtenons $+V$, soit 1, en sortie. Donc, ici encore, nous avons le contraire de ce que nous cherchions : il s'agit d'une porte NOR. Il ne nous reste plus qu'à brancher la sortie sur une porte NOT et tout ira bien.

J'espère que cela aura suffi à vous convaincre qu'il est possible de fabriquer des circuits électroniques produisant les mêmes fonctions que nos portes logiques. Nous allons maintenant remonter au niveau du dessus afin d'étudier les constructions plus compliquées que nous pouvons obtenir grâce à nos briques élémentaires.

2.2 Le décodeur binaire

Le premier élément que nous allons regarder s'appelle un « décodeur binaire ». Il fonctionne de la manière suivante : supposons que nous ayons quatre fils A, B, C, D en entrée du dispositif ; ces câbles peuvent amener n'importe quel signal d'entrée. Toutefois, pour une combinaison particulière, par exemple 1011, nous voulons que le décodeur nous signale que cette combinaison 1011 a eu lieu — un peu comme un petit espion qui examinerait les quatre signaux à l'entrée du décodeur pour nous envoyer un message dès qu'il voit passer 1011 ! Ce circuit est assez facile à réaliser à partir d'une porte NAND modifiée (et coûte beaucoup moins cher qu'un espion !). Le dispositif de la figure 2.15 ne donne 1 en sortie que si A, C et D valent 1 et B 0 :

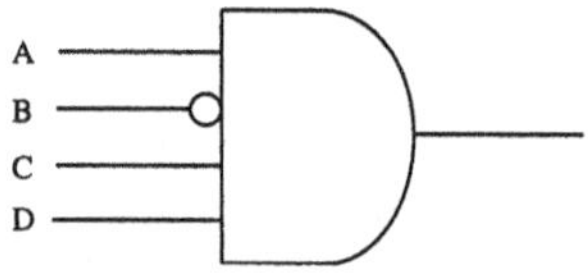

FIG. 2.15 – *Un décodeur simple.*

Nous avons là un décodeur très particulier. Supposons que nous voulions un décodeur plus général, avec plein d'espions cherchant chacun leur propre combinaison parmi toutes les combinaisons possibles des signaux d'entrée. Nous pourrons fabriquer ce décodeur en câblant plusieurs décodeurs élémentaires en parallèle. Le décodeur complet sera celui qui permettra de décoder toutes les entrées possibles. Voyons comment cela fonctionne avec un décodeur binaire trois-huit. Dans ce cas, nous avons trois câbles d'entrée A, B, C, et donc $2^3 = 8$ combinaisons possibles. Nous aurons donc huit câbles de sortie, et nous voulons fabriquer une porte qui, à chaque combinaison entrant, associera une sortie. Nous ne récupérons un 1 que sur un seul des huit câbles en sortie, afin de voir en un clin d'œil quelle était la combinaison à l'entrée du décodeur. Nous pouvons fabriquer le décodeur comme l'indique la figure 2.16 :

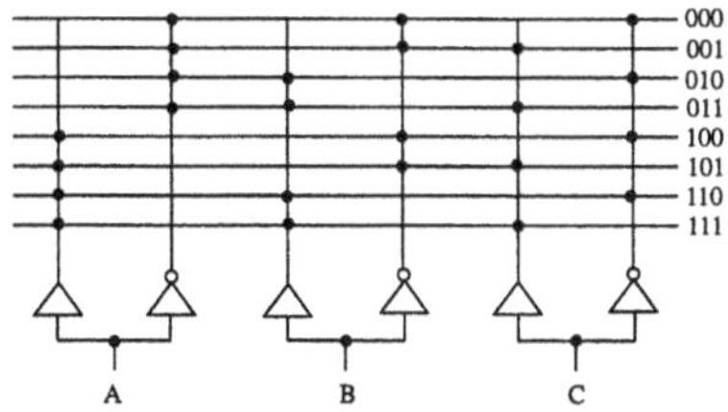

FIG. 2.16 – *Un décodeur binaire.*

Nous adoptons la convention suivante : trois points sur une ligne horizontale correspondent à une porte AND (je vous réfère à la discussion autour de la figure 2.11). Notez que chaque câble d'entrée est branché sur un signal A puis NOT A. Tels que nous les avons disposés, seuls les quatre câbles du bas peuvent donner 0 si A vaut 1, les quatre du haut ne valant 0 que si A vaut 0. De même, grâce aux points correspondants à B et C (ainsi que NOT B et NOT C), nous voyons immédiatement lesquels des huit câbles de sortie peuvent donner 0 : nous avons indiqué pour chaque câble de sortie la combinaison d'entrée correspondante. Et voilà ! nous avons construit un décodeur binaire trois-huit.

Nous pouvons maintenant utiliser le dispositif de la figure 2.16 pour une application très importante, qui révèle le caractère absolument incontournable du décodeur dans l'arsenal de l'informaticien. Imaginons que nous n'envoyions que des 1 dans tous les câbles d'entrée horizontaux du décodeur. Or chaque point d'une intersection est à interpréter comme une porte AND à deux voies :

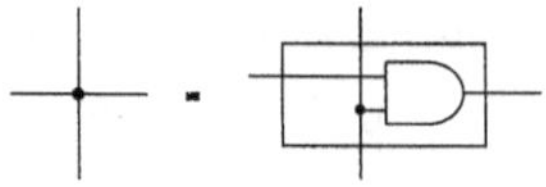

et une intersection simple comme un simple croisement de câbles sans contact :

Pour que le signal 1 venant de la gauche puisse « traverser » le premier point, il faut que l'on ait le bon signal, $A = 1$, ou au contraire NOT $A = 1$, selon le câble. De même pour B et C. Donc nous avons toujours un décodeur binaire ; rien n'a changé en ce qui le concerne. Toutefois, nous venons d'inventer quelque chose de nouveau, qui va rapidement se montrer indispensable pour le fonctionnement d'un ordinateur : *ce dispositif peut servir d'interrupteur multiple permettant de se connecter à un câble d'entrée choisi.* Les entrées intiales du décodeur, les lignes A, B, C servent maintenant de « lignes-adresses » permettant de sélectionner celle des sorties qui donnera le signal 0 ou 1. Cela ressemble de très près au dispositif appelé « multiplexeur » : ce dernier permet de choisir et de transmettre des signaux parmi plusieurs câbles d'entrée vers un seul câble de sortie. Dans notre exemple, nous pouvons transformer notre dispositif en multiplexeur en branchant une porte OR à huit entrées sur nos huit lignes de sortie (figure 2.17) :

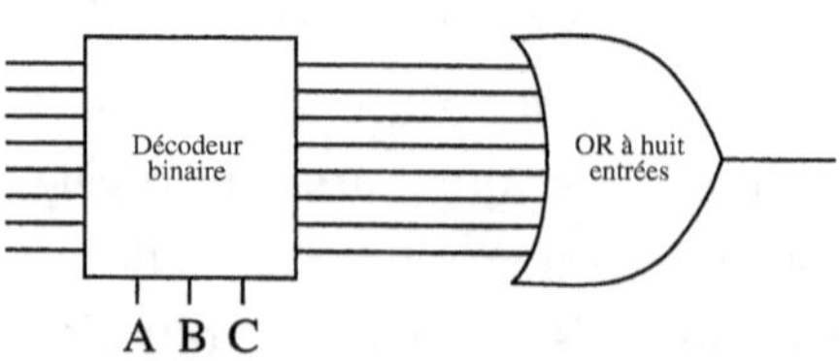

FIG. 2.17 – *Le multiplexeur.*

Ce dispositif relativement perfectionné sélectionne celui des huit câbles de gauche qui sera transmis à l'aide du décodeur trois-huit. Les multiplexeurs sont utilisés dans les ordinateurs pour lire et écrire sur la mémoire, et également pour tout un tas d'autres choses.

Voici maintenant quelques problèmes pour vous distraire...

Problème 2.1 Concevez un *encodeur* huit-trois. Il s'agit de résoudre le problème inverse de celui que nous venons de voir : huit câbles en entrée, dont un seul à la fois sera parcouru par un signal ; trois câbles en sortie, qui « encodent » celui des huit câbles qui est actif.

Problème 2.2 Concevez un additionneur simple à l'aide de portes AND, OR et NOT.

Problème 2.3 Concevez un additionneur complet 1 bit :

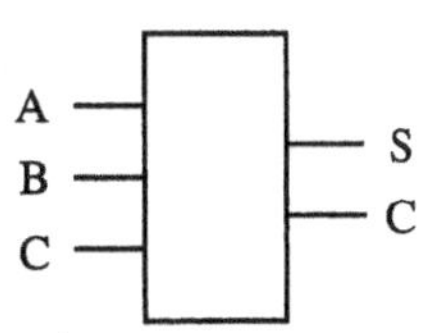

Problème 2.4 Concevez un additionneur à r bits à l'aide de r additionneurs 1 bit. Combien faudrait-il d'additionneurs simples ?

2.3 D'autres portes : les portes réversibles

Dans ce qui précède, nous avons affirmé sans preuve que les circuits des portes AND et NOT :

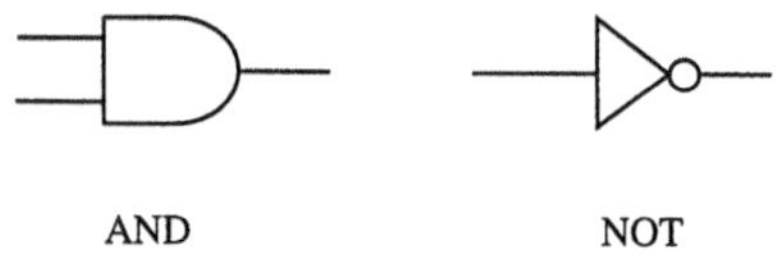

suffisaient à eux seuls à créer n'importe quelle fonction de bascule.

En fait, nous avons ajouté deux autres éléments sans même nous en rendre compte. Il s'agit des opérations *fanout* (le « déployeur ») et *exchange* (l'« échangeur ») représentées à la figure 2.18.

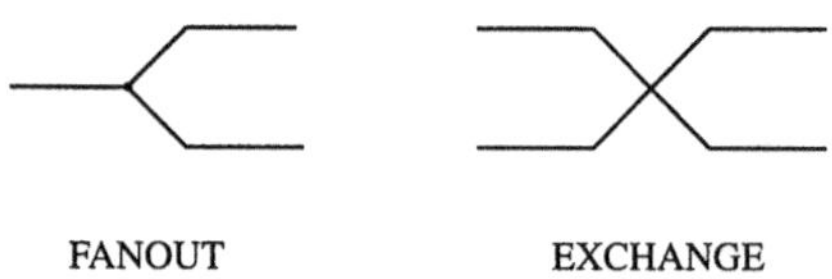

FIG. 2.18 – *FANOUT et EXCHANGE.*

Dans le cas de câbles et de signaux valant 0 ou 1, la présence de ces « portes » est une évidence : FANOUT divise un câble en deux ou plusieurs câbles, et EXCHANGE intervertit les signaux à l'intersection d'une paire de câbles. En d'autres termes, si nous représentons l'information véhiculée par des galets, alors un FANOUT de un vers deux revient à scinder un galet en deux galets ; c'est donc une opération assez particulière. De même, si nous imaginons l'information comme étant stockée dans des cases séparées, en des endroits distincts, l'EXCHANGE représente elle aussi une opération bien claire. J'insiste sur l'importance, pour la logique, de ces deux opérations « évidentes » car elles nous seront utiles lorsque nous aborderons la question de la réversibilité. Nous partons également du principe que nous disposons d'une source intarissable de 0 et de 1, sur laquelle nous pouvons brancher autant de câbles que nous le voulons et maintenir les signaux désirés aussi longtemps que nécessaire. Et cela aura des conséquences inattendues. Par exemple, nous avons déjà remarqué qu'il est possible de remplacer les deux portes AND et NOT par une seule porte NAND (figure 2.19) :

A	B	A NAND B
0	0	1
0	1	1
1	0	1
1	1	0

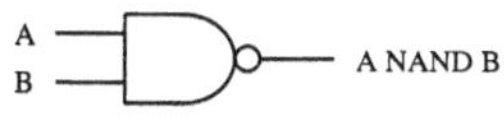

FIG. 2.19 – *La porte NAND.*

Nous voyons aisément que cette porte est à elle seule aussi performante que l'association des deux portes AND et NOT. Pour obtenir une opération NOT à partir de la porte NAND, il suffit de nous tourner vers notre source de 1 et d'y brancher l'une des pattes d'entrée du NAND. Du coup, quel que soit le signal à l'autre entrée, mettons A, la sortie vaudra toujours NOT A :

Maintenant que nous avons un NOT et un AND, nous pouvons construire un NAND et démontrer ainsi l'équivalence de ces ensembles d'opérateurs.

Le problème qui nous intéresse ici est un peu différent et nous permettra d'étudier des portes logiques plus exotiques. Les opérations AND et NAND (ainsi que OR et XOR) sont des opérations *irréversibles*. J'entends par là qu'il est impossible de récupérer le signal d'entrée à partir du signal de sortie : l'information initiale est perdue et l'est de manière irréversible. Une sortie de porte AND à quatre entrées qui vaut 0 peut provenir de quinze combinaisons des signaux d'entrée, et rien ne nous permet de deviner laquelle (en revanche, si la sortie vaut 1, nous pouvons en déduire quelle était la combinaison à l'entrée !). Je voudrais introduire le concept d'une opération *réversible* comme d'une opération dont le signal de sortie recèle suffisamment d'informations pour permettre d'en déduire l'entrée. Cela nous sera utile un peu plus loin, lorsque nous étudierons la thermodynamique en informatique. Ce concept nous permettra de faire des calculs de l'énergie libre (ou, si vous préférez, de l'efficacité physique) en informatique.

Les ordinateurs réversibles furent étudiés indépendamment par Charles Bennett et Edward Fredkin. Nos blocs de construction élémentaires seront les trois portes NOT (N), CONTROLLED NOT (CN) et CONTROLLED CONTROLLED NOT (CCN). Voyons de quoi il s'agit... Le NOT est le même NOT que précédemment : un élément simple. Le CONTROLLED NOT (ou « NOT sous contrôle ») est un gadget à deux pattes d'entrées qui, contrairement aux portes AND et NAND, possède également deux pattes en sortie. Il fonctionne de la manière suivante : nous avons deux câbles ; sur l'un d'eux, nous traçons un cercle représentant une opération de contrôle, et sur l'autre une croix (figure 2.20) :

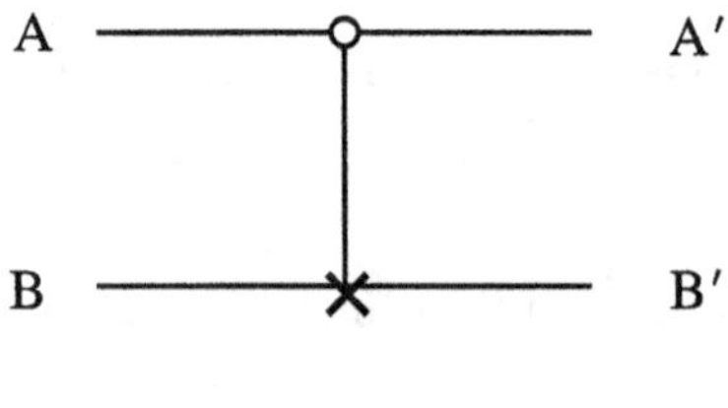

FIG. 2.20 – *La porte CN.*

Le « × » désigne une opération NOT, mais attention, pas le NOT conventionnel : celui-ci est *contrôlé par le signal en entrée du câble « ∘ »*. Plus précisément, si l'entrée du câble ∘ vaut 1, alors l'entrée du câble × sera inversée ; au contraire, si l'entrée du câble o vaut 0, alors la porte NOT ne fonctionnera pas et le signal sur le câble × la traversera sans être modifié. En d'autres termes, l'entrée vers o active la porte NOT de la ligne du dessous. Toutefois, la sortie et l'entrée du câble o sont toujours identiques : la ligne du haut correspond à l'identité. La table de vérité est assez simple :

A	B	A'	B'
0	0	0	0
0	1	0	1
1	0	1	1
1	1	1	0

TAB. 2.2 – *« Table de vérité » pour la porte CN.*

Remarquons que nous pouvons interpréter B' comme le signal de sortie d'une porte XOR avec A et B en entrée : $B' = \mathrm{XOR}(A, B)$.

L'une des principales propriétés de cette porte CN est qu'elle est réversible : du signal récolté en sortie, nous pouvons déduire ce qui est arrivé en entrée. Notez qu'il suffit, pour inverser cette opération, de la répéter :

FIG. 2.21 – *L'identité par deux portes CN.*

Nous pouvons utiliser une porte CN pour construire un circuit FANOUT. Si nous imposons $B = 0$, alors nous obtenons $B' = A$ et $A' = A$. À titre d'exercice, vous pourrez montrer comment connecter des portes CN pour fabriquer un opérateur d'échange (un indice : il en faudra plusieurs...).

Malheureusement, nous ne pouvons pas tout faire avec les seules portes N et CN. Il nous faut quelque chose de plus, par exemple une porte CCN ou CONTROLLED CONTROLLED NOT (figure 2.22) :

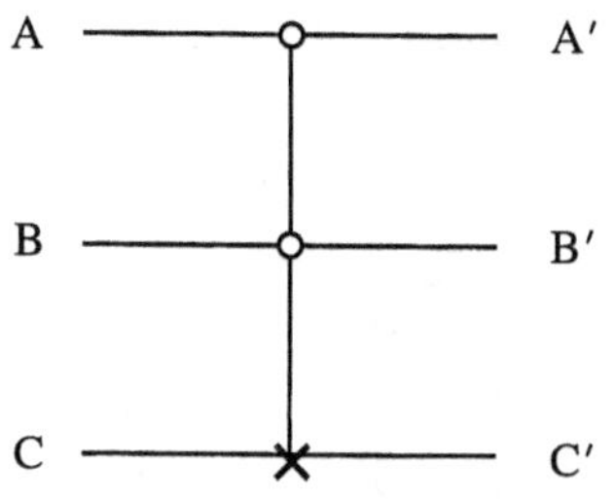

FIG. 2.22 – *La porte CCN.*

Cette porte a deux lignes de contrôle A et B, chacune affublée d'un ∘, et, comme pour la porte CN, le signal sur ces câbles n'est pas modifié au passage de la porte : $A' = A$, $B' = B$. La dernière ligne correspond à un NOT (×), qui n'est activé que si $A = 1$ et $B = 1$; dans ce cas, $C' = \text{NOT}\ C$. Cette porte, à elle toute seule, est très intéressante. Si nous maintenons A et B tous deux à 1, alors elle n'est qu'une simple porte N (NOT). Si nous gardons seulement A égal à 1, alors elle devient une porte CN avec B et C comme entrées. Ainsi, avec une porte CCN et notre source inépuisable de 0 et de 1, nous pouvons laisser de côté les portes N et CN ! Mieux encore : avec cette porte CCN, nous pouvons *tout* faire ! Nous avons déjà vu comment utiliser une porte CN pour obtenir une sortie de XOR. Nous savons en outre qu'en ajoutant un NOT ou deux, nous pouvons fabriquer une porte AND. En fait, nous pouvons fabriquer n'importe quelle porte avec un CCN : à elle toute seule, la porte CCN constitue un ensemble complet d'opérateurs ! À titre d'exemple, fabriquons une porte AND en maintenant $C = 0$ et en prenant A et B comme entrées. La sortie,

A AND B est donc obtenue en C', qui ne vaut 1 que lorsque la porte NOT est activée pour inverser $C = 0$, qui se trouve être la seule possibilité (du fait des propriétés de la porte CCN) lorsque $A = B = 1$.

Il nous reste à montrer que nous pouvons effectivement faire des choses utiles avec ces seules opérations réversibles. Ce n'est pas bien compliqué, puisque nous venons de voir qu'elles permettent de faire tout ce qu'il est possible de faire avec un ensemble complet d'opérateurs ! Mais nous voudrions néanmoins que tous nos dispositifs soient eux-aussi réversibles. Considérons la fabrication d'un additionneur complet :

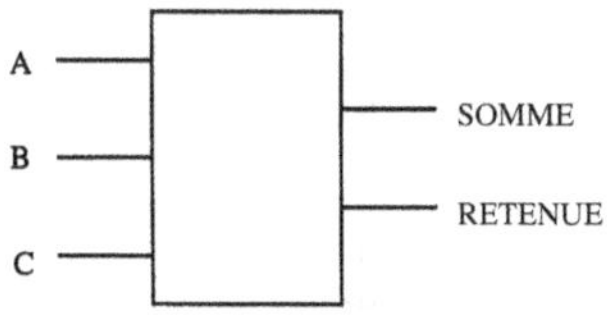

Nous voulons additionner A, B et C et récolter la somme et la retenue. Telle quelle, cette opération n'est pas réversible (en général, nous ne pouvons pas retrouver les trois signaux d'entrée à partir de la somme et de la retenue). Or, nous avons décidé de fabriquer un additionneur réversible, aussi aurons-nous besoin d'informations supplémentaires sur les signaux d'entrée. En y réfléchissant, nous voyons qu'une des propriétés des portes réversibles est que celles-ci ont « autant de pattes en entrée qu'en sortie » (c'est la seule manière de garantir que nous retrouvions les différents signaux d'entrée à l'aide des signaux de sortie). Il nous faut donc ajouter une sortie à notre additionneur. En fait, il se trouve que nous aurons besoin de deux lignes supplémentaires en sortie de notre porte, et de deux lignes supplémentaires en entrée, que l'on mettrait à 0 par exemple. Avec N, CN et CCN (ou juste des CCN), nous pouvons fabriquer des opérateurs AND, OR et XOR, que nous utiliserons pour fabriquer notre additionneur : l'astuce pour le rendre réversible consiste à utiliser la redondance qu'offrent les sorties supplémentaires de façon que les deux pattes de sortie supplémentaires (outre celles de la somme et de la retenue) donnent simplement les entrées A et B. Je vous invite à le faire dans les détails : l'exercice en vaut la peine.

Fredkin ajouta une contrainte supplémentaire aux entrées et sorties de ses portes. Il demandait non seulement qu'une porte soit réversible, mais encore que les signaux, 0 ou 1, ne changent jamais. Il n'avait aucune raison particulière d'imposer cela, mais bon, c'est ce qu'il fit. Il introduisit une porte exécutant une opération d'échange sous contrôle (figure 2.23) :

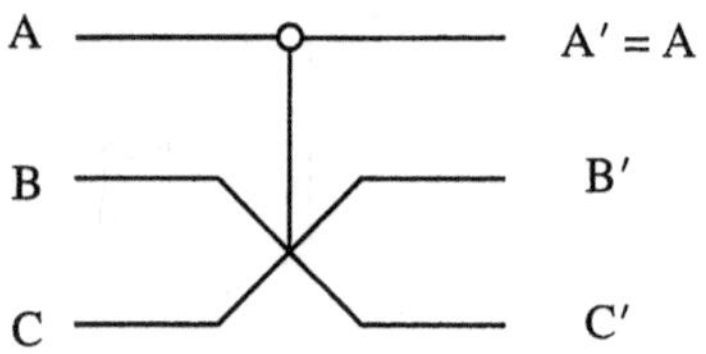

FIG. 2.23 – *La porte de Fredkin : échange sous contrôle.*

En l'honneur de son inventeur, nous appellerons cette porte « porte de Fredkin ». Vous commencez maintenant à être à l'aise avec les lignes de contrôle et vous savez qu'elles permettent simplement d'activer des opérations ordinaires en fonction d'autres entrées. Ici, l'opération sous contrôle est un échangeur. La porte de Fredkin fonctionne comme suit : si $A = 0$, B et C ne sont pas intervertis, $B' = B$ et $C' = C$. Toutefois, si $A = 1$, les deux signaux seront échangés de sorte que $B' = C$ et $C' = B$. Vous vérifierez aisément que le nombre de 0 et de 1 est conservé. Tentez également (c'est un peu plus difficile) de montrer comment réaliser toutes les opérations logiques à partir de la porte de Fredkin plutôt que d'une porte CCN (et vous serez sans doute surpris !).

2.4 Ensembles complets d'opérateurs

J'ai introduit la notion de portes réversibles pour vous montrer que le domaine de la logique informatique ne se limite pas aux portes standard AND, NOT et OR. Nous reviendrons sur ces portes réversibles à la 5e leçon. Pour le moment, je laisserai ce sujet de côté pour me pencher sur celui des ensembles complets d'opérateurs. J'étais très fier de vous annoncer qu'avec un *ensemble complet* d'opérateurs, tout est possible, c'est-à-dire que nous pouvons fabriquer n'importe quelle fonction logique. Je vais choisir comme ensemble complet les opérations AND, NOT, FANOUT et EXCHANGE. Comment savoir que cet ensemble est bien complet ? Imaginons que nous ayons n câbles d'entrée, notons-les $X_1, X_2, X_3, \ldots, X_n$. Pour chaque combinaison $\{X\}$ des entrées, nous obtenons une combinaison en sortie sur les câbles $Y_1, Y_2, \ldots, Y_m$ où m n'est pas forcément égal à n. La sortie Y_i est une fonction logique des X_j. Formellement, nous écririons

$$Y_i = F_i(\{X\}), \quad i = 1, \ldots, m. \tag{2.1}$$

Nous cherchons à montrer que pour *tout* ensemble de fonctions F_i, nous pouvons construire un circuit qui applique cette fonction aux signaux d'entrée, en n'utilisant que notre ensemble de portes élémentaires. Prenons un exemple, à savoir la somme des signaux d'entrée. Voyons comment procéder, en principe. Avec le décodeur binaire par exemple, nous avions n câbles d'entrée, 2^n câbles en sortie, et nous pouvions nous arranger pour n'activer qu'un seul de ces derniers à l'aide d'un certain nombre de portes AND. Cette fois, nous voulons obtenir un signal précis sur un autre ensemble de câbles de sortie. En particulier, il est possible de faire en sorte que les signaux en sortie forment le nombre binaire correspondant à la valeur de la somme de la combinaison d'entrée.

Choisissons un câble parmi l'ensemble des X en entrée. Seul un câble est « chaud », tous les autres sont « froids ». Lorsque le câble que nous avons choisi est chaud, nous voulons produire une combinaison précise des signaux de sortie. C'est le problème inverse de celui du décodeur. Ici, ce qu'il nous faut, c'est un *en*codeur. Comme vous l'avez sans doute remarqué en faisant l'un des problèmes que je vous ai proposés, cet encodeur peut être construit à partir de quelques portes OR. Et voilà : nous avons scindé le problème en deux parties. La première partie, que nous avons étudiée plus tôt, permettait d'éteindre un certain nombre de câbles en fonction de la combinaison entrante. La solution en était le décodeur. Notre encodeur, quant à lui, aura un grand nombre de pattes en entrée, mais une seule à la fois qui s'éteint. Et nous cherchons à relever le numéro du câble qui s'éteint en système binaire. Nous pouvons fabriquer un encodeur à 3 bits à l'aide de portes OR comme suit (figure 2.24) :

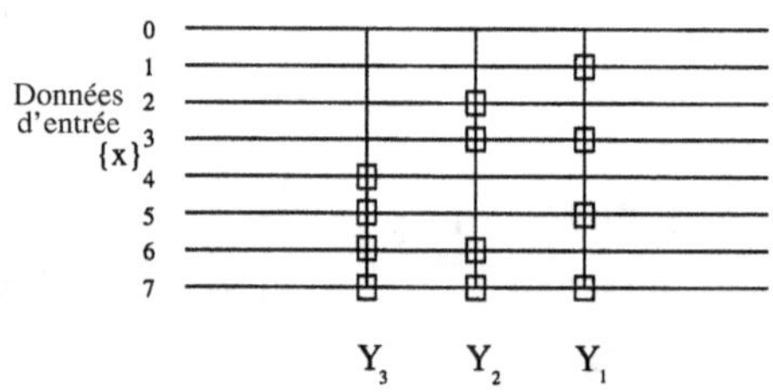

FIG. 2.24 – *L'encodeur à trois bits.*

où nous avons utilisé la notation suivante pour les portes OR :

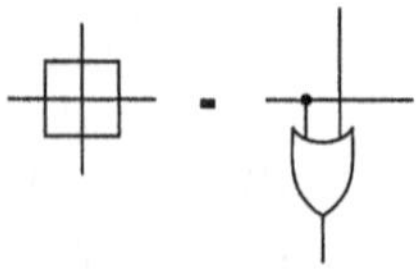

Ainsi, sans nous laisser impressionner par la prolifération des 2^n câbles, nous pourrons construire toutes les fonctions logiques que nous voulons. En général, il y aura un plan AND et un plan OR, plus un grand nombre de câbles reliant ces deux régions entre elles (figure 2.25) :

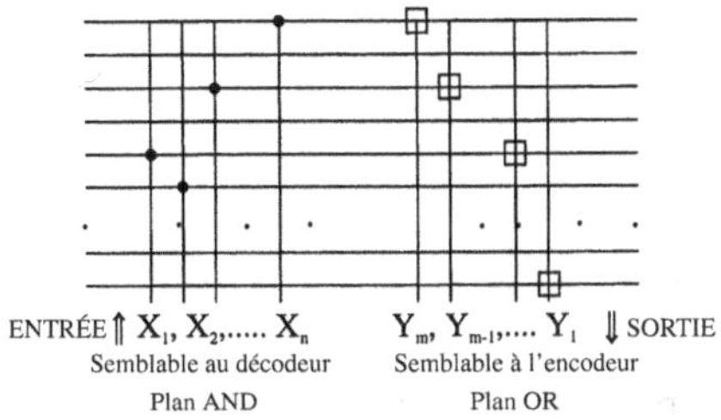

FIG. 2.25 – *Construction d'une fonction logique générale.*

Nous utilisons ici la même notation pour les portes AND que sur la figure 2.16. Si vous êtes parvenus à résoudre l'un des trois problèmes 2.2 à 2.4 concernant la construction d'additionneurs, alors vous avez déjà vu ce principe à l'œuvre.

Certaines des fonctions logiques que nous pourrions construire de cette manière sont si simples que l'algèbre booléenne permettrait d'en simplifier la conception et d'utiliser moins de portes. Dans le temps, les gens déployaient une énergie considérable pour trouver le système le plus simple ou le plus réduit pour une fonction logique donnée. Toutefois, l'approche que j'ai donnée ici est si simple et si générale qu'il n'est pas nécessaire d'être expert en logique pour y arriver ! En outre, il s'agit également d'une conception standard, facilement réalisable en technologie silicium. Ainsi, est-elle souvent utilisée pour les circuits logiques programmables dits PLA (de l'anglais *Programmable Logic Arrays*), qui servent à fabriquer des puces customisées, en un petit nombre d'exemplaires. Le client n'a qu'à choisir quels AND et quels OR connecter pour obtenir la fonctionnalité désirée. Pour les puces produites à grande échelle, il vaut la peine de faire quelques efforts supplémentaires pour optimiser leur conception.

2.5 Bascules bi-stables et mémoire informatique

Je voudrais maintenant passer à tout autre chose et aborder un point qui, en plus d'être essentiel au fonctionnement d'un ordinateur, devrait également être assez amusant. Tout commence par une question simple : pouvons-nous garder des nombres en mémoire ? Autrement dit, pouvons-nous fabriquer de la mémoire à partir des portes et autres gadgets que nous avons assemblés jusqu'à présent ? Pour être utile, l'espace mémoire devrait nous permettre de modifier ce qui y est enregistré ; nous voulons avoir la possibilité d'effacer et de réécrire le contenu de la mémoire. Commençons par le plus simple des espaces mémoire : celui qui ne contient qu'un bit, 0 ou 1. Voyons ce que nous pouvons en faire. Prenons la boîte noire ci-dessous :

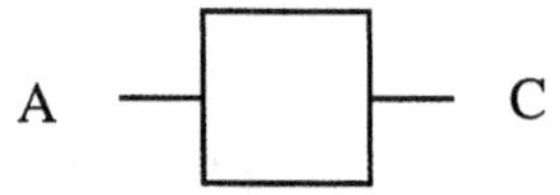

FIG. 2.26 – *La boîte noire d'un espace mémoire.*

Le signal de la ligne C représentera ce que contient la mémoire. L'entrée A est une ligne de contrôle, dotée des propriétés suivantes : tant que A vaut 0, c'est-à-dire tant que nous ne mettons rien en entrée de notre boîte, C reste inchangée. Toutefois, si nous basculons A vers 1, alors nous modifions C qui passe de 0 à 1 ou l'inverse. Nous pouvons résumer cela dans une sorte de « table de vérité » :

A	C avant	C après
0	0	0
0	1	1
1	0	1
1	1	0

TAB. 2.3 – *« Table de vérité » pour l'espace mémoire.*

Nous remarquons facilement à la lecture de cette table que le « C après » n'est autre que le XOR de A et du « C avant ». Ainsi pourrions-nous proposer dans un éclair de lucidité, de remplacer notre boîte noire par une porte XOR avec une « rétroaction » sur C pour fabriquer notre première unité de mémoire (figure 2.27) :

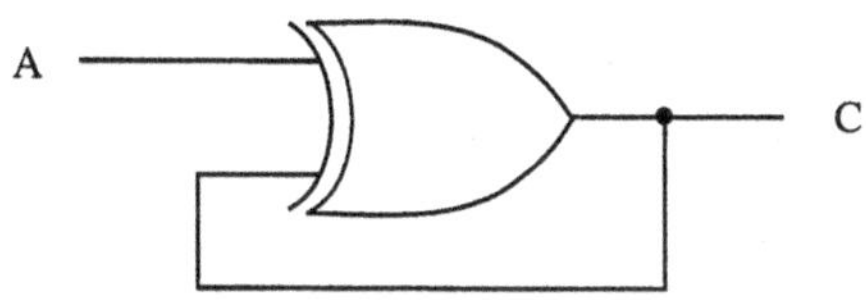

FIG. 2.27 – *Proposition (inutilisable en pratique) d'une unité mémoire.*

Est-ce qu'elle fonctionne ? Eh bien, tout dépend de la synchronisation ! Laissons de côté l'algèbre abstraite et considérons les limitations réelles qu'impose sur nos dispositifs le monde physique. Supposons que A vaut 0 et C 1. Alors tout est stable : jusqu'ici tout va bien. Prenons maintenant A égal à 1. Que se passe-t-il ? C passe à 0, par définition, puisque c'est ce que nous voulions. Mais cette valeur, par rétroaction, est ré-injectée en entrée de la porte XOR qui, avec $A = 1$, donne 1 en sortie. Donc C change à nouveau et passe à 1. Cette valeur est ré-injectée à l'entrée de la porte XOR qui, puisque $A = 1$, donne maintenant en sortie $C = 0$. Et nous revoici au point de départ et tout cela recommence. Notre porte oscille terriblement et ne nous sera d'aucune utilité.

Et pourtant... en y réfléchissant à deux fois, nous voyons que le salut de cette porte tiendrait à quelques retardateurs bien placés, aux différentes étapes de cette opération. Par exemple, nous pourrions imposer que le XOR prenne un peu de temps à produire le signal de sortie. Mais nous ne pouvons pas l'empêcher d'osciller. Même si nous nous résolvions à fabriquer une banque de mémoire éphémère, la volatilité physique des composants électroniques introduirait des instabilités conduisant à des oscillations imprévues et, en pratique, cette porte serait inutilisable. Bien que ceci soit dénué d'intérêt pratique, que se passerait-il si nous construisions le même circuit avec une porte OR à la place de la porte XOR ?

Le problème de ce dispositif réside évidemment dans la rétroaction. Ne pourrions-nous pas nous en passer ? La réponse est oui, mais elle a un prix non négligeable. Pour des raisons d'économie et d'espace, nous voudrions que notre ordinateur puisse faire des calculs répétitifs en utilisant toujours les mêmes dispositifs. Par exemple, si nous utilisons un certain additionneur pour mener à bien une partie des calculs, nous voudrions pouvoir utiliser ce même additionneur pour exécuter une autre partie du même calcul, ce qui implique éventuellement d'utiliser la sortie obtenue précédemment. Nous voudrions éviter d'avoir à accumuler de plus en plus d'additionneurs à chaque étape d'un programme. Or, sans rétroaction, nous n'avons pas trop le choix. Voilà donc le problème que nous devons résoudre !

Ce que nous voulons, c'est un circuit qui puisse garder une valeur, 0 ou 1, jusqu'à ce que nous décidions de le faire redémarrer en lui donnant la valeur du signal d'un câble choisi. Le circuit capable de faire cela s'appelle une « bascule RS » et la figure 2.28 en donne une représentation schématique.

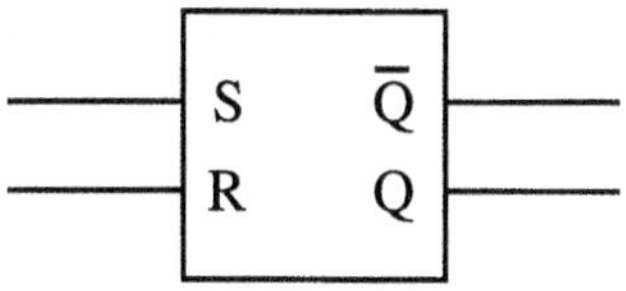

FIG. 2.28 – *Bascule RS.*

La bascule RS a deux câbles d'entrée, les câbles *set* (S) et *reset* (R), et deux câbles en sortie, que nous appelons Q et $\bar{Q}$. Cette notation reflète que l'un sera toujours le complémentaire (l'inverse) de l'autre. Ils sont parfois appelés, à tort, « câbles 0 et 1 ». Cette appellation est trompeuse car chaque signal peut prendre l'une ou l'autre valeur, pourvu qu'il reste l'inverse de l'autre.

Nous pouvons par exemple utiliser des portes NOR pour construire un circuit qui fonctionne comme une bascule RS :

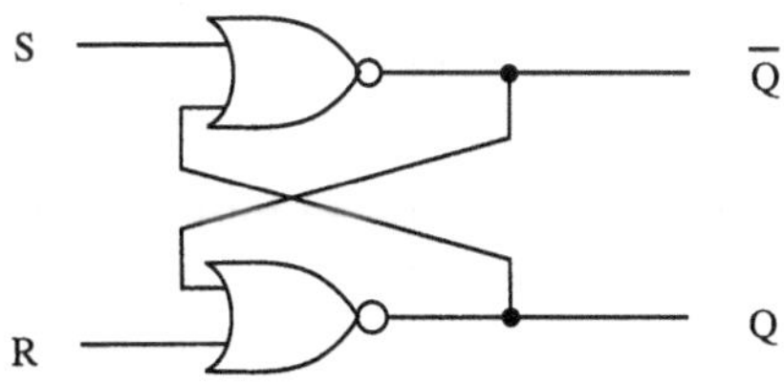

FIG. 2.29 – *Structure en portes d'une bascule RS.*

Remarquons que ce dispositif contient des rétroactions ! Malgré cela, il est possible de s'arranger pour que la bascule n'oscille pas comme le faisait notre mémoire XOR rudimentaire. Il est important que S et R ne valent jamais 1 en même temps, ce que nous pouvons garantir en ajustant l'architecture de notre machine. Ce dispositif a deux états de sortie possibles, stables tous les deux : soit $Q = 1$ (et donc $\bar{Q} = 0$), soit $Q = 0$ (et donc $\bar{Q} = 1$). En quoi cela nous aide-t-il pour la mémorisation des données ?

Nous voyons mieux comment tout cela fonctionne en étudiant la table de vérité :

Q avant	S	R	Q après
0	0	0	0
0	0	1	0
0	1	0	1
1	0	0	1
1	1	0	1
1	0	1	0

TAB. 2.4 – « *Table de vérité* » *de la bascule RS.*

Le signal du câble Q s'interprète comme le contenu de la bascule et reste le même tant que S et R valent tous les deux 0. Considérons tout d'abord le cas pour lequel le câble R est à 0. Nous voyons alors que si le contenu Q de la bascule était initialement à 0, alors poser $S = 1$ la fera passer vers la valeur 1 ; dans tous les autres cas, le câble S reste sans effet. En d'autres termes, le câble S permet de faire passer le contenu de la bascule vers 1 mais les modifications ultérieures de S n'auront aucun effet supplémentaire : si la bascule est déjà sur 1, elle le restera même si nous allumons ou éteignons S. Voyons maintenant l'effet du câble R. Si la bascule est à 0, elle y restera même si nous passons R à 1 ; en revanche, si la bascule est à 1, elle passera à 0 si nous basculons R sur 1. Ainsi, le câble R permet-il de remettre à zéro le contenu de la bascule. C'est un véritable imbroglio lorsqu'on voit cela pour la première fois et je vous recommande chaudement d'étudier ce dispositif jusqu'à ce que vous le compreniez vraiment. Nous allons voir comment utiliser cette bascule pour résoudre nos problèmes de synchronisation.

2.6 Synchronisation et registres à décalage

Nous avons donc conçu une unité (nommée bascule RS) qui contient des rétroactions mais pas les oscillations des structures les plus naïves. Il y a tout de même un problème plus subtil avec ce gadget. Comme je l'ai signalé à la leçon précédente, les signaux traversant nos divers composants prennent un certain temps pour parvenir à destination et être traités, et les variations physiques des différents composants utilisés pour la construction de la machine engendrent parfois des délais de traversée assez fantaisistes, que nous ne considérons pas lorsque nous raisonnons avec une technologie idéale, parfaite. Or, cela implique que certains signaux pourront arriver aux portes plus tard que prévu, et donc, par conséquent, ne pas avoir l'effet escompté ! Aussi devons-nous avoir conscience des conséquences que cela peut avoir. Pour la bascule par exemple, qu'arriverait-il si les deux sorties se retrouvaient égales ? Nous avons supposé, idéalement, qu'elles seraient toujours complémentaires, mais, qui sait, ça peut mal tourner ! Dans ce cas, toute l'histoire des câbles S et R est bonne pour la corbeille !

L'échappatoire consiste à introduire une *horloge* dans le système, laquelle envoie son « feu vert » à la bascule à intervalles réguliers. Nous imposons alors à la bascule de ne rien faire tant qu'elle n'a pas reçu de signal d'horloge. Ces signaux seront suffisamment espacés dans le temps pour que tout puisse se mettre en place correctement avant que les opérations ne soient exécutées. En pratique, nous disposons une porte AND sur chaque câble d'entrée, et injectons le signal d'horloge à chaque entrée. Ce dispositif est connu sous le nom de « verrou transparent » puisque, en effet, tant que l'horloge est consentante, toute modification en entrée sera transmise à la bascule :

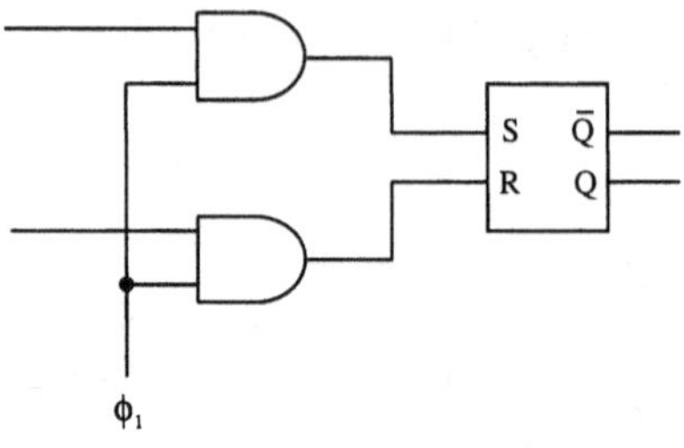

FIG. 2.30 – *Bascule RS commandée par un niveau d'horloge.*

Nous représentons le signal d'horloge ϕ_1 comme une succession d'impulsions (figure 2.31) :

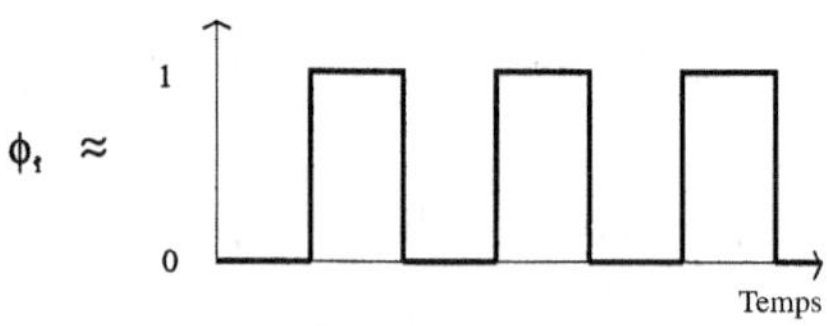

FIG. 2.31 – *Le signal d'horloge.*

Quel que soit le signal d'entrée des portes AND, il est clair que celui-ci n'atteindra S et R que si le signal ϕ_1 provenant de l'horloge vaut 1. Pourvu que la synchronisation de l'horloge soit bien réglée et nous garantisse qu'elle n'ouvrira pas les portes tant que les signaux sont encore susceptibles de nous jouer des tours, nous avons résolu le problème. Mais nous en avons créé un autre ! Nous n'avons fait que le remettre à plus tard : la sortie de cette porte ira à l'entrée d'une ou plusieurs autres et nous rencontrerons à nouveau le même problème des délais de traversée différents, encore et encore. Il ne servirait à rien de tout brancher à notre horloge ϕ_1 (loin s'en faut !) puisqu'une partie du circuit pourrait être activée pendant qu'une autre change son signal de sortie. Nous avons toujours des décalages en temps. Nous pourrions proposer de contourner le problème en construisant une machine de haute précision, capable de calculer les temps de parcours et d'assurer que tout se synchronise comme il faut. Ce serait possible, et le résultat serait même rapide et efficace, mais aussi très cher et de conception difficile. Le meilleur moyen de résoudre ce problème est d'introduire une autre horloge, ϕ_2, et d'empêcher que la porte suivante n'accepte le signal provenant de la précédente tant que cette seconde horloge n'a pas envoyé son feu vert. Cette configuration est un type de bascule particulier appelée « bascule maître-esclave » (figure 2.32) :

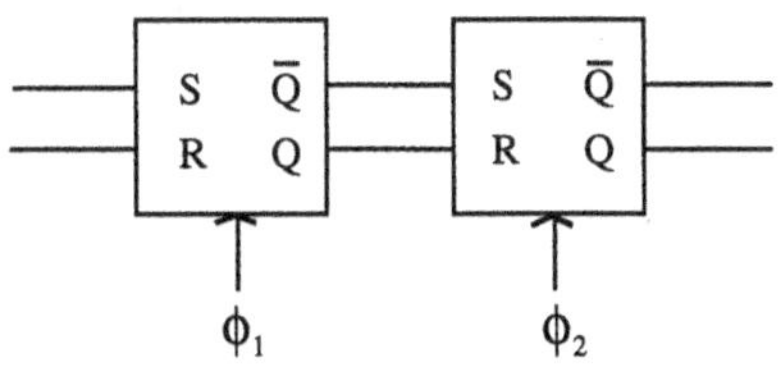

FIG. 2.32 – *La bascule maître-esclave.*

Les signaux de nos deux horloges doivent être complémentaires :

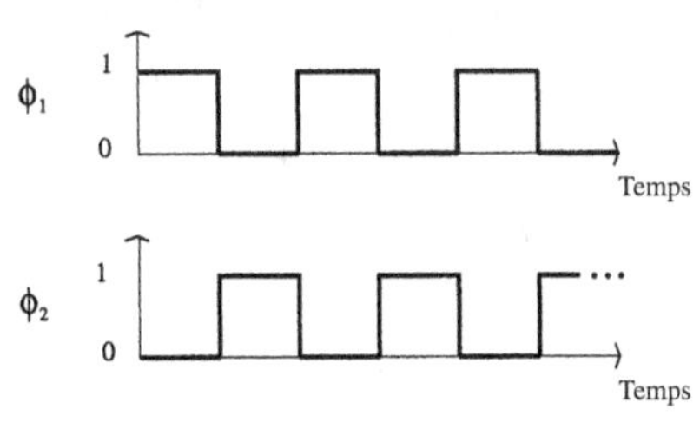

Le moyen le plus simple de s'en assurer est de fabriquer ϕ_2 à l'aide de NOT ϕ_1. Signalons également que nos opérations logiques devront être rapides par comparaison à la période des horloges. Gardons bien à l'esprit que dans tout cela, nous considérons premièrement que les seuls signaux possibles sont 0 ou 1 (ce qui n'est pas vrai en pratique : les signaux changent avec le temps ; ils ne valent jamais exactement un ou zéro, mais sont proches de ces valeurs) et deuxièmement qu'il existe un retard précis, bien défini et uniforme entre les impulsions : nous pouvons dire que *ceci* a lieu, puis *cela*, et ainsi de suite. C'est un modèle assez fidèle à la réalité, et nous pourrions l'améliorer davantage en introduisant plus de signaux d'horloges.

Il existe toutes sortes de bascules différentes, et il vaut la peine de regarder comment et pourquoi elles fonctionnent. L'une de ces nombreuses variantes est la « bascule D », représentée sur la figure 2.33 :

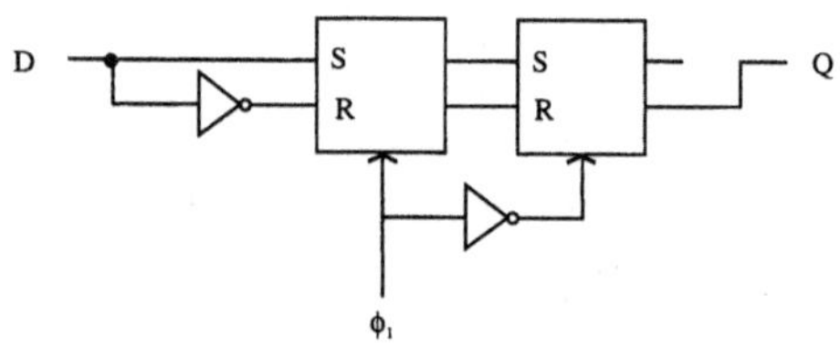

FIG. 2.33 – *Bascule D.*

La justification de cette appellation n'est pas très claire. Une explication plausible serait que la lettre D provient du mot anglais *delay*, faisant référence à la propriété de retardateur du dispositif puisque, en gros, la sortie est la même que l'entrée, mais ne le devient qu'après une impulsion d'horloge.

Introduisons pour la bascule D la notation simplifiée ci-dessous :

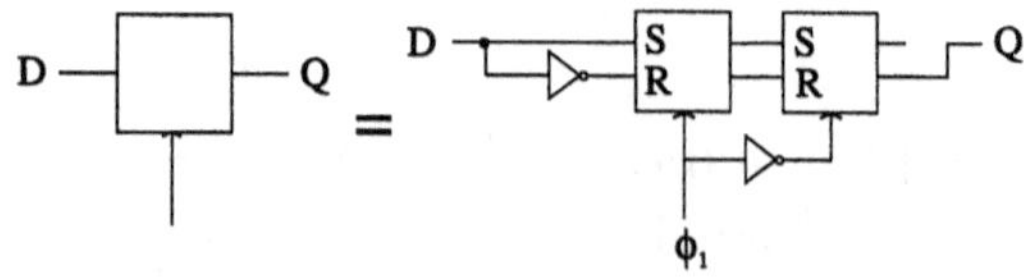

FIG. 2.34 – *Notation simplifiée pour la bascule D.*

Les bascules permettent de construire un dispositif très utile, nommé « registre à décalage », que nous prendrons le temps d'étudier. Celui-ci permet, entre autres choses, de mémoriser des nombres binaires — des *séries* de bits — plutôt qu'*un seul* bit. Le dispositif comprend un certain nombre de bascules reliées en série, dans lesquelles nous injectons notre nombre binaire, un bit à la fois. Nous utilisons simplement la bascule RS, avec un retardateur intégré. La structure élémentaire du registre à décalage est la suivante :

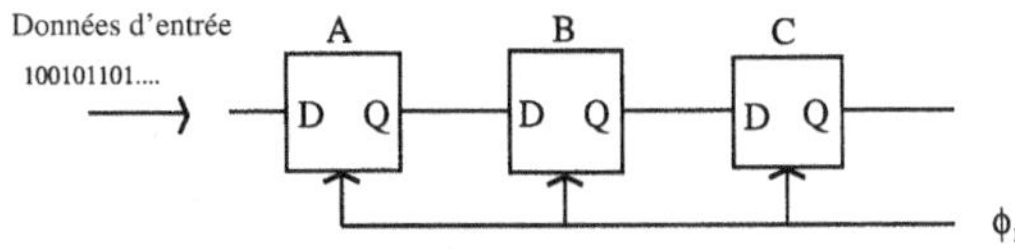

FIG. 2.35 – *Registre à décalage.*

Chaque unité de ce registre est essentiellement un dispositif retardateur stable du type de ceux que j'ai décrits plus haut. Notons que toutes les bascules sont cadencées par la même horloge ϕ_1.

Le lecteur n'aura sans doute aucune difficulté à comprendre comment fonctionne ce registre. Nous commençons avec l'hypothèse (qui n'est pas nécessaire, mais qui simplifie les choses) que toutes les bascules sont initialement à zéro. Supposons que nous voulions mémoriser le nombre binaire 101. Que va-t-il se passer ? Nous l'injectons bit par bit en commençant par la droite, donc nous mettons 1 à l'entrée de la première bascule, appelée A, puis nous attendons le feu vert de l'horloge. Après le signal de l'horloge, la sortie de A vaut 1. Nous mettons alors en entrée de A le bit suivant, ici 0. Rien ne se passe jusqu'à la prochaine impulsion de l'horloge. À son arrivée, la bascule suivante, appelée B, reçoit un 1 en entrée (le 0 original a été ré-initialisé). Cependant, la sortie de A passe à 0, à l'image de sa nouvelle entrée. Dans le même temps, nous injectons en A le chiffre suivant de notre nombre binaire à enregistrer, à savoir 1. Cette fois encore, nous attendons le signal de l'horloge. À présent, la sortie de A vaut 1, celle de B 0 et celle de C 1 : autrement dit, en lisant de gauche à droite, nous retrouvons le nombre binaire que nous avons donné en entrée ! La généralisation à de plus grands nombres binaires est immédiate (notez que chaque bascule ne retient qu'un chiffre, si bien qu'un registre à n bascules ne peut mémoriser que des nombres jusqu'à 2^n chiffres). Ainsi voyons-nous qu'un tel registre transforme une séquence d'informations, donnée en série, en informations en parallèle ; il décale bit par bit et mémorise les données pour une consultation ultérieure. Est-il nécessaire d'en dire plus ? Vous devriez parvenir à vous convaincre que les registres ont clairement un rôle à jouer pour la mémorisation des données et, grâce au mécanisme de décalage, ils seront également utiles pour exécuter des opérations arithmétiques en binaire. Ils méritent donc d'être inclus aux additionneurs et autres circuits dignes d'intérêt.

LEÇON 3

La théorie du calcul informatique

Jusqu'à présent nous avons étudié les limites qu'impose la structure des portes logiques au calcul informatique. Venons-en maintenant à la question, beaucoup plus fondamentale, de savoir s'il existe, en principe, une limite à ce que nous pouvons calculer. Nous imaginons à première vue qu'un ordinateur suffisamment puissant devrait pouvoir calculer tout ce que nous voulons. Est-ce exact ? Ou existe-t-il au contraire des questions auxquelles il ne pourra jamais répondre, aussi parfaitement conçu qu'il puisse être ?

Étrangement, il se trouve que tout cela a déjà été étudié bien avant la construction des premiers ordinateurs. En un sens, l'informatique existait avant l'ordinateur ! C'était un sujet important pour les logiciens et les mathématiciens des années 1930. À l'époque, cette fameuse question provoquait une réelle effervescence : que peut-on calculer, *en principe* ? Les mathématiciens avaient l'habitude de jouer à un petit jeu bien particulier, consistant à chercher ce qu'ils pouvaient déduire de divers systèmes d'axiomes et d'éléments mathématiques (comme ceux d'Euclide, par exemple). L'usage était de partir de l'hypothèse que toute affirmation faite dans l'un de ces langages mathématiques pouvait, en principe, être démontrée ou au contraire réfutée. Les mathématiciens avaient l'habitude de se décarcasser pour faire la preuve d'énoncés apparemment très simples (comme par exemple le théorème de Fermat, ou la conjecture de Goldbach), tout en sachant que, tôt ou tard, un autre, plus malin, y parviendrait[1]. Quoi qu'il en soit, la question se posa finalement de savoir si certaines de ces affirmations pouvaient être fondamentalement indémontrables. La question prit de l'ampleur après que le logicien Kurt Gödel eut fait la preuve (dans le « théorème de Gödel ») du résultat stupéfiant que l'arithmétique était incomplète.

3.1 Procédures effectives et calculabilité

Les efforts déployés à définir ce qui pouvait ou ne pouvait pas être démontré, et quels nombres pouvaient ou non être calculés, ont conduit au concept de ce que j'appellerai la « procédure effective ». Celle-ci peut s'envisager comme un ensemble de règles qui indiquent pas à pas ce qu'il faut faire pour atteindre un but particulier ; c'est un algorithme. Permettez-moi d'expliquer brièvement ce que cela signifie à l'aide d'un exemple. Imaginons que nous voulions calculer l'exponentielle, e^x, d'un nombre x. Nous pouvons le faire de manière très directe en utilisant la série de Taylor

$$e^x = 1 + x + \frac{x^2}{2!} + \frac{x^3}{3!} + \dots \tag{3.1}$$

[1]Et c'est ce qui est arrivé pour le Dernier théorème de Fermat ! Ce dernier, qui stipule que l'équation

$$x^n + y^n = z^n \quad (n \text{ entier}, n \geq 3)$$

n'a pas de solutions pour x, y, z entiers, a toujours été l'un des problèmes les plus difficiles de la théorie des nombres. La preuve, que l'on croyait depuis longtemps inaccessible (elle fut même mise à prix !), fut finalement donnée en 1994 par les mathématiciens Andrew Wiles et Richard Taylor, après des années et des années de travail (et une fausse alerte en 1993). [Note des éditeurs américains.]

Insérons la valeur de x, additionnons les différents termes, et nous obtenons e^x. Notre résultat pour e^x sera d'autant plus proche de la valeur réelle que nous incluons plus de termes dans la somme. Donc, si nous nous fixons comme but de calculer e^x à un certain degré de précision, nous pouvons indiquer la marche à suivre. Elle pourra se révéler longue et fastidieuse, d'autres techniques pourraient être plus efficaces, mais peu importe : ça fonctionne ! Voilà un exemple de ce que j'appelle une procédure effective.

Un autre exemple de procédure effective en mathématiques est le procédé de différentiation. Quelle que soit la fonction de x que je pourrais vous proposer, si vous connaissez les lois élémentaires du calcul différentiel, vous saurez la différentier. Tout cela peut devenir assez brouillon, mais ne présente aucune difficulté. En revanche, ce n'est pas le cas de l'opération inverse : l'intégration. Comme chacun sait, l'intégration s'apparente à un art ; quelle que soit la fonction choisie, bon nombre de tentatives seront nécessaires avant de trouver sa primitive : faut-il faire un changement de variable ? S'agirait-il de la dérivée d'une fonction divisée par la fonction elle-même ? L'intégration par partie est-elle la bonne méthode ? Personne n'étant branché en direct sur la marche à suivre, nous pouvons dire que nous n'avons aucune procédure effective pour l'intégration. Mais cela ne veut pas dire pour autant qu'il n'en existe pas : l'une des découvertes les plus intéressantes des vingt dernières années dans ce domaine fut justement celle d'une telle procédure ! Plus précisément, nous saurons évaluer une intégrale par une procédure effective pourvu qu'elle s'écrive en fonction d'un certain nombre de fonctions élémentaires (des sinus, des exponentielles, des fonctions d'erreur, etc.). Entre autres choses, cela implique que les ordinateurs peuvent calculer ces intégrales… La personne à remercier s'appelle Risch (« The Problem of Integration in Finite Terms », *Trans. A.M.S.* 139 (1969) p.167-189).

Il existe d'autres cas, en mathématiques, où la procédure effective manque à l'appel. La factorisation d'expressions algébriques par exemple : il existe des procédures effectives jusqu'au quatrième ordre, mais rien au-delà. La géométrie est un exemple intéressant d'une discipline dans laquelle tous les écoliers donneraient la prunelle de leurs yeux pour une procédure effective. Car les preuves géométriques, à l'instar de l'intégration, font appel à beaucoup d'astuce et nous apparaissent comme un art plutôt qu'une science. Et pourtant, comme pour l'intégration, il existe une procédure effective pour la géométrie ! Il s'agit en fait de géométrie analytique cartésienne. Les points sont repérés par des coordonnées (x, y) ; longueurs et angles sont obtenus à l'aide du théorème de Pythagore et autres formules. La géométrie analytique réduit la géométrie d'Euclide à une branche de l'algèbre, à un niveau où les procédures effectives existent.

J'ai déjà signalé que la transformation d'une question donnée en procédures effectives revient plus ou moins à la formuler de façon que les ordinateurs puissent la comprendre, et c'est une des raisons pour lesquelles ce sujet a tant fait parler de lui (et c'est aussi la raison pour laquelle la notion de procédure effective pour l'intégration n'a été considérée, et résolue, que tardivement). Or, quand les mathématiciens s'attaquèrent à ces problèmes pour la première fois, leur curiosité dépassait largement les limites pratiques du calcul informatique ; ils s'intéressaient à ce qui pouvait être démontré, en principe. Leur travaux produisirent bon nombre d'approches différentes. Le mathématicien britannique Alan Turing posa l'équivalence entre le concept de « calculabilité » et la capacité de certaines machines à mener à bien un calcul. Alonzo Church élabora un système de logique et de propositions qu'il baptisa « calculabilité effective ». Stephen Kleene définit des « propositions récursives générales », qui devinrent la base de tous ses travaux. Emil Post adopta une méthode encore différente (voir le problème proposé à la fin de ce chapitre), et il existait bien d'autres façons d'aborder la question. Tous ces chercheurs partaient d'une sorte de langage mathématique et tentaient de définir un concept de « calculabilité effective » au sein de ce langage. Heureusement pour nous, il est possible de démontrer que toutes ces approches disparates sont équivalentes, si bien que nous n'aurons qu'à étudier l'une d'entre elles seulement. Nous choisirons la méthode la plus courante : celle de Turing.

L'idée de Turing était de construire une machine étant une sorte d'ersatz du mathématicien contraint d'observer un ensemble de règles. L'idée est la suivante : le mathématicien en question dispose d'une longue bande de papier divisée en petits carrés, dans lesquels il peut lire ou inscrire quelque chose, en parcourant les carrés un par un. Ce qu'il lit dans l'un d'eux le place dans un état d'esprit donné, qui conditionne ce qu'il écrira à l'intérieur du carré suivant. Imaginons le cerveau de ce type, avec une pléthore de différents états possibles, qui se modifient et se mélangent à chaque regard qu'il jette à cette bande de papier ! À force d'extrapolations et d'abstraction, Turing finit par élaborer une machine, appelée — devinez comment... surprise ! — machine de Turing. Comme nous le verrons, ces machines sont terriblement inefficaces et excessivement lentes (à tel point que personne n'irait perdre son temps à en construire une, sauf peut-être pour le plaisir), mais avec un peu de patience, nous découvrirons qu'elles peuvent faire des choses merveilleuses.

Turing a inventé toutes sortes de machines de Turing, mais il en découvrit une qui se révéla la meilleure de toute la gamme. Celle-ci est connue sous le nom de « machine de Turing universelle » (ou UTM, de l'anglais *Universal Turing Machine*). L'UTM pouvait faire absolument tout ce que chaque machine de Turing particulière était capable d'accomplir. Mieux encore, Turing avança que tout ce qui pouvait être obtenu par une procédure effective pouvait l'être par sa machine universelle, et vice versa : si l'UTM ne peut résoudre un problème donné, alors c'est qu'il n'existe aucune procédure effective pour celui-ci. Certes, ce n'est qu'une conjecture, mais cette hypothèse au sujet des UTM et des procédures effectives reste largement acceptée, et a reçu de nombreuses confirmations théoriques. Jusqu'à présent, personne n'est parvenu à concevoir de machine en principe plus performante que l'UTM. Je vous donnerai plus tard les plans de cette machine universelle. Mais auparavant, j'aimerais que nous regardions d'un peu plus près la plus simple de ses consœurs : la machine à états finis.

3.2 Les machines à états finis

Typiquement, une machine de Turing se compose de deux parties : une bande magnétique, devant être de taille illimitée, et la machine elle-même, une tête de lecture et d'écriture qui se déplace sur la bande et en modifie le contenu. Nous commettrions une grossière erreur si nous envisagions la bande magnétique comme l'appendice secondaire d'une machine hautement intelligente. Sans elle, la machine devient complètement stupide (essayez donc de résoudre une intégrale multiple de tête). Pourtant, nous allons commencer notre étude des machines de Turing en examinant une machine de Turing dépourvue de ruban, appelée « machine à états finis ».

Bien que nous nous intéressions aux machines à états finis (FSM, de l'anglais *Finite State Machine*) principalement en tant que composantes des machines de Turing, elles ont leur propre intérêt. Quels types de problèmes ces machines peuvent-elles, ou ne peuvent-elles pas, résoudre ? Il existe des questions auxquelles les machines de Turing peuvent répondre, alors que les FSM, elles, en sont incapables. La question de savoir pourquoi nous intéressera tout naturellement. Nous verrons toutes ces machines comme des boîtes noires dont les mécanismes internes nous sont dissimulés ; nous ne nous intéresserons pas à ces détails mais seulement à leur fonctionnement. Pour nous familiariser avec les concepts, voici un premier exemple de FSM (figure 3.1) :

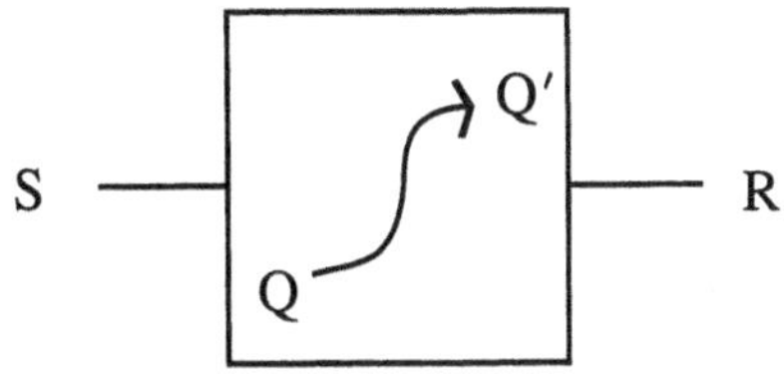

FIG. 3.1 – *Une machine à états finis générique.*

L'idée est la suivante. La machine se trouve au départ dans un certain « état interne » Q. Par exemple, celui-ci peut simplement correspondre à la mémorisation d'un nombre. La machine reçoit alors une donnée d'entrée, ou « stimulus », S (nous pouvons imaginer que la machine lit ses informations sur une bande magnétique (finie) ou encore qu'elles lui soient données d'une autre manière). La machine réagit à ce stimulus en *changeant* d'état, passant de Q à Q', et en recrachant quelque chose, une *réponse* au stimulus : R. L'état final et la réponse de la machine sont déterminés aussi bien par l'état initial que par le stimulus. La machine répète alors ce cycle, lit une autre donnée, change à nouveau d'état, et fournit une nouvelle réponse.

Pour rester un tant soit peu réalistes, nous introduirons une variable temporelle discrète pour rythmer la succession des opérations. À un temps t donné, la machine se trouve dans l'état $Q(t)$ et reçoit le signal $S(t)$. Nous pouvons toujours faire en sorte que la suite des événements ait lieu une unité de temps plus tard, à l'instant $(t+1)$. Pour faciliter les notations, nous introduisons deux fonctions F et G pour décrire la machine, et nous écrivons :

$$\begin{aligned} R\,[t+1] &= F[S(t), Q(t)], \\ Q\,[t+1] &= G[S(t), Q(t)], \end{aligned} \tag{3.2}$$

Nous représenterons le fonctionnement de la FSM par un joli diagramme. Imaginons que la machine ait accès à un ensemble $\{Q_j\}$ d'états. La transition élémentaire de l'état Q_j à l'état Q_k, résultant du stimulus S et produisant la réponse R, est illustrée de la manière suivante :

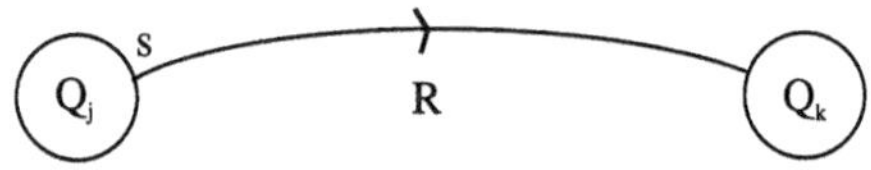

FIG. 3.2 – *Description graphique du changement d'état.*

Cette représentation graphique s'impose d'elle-même lorsque plusieurs stimuli, réponses et changements d'état sont possibles. Par exemple, nous pourrions envisager le système décrit sur la figure 3.3 :

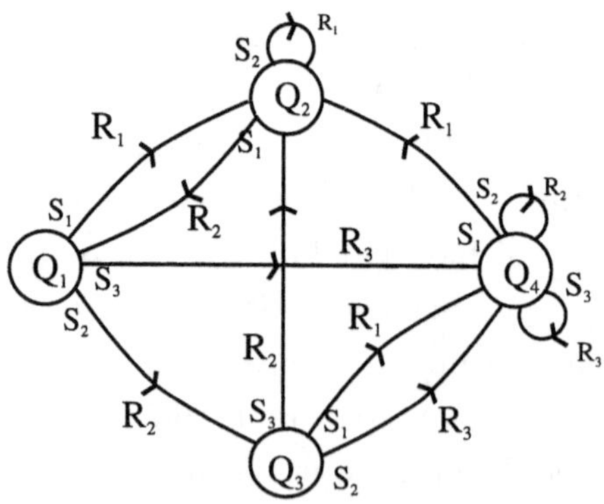

FIG. 3.3 – *Une machine à états finis compliquée.*

Cette FSM fonctionne comme suit : si elle se trouve dans un état Q_1 et qu'elle reçoit le stimulus S_1, elle sort la réponse R_1 et passe à l'état Q_2. Si toutefois elle reçoit le stimulus S_2, alors elle donne R_2 et change pour l'état Q_3. Si c'est S_3 qu'elle reçoit, elle passe à l'état Q_4 et produit R_3. Supposons qu'elle soit maintenant dans l'état Q_2. Si elle reçoit S_1, elle repasse à l'état Q_1 et donne la réponse R_2 ; mais avec le stimulus S_2, elle reste dans le même état et produit R_1. Le lecteur en déduira facilement ce qui se passe lorsque la FSM se trouve dans les états Q_3 ou Q_4 et pourra aussi élaborer d'autres exemples, encore plus compliqués.

Cette dernière machine était capable de répondre à trois stimuli différents. Pour la suite, il nous sera utile de restreindre le nombre de stimuli à deux : le zéro et le un du langage binaire. Cela n'affecte en rien ce que nous pouvons faire avec les FSM, seulement la vitesse à laquelle cela se fera. La possibilité qu'il y ait plusieurs stimuli reste accessible, si nous donnons en entrée une séquence de 0 et de 1, ce qui revient à insérer un nombre quelconque, mais en binaire. Ce type de simplification est faite couramment dans l'étude des FSM et des machines de Turing, dès lors que nous n'attachons pas d'importance à leur vitesse d'exécution.

J'aimerais à présent donner l'exemple explicite d'une FSM qui fait vraiment quelque chose, même si ce quelque chose est un peu rudimentaire : il s'agit d'un retardateur. Cette machine reçoit un stimulus en entrée et, après un petit laps de temps, y répond par le même stimulus. Voilà, elle ne fait rien de plus. La figure 3.4 illustre le « diagramme d'état » de ce retardateur.

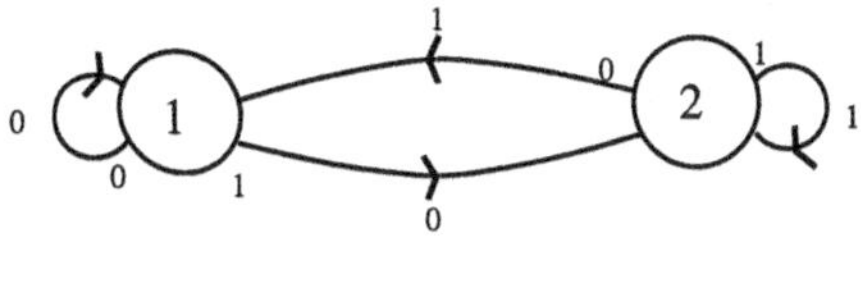

FIG. 3.4 – *Retardateur.*

On peut difficilement imaginer plus simple ! Cette machine n'a que deux états internes, et si elle n'agit comme retardateur qu'en vertu du fait que nous comptons le temps par impulsions et que nous avons imposé qu'à un stimulus envoyé au temps t, la machine réponde au temps $t+1$. Si nous demandions à la machine de donner en sortie tout ce que nous avons entré, nous aurons un délai d'une unité de temps. Il est possible d'augmenter ce retard, mais en faisant appel à des machines plus élaborées. Essayez, à titre d'exercice, de concevoir une FSM qui mémorise les données entrées *deux* unités de temps plus tôt : le stimulus donné au temps t ressort au temps $t+2$. (Soit dit en passant, cette machine peut être vue, en un certain sens, comme ayant une mémoire d'une unité de temps seulement : l'état à l'instant $t+1$ nous indique le stimulus de l'instant t. Il se révèle souvent plus commode d'analyser l'état d'une FSM plutôt que sa réponse.)

Une autre manière de décrire les opérations des FSM consiste à dresser un tableau des fonctions F et G introduites plus haut. Comprendre les opérations d'une FSM à partir de ce tableau se révèle plus difficile qu'avec le diagramme d'états, et devient même impossible pour les machines vraiment compliquées, mais nous le mentionnons néanmoins, par souci de complétude :

G	Q_0	Q_1
S_0	Q_0	Q_0
S_1	Q_1	Q_1

F	Q_0	Q_1
S_0	R_0	R_1
S_1	R_0	R_1

TAB. 3.1 – *Tables d'états d'une FSM générique.*

Il est surprenant de voir tout ce qu'il est possible de faire avec ces machines. Rien de tel pour s'en convaincre, que de déchiffrer quelques diagrammes d'états. Voici d'autres exemples, un peu plus difficiles que notre simple retardateur. Le premier de la liste est connu sous le nom de machine « à parité » ou « bascule ».

Donnez-lui une suite de 0 et de 1, elle vérifiera si le nombre de 1 reçu était pair ou impair et indique donc la parité de la suite.

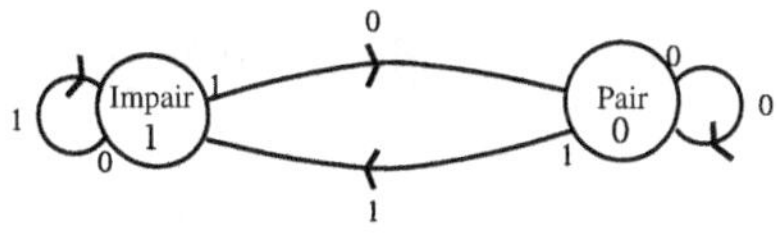

FIG. 3.5 – *Machine à parité.*

Grâce au diagramme de la figure 3.5, nous voyons que la FSM indique la parité, une unité de temps après que nous avons inséré le dernier chiffre. Si la réponse est 1, c'est que notre suite est impaire (nous avons inséré un nombre impair de 1), si la réponse est 0, c'est que nous avons rentré un nombre pair de 1. Notons bien que, dans ce cas, nous obtenons la parité comme l'état de la machine, ce que j'ai indiqué en baptisant les deux états possibles « pair » et « impair ».

Voici maintenant quelques problèmes simples à résoudre.

Problème 3.1 Prenons comme stimulus une série de 0 et de 1 (un nombre binaire). Imaginez une machine qui fasse la somme de ces chiffres par paires : elle relève les chiffres deux par deux puis les additionne ; elle sort le résultat en deux étapes. Ainsi, pour la paire 00, elle indique 00 ; pour 10 ou 01, elle donne 01 (puisque $0 + 1 = 1 + 0$) ; mais pour 11, le résultat sera 10 : la somme $1 + 1 = 2$ en décimal fait 10 en binaire. Je vous accorde un indice : cette machine nécessite quatre états.

Problème 3.2 Une autre question que vous pourriez vous poser sur les retardateurs concerne une autre machine qui, elle, mémorise et restitue *deux* stimuli. Vous verrez qu'elle possède quatre états (ils correspondent aux quatre entrées possibles : 00, 01, 10, 11).

Problème 3.3 Pour finir, et si vous êtes en grande forme, concevez un additionneur binaire à deux entrées. Faites-le de A à Z ! J'insère deux nombres binaires simultanément, en entrant les chiffres l'un après l'autre, et en donnant le plus faible en premier. La FSM, après un certain temps, m'indique la somme. La retenue ne m'intéresse pas, je ne veux que la somme. Schématiquement, ce que j'attends de cette machine peut s'écrire :

Temps $\longrightarrow$	
Entrée	101011
	011010
Sortie = somme	110100
	(avec 1 en retenue dans la colonne suivante)

3.3 Les limites des machines à états finis

Si vous êtes parvenus à construire l'additionneur, alors vous avez conçu une petite merveille : une machine simple, capable d'additionner deux nombres de taille quelconque. Elle a beau être lente et inutile, elle fait son boulot. C'est souvent le cas, avec les FSM. Toutefois, il est important d'avoir une idée des limites de ces machines. Plus précisément, il y a beaucoup de choses qu'elles sont incapables de faire, et il est instructif de regarder lesquelles. Par exemple, il se trouve qu'il est impossible de construire une FSM qui multiplierait deux nombres binaires arbitraires. La raison deviendra claire dans un moment, après que nous aurons étudié un exemple plus simple. Imaginons que nous construisions un vérificateur de parenthèses. Qu'est-ce que c'est que ce truc-là ? Imaginez une suite de parenthèses, comme :

$$(((( )) ((( ) ( ) ((( )) ( ) ( ) (( )))) ( )) .$$

La mission du vérificateur de parenthèses consiste à s'assurer de l'« équilibre » d'une expression comme celle-là, c'est-à-dire de contrôler que l'ouverture et la fermeture des parenthèses restent cohérentes tout au long de la chaîne. Il ne suffit pas simplement de compter les parenthèses ouvrantes et les parenthèses fermantes puis de s'assurer qu'elles sont en nombre égal ! Il faut également qu'elles soient dans le bon ordre. Il s'agit là d'un problème classique en arithmétique et en algèbre, dès lors que certaines opérations sont emboîtées les unes dans les autres. À propos... il se trouve que l'exemple ci-dessus n'était pas correct, au contraire de celui-ci :

$$(\,(\,)\,(\,(\,)\,(\,)\,)\,(\,(\,(\,)\,(\,)\,(\,(\,)\,(\,)\,)\,)\,)\,)\,.$$

Je vous laisse le soin de vérifier ces deux exemples.

À première vue, un vérificateur de parenthèses semble assez facile à concevoir. Et c'est effectivement le cas, mais quoi que vous utilisiez pour faire cette vérification, ce ne pourra jamais être une FSM. Voici un moyen parmi d'autres de procéder. En commençant par la gauche, nous comptons les parenthèses ouvrantes jusqu'à en rencontrer une fermante. Nous annulons alors cette dernière avec la dernière parenthèse ouvrante (la plus à droite) puis nous positionnons au cran suivant, vers la droite. Si nous rencontrons à nouveau une parenthèse fermante, nous l'annulons avec la dernière ouvrante ; si en revanche nous rencontrons une parenthèse ouvrante, nous ajoutons une unité au nombre de parenthèses ouvrantes n'ayant pas encore été annulées. Puis nous passons à la suivante. La procédure est très simple, et nous indiquera si oui ou non votre chaîne de parenthèses est correcte : s'il nous reste ne serait-ce qu'une seule parenthèse après avoir pris en compte la dernière — à l'extrême droite — c'est que l'enchaînement n'est pas cohérent. Bon. Pourquoi une FSM ne pourrait-elle accomplir une besogne aussi simple ?

La réponse est que le vérificateur de parenthèse doit pouvoir gérer des enchaînements arbitraires. En principe, cela implique des chaînes de longueur arbitraire, qui pourront contenir un nombre arbitrairement grand de parenthèses ouvrantes. Mais souvenons-nous que l'une des caractéristiques essentielles de cette machine est qu'elle se souvient, à chaque étape, du nombre de parenthèses ouvrantes qui n'ont pas été annulées par des parenthèses fermantes. Pour ce faire, il nous faudrait, dans la terminologie des FSM, un état distinct pour chaque nombre distinct de parenthèses ouvrantes. Voilà le problème ! Pour une chaîne *arbitraire*, il faut une machine avec un nombre d'états *arbitraire* — autrement dit, infini. Ainsi, aucune machine à états finis ne peut convenir. Ce qu'il nous faut, comme nous allons le voir, c'est une machine de Turing — car une machine de Turing, c'est essentiellement une FSM dotée d'une mémoire infinie.

Pour ceux qui trouvent que je coupe les cheveux en quatre, il est important de rappeler que je m'intéresse à des questions de principe. En pratique il est évidemment possible de construire une machine à états finis capable de vérifier la validité de toutes les chaînes de parenthèses que nous sommes susceptibles de rencontrer. Une fois établi le nombre de ses états, nous pouvons nous assurer que nous ne lui donnons que des chaînes de longueur appropriée. Si nous repérons ses états par 32 nombres binaires de 32 bits chacun, alors nous disposons de 2^{1000} états, ce qui nous permet d'analyser des chaînes de 2^{1000} parenthèses. Voilà qui est très largement supérieur à tout ce que nous serions amené à utiliser en pratique : par comparaison, notons que les estimations actuelles évaluent le nombre de protons de l'univers aux alentours de 2^{200} seulement. Mais d'un point de vue purement mathématique, purement théorique, un vérificateur de parenthèses universel est une tout autre histoire. Et si nous nous attachons à de telles questions de principe, c'est important. Nous pouvons certes construire une

FSM qui additionne deux nombres arbitrairement grands, mais pas une FSM qui vérifie la cohérence d'une suite quelconque de parenthèses. En outre, il se trouve que c'est également la nécessité d'une mémoire infinie qui empêche l'utilisation d'une FSM pour la multiplication binaire.

Avant de passer à Monsieur Turing et ses machines, je voudrais dire encore une ou deux choses sur celles qui n'ont qu'un nombre fini d'états. À la leçon précédente, nous avions regardé en détail dans quelle mesure nous pouvions construire des fonctions logiques compliquées à partir d'entités logiques élémentaires comme les portes. Ici se pose une question analogue : existe-t-il un « ensemble élémentaire » de FSM, à partir duquel nous pourrions construire toutes les autres ? Pour répondre à cette question, nous devons avant tout étudier les combinaisons de FSM.

La figure 3.6 montre deux machines, A et B. Je les ai reliées de manière quelque peu farfelue, avec rétro-action et tout le toutim. Pas de panique : n'ayez aucune inquiétude si vous ne parvenez pas à deviner en un clin d'œil ce qui se passe !

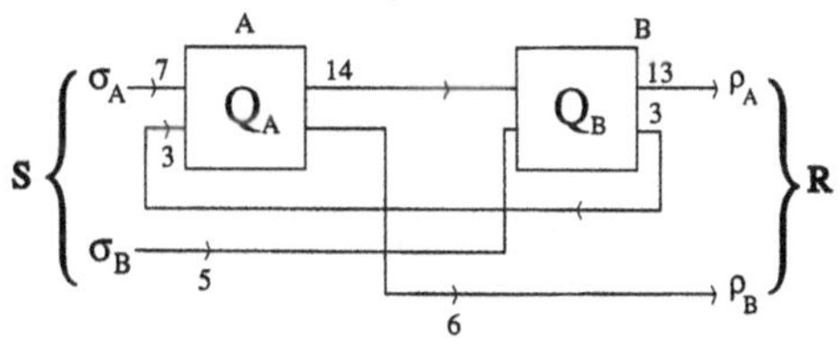

FIG. 3.6 – *Une FSM composite.*

Voyons un peu ce que représente ce diagramme. Dans une FSM générale, le stimulus en entrée peut être n'importe quel nombre binaire, de même que sa réponse. Que ce stimulus arrive en série ou en parallèle (c'est-à-dire sur un certain nombre de câbles 0/1), nous pouvons le scinder en deux parties. Imaginons que le signal d'entrée de A ait dix bits. Nous le scindons en deux, par exemple en un signal de 7 bits et un autre de 3 bits. Voici maintenant toute l'astuce : nous prenons le signal à 7 bits comme un signal externe, c'est-à-dire arrivant par le câble σ_{A}, mais nous prenons pour le signal à 3 bits *la réponse de la machine* B (que nous avons également divisée en deux signaux). Quant à la réponse de B, mettons qu'elle ait 16 bits, nous en prenons 3 que nous redirigeons vers A, les 13 restants constituant le signal de sortie. Encore un peu de patience ! Qu'en est-il de la réponse de A ? Ici encore, nous la séparons en deux parties : imaginons qu'elle ait 20 bits. Nous choisissons (tout cela est parfaitement arbitraire) d'en rediriger 14 en entrée de B et de prendre les 6 restants comme signal de sortie. Ce qui reste en entrée de B (quel que puisse être ce signal) provient de l'extérieur, par le câble σ_{B}. Disons que σ_{B} transmet un signal à 5 bits.

L'idée de tout ce charivari, c'est que ce système composite peut être représenté par une seule machine à états finis :

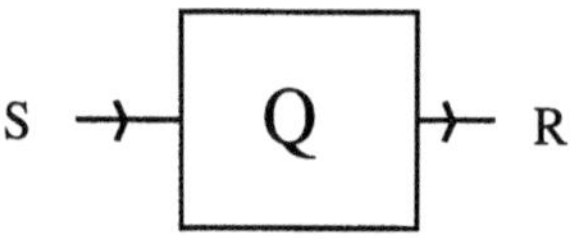

où le stimulus d'entrée est la combinaison des signaux binaires des câbles σ_{A} et σ_{B}, tandis que le signal de sortie est constitué des réponses partielles issues de A et B. Nous voyons aisément que cette machine a en entrée un stimulus à $7+5=12$ bits et en sortie un signal de $13+6=19$ bits. Ce qu'elle fait précisément dépend des propriétés de A et B ; vraisemblablement, le nombre d'états internes de cette machine composite devrait être le produit du nombre d'états de A et de ceux de B, mais nous devons prendre garde aux perturbations susceptibles d'émaner de la rétroaction et du délai du parcours de l'information le long des câbles. Ce que je tenais à montrer, c'est la possibilité de construire une FSM à partir d'autres machines plus petites, pourvu que nous agencions les câbles correctement. Nous pourrions regarder ce que cela donne pour différents agencements — en oubliant la rétroaction, par exemple. La rétroaction se révèle toutefois indispensable si nous voulons imposer le minimum de contraintes possible sur la taille (en bits) des signaux d'entrée et de sortie de l'ensemble : par exemple, relier deux machines en branchant directement la sortie de l'une à l'entrée de l'autre permet non seulement de contrôler la taille de l'entrée/sortie de la machine globale, mais nécessite également que soient compatibles le signal de sortie et le signal d'entrée des deux FSM reliées entre elles.

Revenons à ma question : pouvons-nous construire n'importe quelle FSM à partir d'un ensemble fondamental de FSM élémentaires ? La réponse est oui : en fait, cela nous renvoie à nos bien-aimées portes AND et NOT, qui peuvent être vues comme des machines à états finis, et que nous pouvons effectivement utiliser pour construire d'autres FSM. Voyons brièvement comment procéder. Avant toute autre chose, nous aurons besoin de nouvelles notations. Représentons un ensemble de k câbles parcourus chacun par un signal comme un seul câble affublé d'une barre oblique à côté de laquelle nous inscrirons le nombre k :

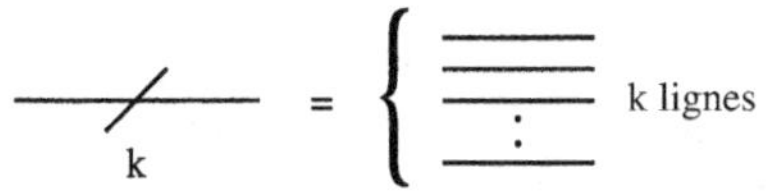

Ce raccourci commode nous permet de symboliser une machine à états finis quelconque de la manière suivante (figure 3.7) :

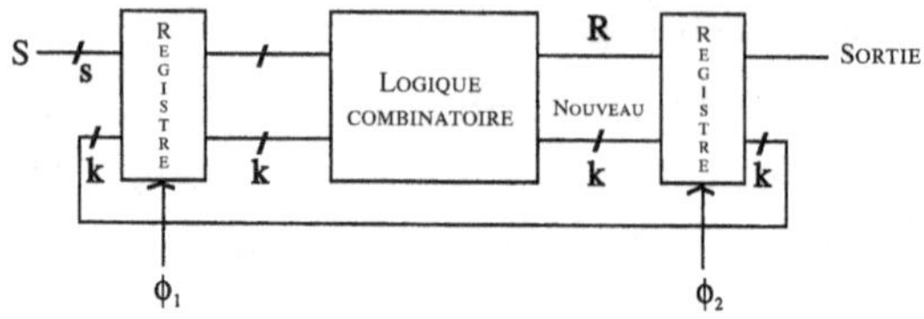

FIG. 3.7 – *Une FSM générale.*

Le fonctionnement de cet édifice logique est plus simple qu'il n'y paraît : il comprend deux registres (comme ceux que nous avons construit à la seconde leçon, avec bascules et horloges) et une boîte noire exécutant certaines fonctions logiques. Le signal en entrée du premier registre est scindé en deux parties : le stimulus S de la FSM et l'état dans lequel se trouve la machine, Q : le fait que nous puissions repérer les états par un nombre binaire est primordial. Dans ce cas, le stimulus a s bits et il est envoyé sur s câbles, tandis que l'état a k bits et parcoure k câbles. (Jusqu'ici, la FSM possède donc jusqu'à 2^k états internes). Le registre, soumis à une synchronisation dont je reparlerai, transmet ces deux signaux vers l'unité logique. Voici l'astuce : en réponse à un stimulus donné, une FSM étant dans un état interne donné, produit une certaine réponse et passe (éventuellement) dans un autre état. Avec notre description, cela revient à dire que notre boîte noire reçoit deux signaux binaires en entrée, et en produit deux en sortie (l'un représentant la réponse, l'autre le nouvel état de la machine). L'information concernant le nouvel état est alors re-dirigée vers le premier registre afin que la machine soit prête à recevoir le stimulus suivant. S'assurer que la FSM fonctionne bel et bien se résume donc à la construction d'une unité logique qui donne le bon signal de sortie pour chaque signal en entrée. Or, nous savons que cela revient simplement à trouver la bonne combinaison de portes AND et NOT.

Quelques mots sur la synchronisation. Comme nous l'avons

vu, les détails pratiques de la conception de circuits logiques impliquent que nous synchronisions les entrées et sorties des portes logiques. Nous devons prendre en compte les temps de parcours, finis, des signaux. Notre FSM n'échappe pas à la règle et nous devons relier ses deux registres à deux horloges, comme de coutume. Leur fonctionnement est essentiellement le même que pour les circuits logiques standard. Le premier registre est synchronisé par ϕ_1, le second par ϕ_2. Nous imposons que, lorsque l'un d'eux vaut 1, l'autre vaille 0 (il suffit de prendre $\phi_2 = NOT\ \phi_1$ et de brancher les deux signaux sur une même horloge), et nous assurons que l'intervalle de temps durant lequel chaque signal est à 1 laisse amplement le temps aux signaux de se stabiliser. Le point essentiel est de garantir que ϕ_2 est « éteint » lorsque ϕ_1 est « allumé » afin d'éviter que le second registre n'envoie les informations de son changement d'état au premier pendant que celui-ci est encore en train de traiter l'information concernant l'état initial.

Problème 3.4 Avant de nous tourner vers les machines de Turing, je vous propose un sympathique problème sur les FSM, sur lequel vous aurez peut-être plaisir à réfléchir. Il s'agit du problème dit du « peloton d'exécution ». Nous avons une ligne arbitrairement longue de machines à états finis toutes identiques, que j'appellerai les « soldats ». Mettons qu'il y en ait N. À l'une des deux extrémités de cette ligne se trouve une autre FSM baptisée le « général ». Voici ce qui se passe. Le général crie « Feu ! ». Le problème consiste à faire en sorte que tous les soldats tirent simultanément, le plus rapidement possible, avec les contraintes suivantes : premièrement, les unités de temps devront être entières ; deuxièmement, l'état de chaque FSM au temps $T + 1$ ne peut dépendre que de l'état de son plus proche voisin au temps T ; troisièmement, la méthode utilisée doit être indépendante de

N, le nombre de soldats. Au début, chaque FSM est au repos. Puis le général crache un signal, « Feu ! », lequel agit comme signal d'entrée pour son plus proche voisin. Ce soldat réagit comme il se doit, atteint un nouvel état, et transmet cela au soldat suivant, et ainsi de suite jusqu'au bout de la ligne. D'une certaine manière, tous les soldats interagissent entre eux — cliquetis cliquetis — jusqu'au moment où tous sont synchrones et sortent en cœur un signal représentant leur « tir ». Le général, entre parenthèses, ne fait rien de sa propre initiative après avoir déclenché tout cela.

Ce problème peut être résolu de plusieurs manières, le délai entre l'ordre du général et le tir des soldats variant généralement entre $3N$ et $8N$. Il est possible de montrer que les soldats ne peuvent en aucun cas tirer avant $T = 2N - 2$ car il n'y aurait alors pas suffisamment de temps pour que l'information circule du premier au dernier soldat. Quelqu'un a toutefois trouvé une solution avec ce délai minimum... mais c'est très difficile et je ne vous en demande pas tant. C'est un problème intéressant et il m'arrive souvent, en voyage, de passer le temps à tenter de le résoudre. Mais je n'y suis pas encore parvenu.

3.4 Machines de Turing

Venons-en finalement aux machines de Turing. L'idée d'Alan Turing était de se considérer, lui-même ou tout autre mathématicien, comme une machine à états finis disposant d'une réserve de papier illimitée. C'est cette réserve de papier illimitée (c'est-à-dire une mémoire sans limite) qui distingue la machine de Turing de la FSM. Souvenons-nous que certains problèmes (vérification de parenthèses, multiplication...) ne peuvent pas être résolus par les FSM pour la simple raison que ces dernières ne disposent pas, par définition, d'une mémoire de capacité illimitée. Or ce n'est pas le cas des machines de Turing. Notons que la quantité de papier allouée à la machine n'est *pas* infinie ; à toute étape d'un calcul, elle sera finie, mais nous avons en revanche la possibilité d'ajouter du papier si le besoin se présente. C'est pour cette raison que je préfère parler plutôt d'une quantité de papier *illimitée*.

Les machines de Turing peuvent être décrites de bien des façons, mais nous adopterons celle qui est certainement la plus courante. Imaginons une petite machine, avec un nombre infini d'états internes, qui se déplace le long d'un ruban. C'est cette forme que nous adoptons pour le papier. Le ruban est divisé en cellules individuelles, chacune pouvant contenir un symbole. L'action de la machine est simple et ressemble à celle d'une FSM : initialement dans un état donné, elle commence par lire le contenu d'une première cellule. Selon l'état initial et le contenu de cette cellule, la machine efface le symbole inscrit sur la cellule et y réécrit autre chose, ou laisse au contraire la cellule telle qu'elle l'a trouvée (pour uniformiser le fonctionnement de la machine, nous dirons qu'elle efface le contenu de la cellule pour le réécrire ensuite à l'identique). Quoi qu'elle fasse, elle se déplace ensuite jusqu'à la cellule suivante, vers la gauche ou vers la droite, et passe à un nouvel état interne. Tout cela ressemble plus ou moins à ce qu'est représenté sur la figure 3.8 :

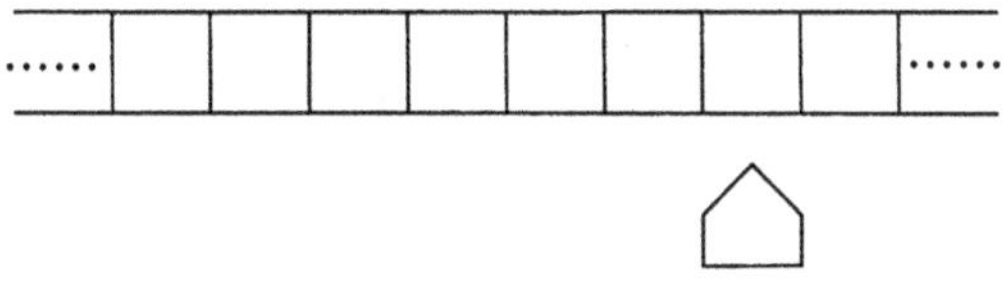

FIG. 3.8 – *Une machine de Turing.*

Nous voyons à quel point la machine de Turing ressemble à une FSM. Comme la FSM, elle possède des états internes. La lecture du contenu d'une cellule correspond au stimulus, et son remplacement équivaut à la réponse, de même que le déplacement vers la gauche ou vers la droite. Le fait que la machine ne se déplace que d'une seule cellule à la fois n'a rien de fondamental ; cette restriction conduit simplement à une version plus rudimentaire, et c'est justement ce qui nous intéresse. L'un des principaux aspects de cette machine de Turing, c'est qu'elle peut aller aussi bien vers la gauche que vers la droite. Vous montrerez facilement (mais peut-être préférerez-vous attendre d'en savoir davantage sur ces idées nouvelles) qu'une machine de Turing qui ne pourrait aller que dans une seule direction n'est autre qu'une machine à états finis, avec toutes les limitations que nous lui connaissons.

Nous commencerons par insister sur le fait que seule une partie *finie* de la bande de papier contient des données. De part et d'autre de cette région, le ruban est vierge. Nous indiquons tout d'abord à la machine à quel endroit commencer, et ce à l'instant T. Son comportement ultérieur, disons à l'instant $T+1$ (le fonctionnement des machines de Turing est rythmé comme l'était celui des FSM), est spécifié par trois fonctions, chacune dépendant de son état Q_i au temps T et du symbole S_i lu sur le ruban. Ces trois fonctions sont : le nouvel état Q_j, le symbole qu'elle inscrit, S_j, et la direction de son prochain déplacement, D. Nous écrivons :

$$\begin{aligned} Q_j &= F(Q_i, S_i), \\ S_j &= G(Q_i, S_i), \\ D &= D(Q_i, S_i). \end{aligned} \tag{3.3}$$

Cette liste est la même que celle de la FSM, avec la fonction supplémentaire D. Ces trois fonctions suffisent à elles seules à décrire complètement le fonctionnement de la machine, et nous pouvons les voir comme une liste géante (mais finie) de « quintuplets » — un terme élaboré désignant l'ensemble des cinq fonctions que nous avons définies, deux au temps T (Q_i et S_i) et trois au temps

$T + 1$ (Q_j, S_j et D). Tout ce qu'il nous reste à faire, c'est d'entrer des données — ce que nous faisons en remplissant quelques cases de la bande de papier et en laissant la machine les lire — d'indiquer à la machine où commencer puis de la laisser opérer. L'idée est que la machine finira par écrire le résultat de son calcul quelque part sur le ruban, afin que nous puissions ensuite le contempler à loisir. Remarquons qu'il nous faut également indiquer à la machine à quel moment s'arrêter. Cela semble plutôt évident mais nous verrons plus loin que la pause, ou arrêt, revêt une importance capitale en informatique.

Avant de présenter des exemples concrets de machines de Turing, j'aimerais rappeler la raison pour laquelle nous les étudions. J'ai dit plus tôt que le fait de trouver une procédure effective pour résoudre un problème donné revenait à trouver une machine de Turing capable d'en donner la solution. Voilà qui n'a rien de révolutionnaire a priori, jusqu'à ce que nous réalisions que parmi toutes les machines de Turing — et j'entends par là la liste de tous les quintuplets — il en existe une toute particulière, une machine de Turing *universelle* (que l'on appellera UTM pour l'anglais *universal Turing machine*), capable de faire absolument tout ce que n'importe quelle autre machine de Turing peut faire ! En particulier, une UTM est un imitateur, capable de reproduire la manière d'opérer des machines de Turing plus simples. (Je dis « une » UTM plutôt que « la » UTM car, toutes les UTM étant équivalentes du point de vue calculatoire, nous pouvons les construire de plusieurs manières différentes.) Imaginons une machine de Turing, définie par une certaine liste de quintuplets, qui fournirait un certain résultat pour certaines données d'entrée choisies par nous. Nous fabriquons une UTM capable d'imiter son fonctionnement pourvu que nous lui fournissions une description de la machine précédente (autrement dit nous renseignons la liste des quintuplets) ainsi que ses données d'entrée, tout cela devant être inscrit sur le ruban de l'UTM en un langage qu'elle peut comprendre, de même que nous entrons des données dans n'importe quelle machine de Turing. Nous indiquons également à l'UTM quel est le début et la fin de chacune de ces informations[2]. Le programme interne de l'UTM traite ensuite ces informations et imite le travail de la machine initiale. Au bout du compte, elle remet sa copie : le résultat de son calcul est le même que celui de la machine de Turing originale. Ce qui est impressionnant avec les UTM, c'est qu'il n'y a rien d'autre à faire que de lui fournir une liste de quintuplets et des données d'entrée : son propre ensemble de quintuplets suffit à définir ce qu'elle doit exécuter et lui permet de singer n'importe quelle machine. Nous n'avons pas à changer de machine à chaque problème[3]. La raison de l'importance de ces machines vient du fait que si nous demandons à une UTM de s'imiter *elle-même*, nous découvrons qu'il existe des problèmes qu'aucune machine de Turing (ni donc aucun mathématicien) ne peut résoudre !

Voyons à présent quelques machines de Turing. La première, l'une des plus simples, s'apparente à l'une des machines à états finis que nous avons étudiées : il s'agit du compteur de parité. Nous fournissons à la machine une chaîne binaire et lui demandons de nous indiquer si le nombre de 1 de cette chaîne est pair ou impair. Schématiquement, nous avons (figure 3.9) :

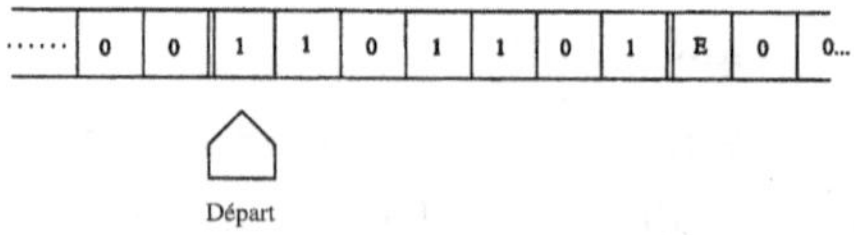

FIG. 3.9 – *Ruban donné en entrée du compteur de parité.*

[2]Nous appelons généralement « pseudo-bande » la partie de la bande de l'UTM contenant l'information concernant la machine à imiter.

[3]Nous construirons une UTM plus tard.

Nous inscrivons tout d'abord sur le ruban les données d'entrée, c'est-à-dire la chaîne binaire à vérifier, comme l'indique la figure ci-dessus : chaque case de la bande ne contient qu'un seul chiffre. La « tête de lecture » de la machine opère en partant du premier chiffre à l'extrême gauche, et nous y définissons l'état Q_0 de la machine. À gauche du début de la chaîne, le ruban ne contient que des zéros ; idem à droite — à ceci près que les zéros de droite sont précédés de la lettre E (pour l'anglais *end*) afin de les séparer de la chaîne et que la machine ne les considère pas comme en faisant partie.

Voici comment la machine opère, ce que nous traduirons bientôt en quintuplets. L'état de la machine indique la parité de la chaîne. La machine commence dans l'état Q_0 équivalent à un résultat pair puisqu'elle n'a pas encore rencontré de 1. Lorsqu'elle lit un zéro, elle ne change pas d'état et se déplace d'une case vers la droite. L'état ne change pas car la parité reste la même lorsqu'elle rencontre un zéro. Si toutefois elle rencontre un 1, la machine l'efface, le remplace par un 0, se déplace d'une case vers la droite et passe dans l'état Q_1. Si elle rencontre ensuite un 0, elle reste dans l'état Q_1 et passe à la case suivante vers la droite, comme précédemment. Si le chiffre suivant est un 1, elle l'efface, le remplace par un 0, se déplace vers la droite et, cette fois, revient à l'état Q_0. Peut-être commencez-vous à deviner ce qui se passe... La machine parcoure la chaîne de cette manière, de la gauche vers la droite, ne changeant d'état que lorsqu'elle rencontre un 1 et laissant derrière elle une succession de 0. Si elle se trouve dans l'état Q_0 après avoir mis à zéro le dernier chiffre de la chaîne, alors c'est que la chaîne était paire. Si au contraire elle se trouve dans l'état Q_1, c'est qu'il s'agissait alors d'une chaîne impaire. Comment la machine nous communique-t-elle ce résultat ? Facile ! il nous suffit d'enseigner à la machine ce qu'elle doit faire lorsqu'elle lit un E : si elle se trouve dans l'état Q_0, elle efface le E et le remplace par un 0, indiquant que la chaîne était paire ; si elle se trouve dans l'état Q_1, elle remplace le E par un 1, pour signifier que la chaîne était impaire. Et dans les deux cas, elle passe ensuite dans un nouvel état, noté Q_P — la lettre P désignant la « pause ». Elle n'a pas besoin de se déplacer d'un côté ou de l'autre. Nous obtenons la réponse à notre question en lisant le chiffre contenu dans la cellule devant laquelle la tête de lecture s'est arrêtée, comme illustré sur la figure 3.10 :

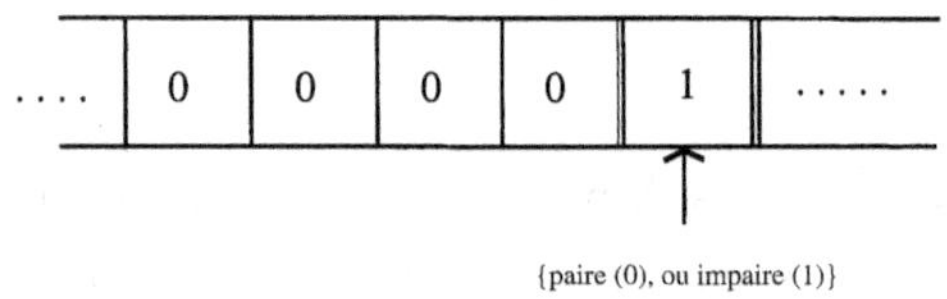

FIG. 3.10 – *La bande en sortie du compteur de parité.*

Les quintuplets de cette machine sont faciles à trouver (tableau 3.4) :

État initial	Lu	Nouvel état	Écrit	Direction du mouvement
0	0	0	0	D
0	1	1	0	D
1	0	1	0	D
1	1	0	0	D
0	E	P(ause)	0	-
1	E	P	1	-

TAB. 3.2 – *Les quintuplets du compteur de parité.*

Certes, cet engin est un peu simplet, d'autant que nous avions déjà vu que nous pouvions répondre à la question de la parité avec une machine à états finis (remarquez d'ailleurs que cette machine de Turing ne se déplace que dans une seule direction !).

Nous montrerons sous peu l'indéniable supériorité des créations de Monsieur Turing, lorsque nous fabriquerons un vérificateur de parenthèses qui, comme nous le savons à présent, est impossible à réaliser avec une FSM. Mais auparavant, j'aimerais introduire de nouvelles représentations graphiques qui faciliteront notre compréhension du fonctionnement de ces machines, sans nous perdre dans les dédales des listes de quintuplets.

L'idée, comme nous pouvions nous y attendre, ressemble à ce que nous avions fait pour les FSM. En fait, la seule différence dans les diagrammes, c'est que nous devons à présent inclure également la direction du mouvement de la tête de lecture après qu'elle a remplacé le contenu d'une cellule, et ajouter les conditions de départ et d'arrêt. Pour tout le reste, ces diagrammes seront équivalents à ceux des FSM. Voyons par exemple la figure 3.11 qui représente notre compteur de parité :

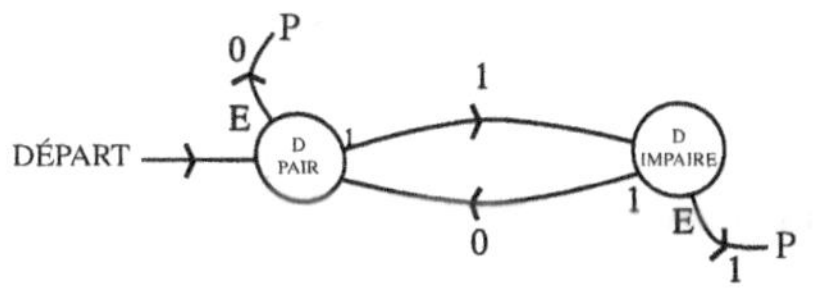

FIG. 3.11 – *Une machine de Turing compteur de parité.*

Cette figure est à peu de chose près la même que la figure 3.5, qui représentait la FSM faisant le même travail. Là où la FSM recevait un stimulus, la machine de Turing (notons-la MdT) lit le contenu d'une cellule. Dans les deux diagrammes, stimulus et lecture d'une cellule sont représentés au point de contact d'une ligne et d'un cercle. Là où la FSM donne la réponse, ce que nous avions représenté par les lignes fléchées entre les deux cercles, la MdT remplace le contenu de la cellule, ce qu'elle y inscrit étant indiqué sous la flèche. L'état de la machine, pour la FSM comme pour la MdT, est indiqué dans les cercles. Voici à présent les principales différences : premièrement, nous devons savoir où commence la machine, ce que nous indiquons en ajoutant une flèche venant de l'extérieur ; ensuite, nous devons savoir où elle s'arrête et nous ajoutons donc une nouvelle flèche sortant de chaque état, pour aller vers la « Pause », permettant à la machine de s'arrêter lorsqu'elle lit un E. Nous devons également représenter la direction de son mouvement après chaque opération. Il se trouve que les machines dont la direction du mouvement ne dépend *que* de leur état interne (et non pas des symboles lus) ne sont pas moins performantes que des machines plus générales pour lesquelles le mouvement dépend du contenu de la bande. Nous nous limiterons donc à l'étude des machines dont le mouvement vers la droite ou vers la gauche ne dépend que de l'état interne de la machine. Cela nous permet de résoudre facilement le problème de la représentation graphique de la direction du mouvement : nous écrivons D ou G, selon le cas, à l'intérieur des cercles représentant les états. Pour le cas qui nous occupe, aux deux états sont associés un déplacement vers la droite.

Je me suis passablement étendu sur le sujet simplet de la machine à parité car il est important que vous vous familiarisiez avec les notations et le fonctionnement élémentaires des machines de Turing. Voyons maintenant un problème plus intéressant : celui du vérificateur de parenthèses. Cet exemple mettra en lumière la supériorité des MdT sur les FSM. Imaginons que nous fournissions à notre machine de Turing une bande dont toutes les cellules contiennent une parenthèse (figure 3.12) :

....E(())()(()))(()E....

FIG. 3.12 – *La bande du vérificateur de parenthèses.*

À chaque extrémité de la bande se trouve le symbole E. Voilà manifestement le moyen le plus simple de présenter la chaîne de parenthèses. Comment procéder pour que la machine en vérifie la validité ? L'une des possibilités est la suivante. Je décrirai tout d'abord son fonctionnement, puis nous y reviendrons par la suite pour le présenter en termes d'états, de diagrammes, *etc.* La machine commence à l'extrémité gauche de la bande. Elle lit toutes les parenthèses ouvrantes puis rencontre finalement une première parenthèse fermante. Elle remplace alors cette parenthèse par un X (ou tout autre symbole choisi) puis se déplace d'une case vers la *gauche* : elle se trouve alors sur une parenthèse ouvrante, qu'elle remplace elle aussi par un X. La machine a donc annulé une première paire de parenthèses. L'intérêt de ces X, c'est que la machine les ignore complètement : elle ne les voit même pas ! Après avoir annulé une paire de parenthèses, la machine se déplace à nouveau vers la droite, passant outre les X comme s'ils n'existaient pas, et passant aussi les parenthèses ouvrantes, pour ne s'arrêter qu'à la prochaine parenthèse fermante. Elle recommence alors son manège avec les X. Comme nous le voyons, ce faisant, la machine annule systématiquement les parenthèses par paires. Tôt ou tard, la machine finira par rencontrer un E (à droite ou à gauche, d'ailleurs)... ce sera alors le moment de vérité ! En effet, la machine devra alors vérifier si la bande entre les deux E ne contient que des X ou s'il reste des parenthèses qui n'auraient pas été annulées. Dans le premier cas, la chaîne de parenthèses initiale serait donc correcte, ce que la machine nous indiquera en inscrivant un 1 quelque part ; en revanche, dans le second cas, la machine écrira 0 pour nous faire savoir que l'équilibre des parenthèses ouvrantes et fermantes n'était pas respecté. Bien entendu, après l'écriture du résultat, la machine doit s'arrêter.

En y réfléchissant, nous voyons que cette procédure très simple permet de vérifier n'importe quelle chaîne de parenthèses, quelle que soit sa taille. Le fonctionnement de cette machine est résumé par le diagramme d'états de la figure 3.13 (tiré de l'ouvrage de Marvin Minsky [1967]) :

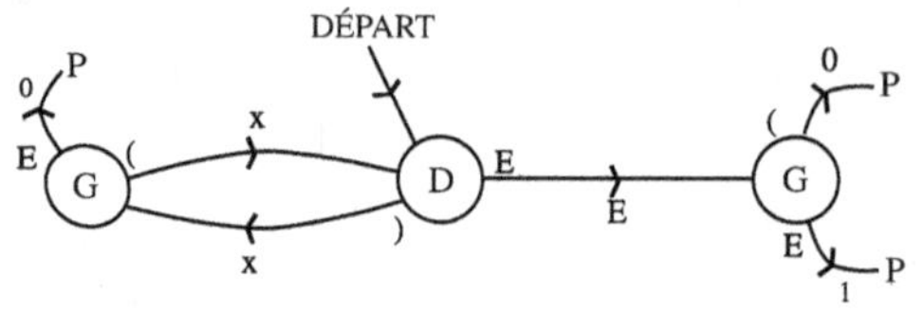

FIG. 3.13 – *Le diagramme d'états du vérificateur de parenthèses.*

Notons que le diagramme diffère de celui d'une FSM en ceci que nous devons inclure les instructions de départ et d'arrêt, ainsi que les indications de la direction du mouvement à chaque opération. En fait, contrairement au compteur de parité, cette machine requiert deux différents états conduisant à un mouvement vers la gauche.

Maintenant que vous en savez davantage sur les idées fondamentales, peut-être vous essaierez-vous à concevoir quelques machines de Turing. Voici quelques problèmes à vous mettre sous la dent.

Problème 3.5 Concevez un multiplicateur unaire. Les nombres « unaires » sont les nombres écrits en base 1 ; ils sont encore plus rudimentaires que les nombres binaires. Dans cette base, nous n'avons que le chiffre 1 et un entier N s'écrit donc comme une chaîne de N 1 : $1 \equiv 1, 2(\text{base } 10) \equiv 11(\text{base } 1), 3 \equiv 111, 4 \equiv 1111$ et ainsi de suite. Je vous demande de concevoir une machine de Turing permettant de multiplier deux nombres unaires quelconques. Commencez avec la chaîne

0 0 ... E 1 1 1 1 .... 1 B 1 1 1 1 .... 1 1 E ... 0 0

m n

qui encode les nombres à multiplier, m et n, en les séparant par le symbole B. L'objectif est de finir avec une bande donnant le résultat mn. Elle pourrait ressembler à celle-ci :

...00 E 0000...0 B XXX...X E YYYY...Y 00...

m n mn

où Y est un symbole distinct de 0, 1, X, E et B. Considérez la structure de cette bande comme un indice important sur la manière de résoudre ce problème !

Problème 3.6 Nous avons déjà rencontré des additionneurs binaires. Je vous propose de construire une machine de Turing permettant d'additionner deux nombres binaires, mais seulement dans le cas où ceux-ci ont le même nombre de chiffres (c'est plus facile). Vous partirez de la bande ci-dessous donnant les deux nombres m et n en les séparant par les symboles A, B et C.

...00 A 1101..1 B 1001..0 C 000...

m n

Je vous laisse le soin de décider où commence la machine, comment elle opère, l'aspect de la bande donnant le résultat, où celui-ci apparaît et ainsi de suite.

Problème 3.7 Si vous trouvez les premiers problèmes trop faciles, en voici un beaucoup plus difficile : il s'agit de construire une machine de Turing qui soit un multiplicateur binaire !

Problème 3.8 Ce dernier problème est particulièrement élégant : il s'agit de concevoir un convertisseur de nombres unaires en nombres binaires. Autrement dit, nous donnons à la machine une série de 1 représentant un nombre unaire, et elle nous renvoie le même nombre, écrit en base 2. La clé du problème réside dans les mathématiques des diviseurs et des retenues. Réfléchissons à ce que signifie la « forme binaire » d'un nombre N à n chiffres, $N = N_n N_{n-1} \dots N_1 N_0$. Par définition, nous avons :

$$N = N_n \cdot 2^n + N_{n-1} \cdot 2^{n-1} + \dots + N_1 \cdot 2 + N_0.$$

Nous commençons avec N écrit en base 1 (c'est donc une série de N 1) et nous cherchons les coefficients N_i de ce même nombre écrit en binaire. Nous divisons N par 2 en notant la retenue, pour obtenir le chiffre à l'extrême droite, N_0. En effet :

$$N = 2 \cdot X + N_0,$$

X étant facile à déterminer. Pour trouver les autres N_i, nous laissons N_0 de côté et tirons parti du fait que

$$X = 2 \cdot Y + N_1.$$

Autrement dit, nous divisons X par deux et gardons la retenue, N_1. Nous continuons de la sorte, en divisant chaque fois par deux le nombre binaire précédent et en relevant la retenue, jusqu'à ce que nous arrivions au résultat. Remarquez que, N étant un nombre à n chiffres, par définition, N_n est *nécessairement* égal à 1.

Si le nombre N nous est donné sous sa forme unaire, nous pouvons faire une simulation de ce processus en groupant les 1 par paires pour voir ce qui reste. Voyons ce que cela donne sur un exemple concret. Prenons le chiffre 9 (en base 10), qui s'écrit 111111111 en unaire. Regroupons les 1 par paires :

(11) (11) (11) (11)1.

Manifestement, cela revient à le diviser par 2. Il reste à droite un 1 isolé. Nous en déduisons que N_0 vaut 1. Pour trouver N_1, ôtons le 1 de droite et regroupons les paires restantes deux par deux :

$$(11\ 11)\ (11\ 11).$$

Cette fois, il n'y a pas de retenue : N_1 vaut 0. De même, nous trouvons $N_2 = 0$. Nous avons à présent regroupé par paires toutes les paires et toutes les paires de paires ; tout ce qui nous reste à faire, c'est d'ajouter à gauche un 1 pour N_3. Cela nous donne 111111111 (unaire) $\equiv$ 1001 (binaire).

Je vous laisse le soin de réaliser cet algorithme par une machine de Turing. Il vous faudra trouver le moyen de lui faire regrouper les chiffres par paires, indiquer les paires formées puis relever la retenue ; elle devra ensuite revenir au début de la bande pour former les paires de paires, et ainsi de suite. Le plus simple, pour constituer les paires, est peut-être de commencer à l'extrémité gauche de la bande et de faire se déplacer la machine vers la droite, en remplaçant, au premier passage, un chiffre sur deux par un X. Lorsque la machine relit la bande une seconde fois, elle ignore les X et annule un 1 sur deux. Cette méthode, si vous la mettez en pratique avec soin, sera efficace ! À vous de régler les détails, sans oublier qu'il faut indiquer à la machine où commencer, comment faire la conversion et écrire le résultat, et quand s'arrêter.

3.5 Étude plus poussée des machines de Turing

J'aimerais à présent que nous étudiions une machine de Turing relativement compliquée, qui illustre plusieurs aspects du calcul informatique. Dans une leçon précédente, j'ai signalé que les ordinateurs tenaient plus des « gratte-papier » que des calculateurs et il serait appréciable de voir s'il est possible de construire une machine de Turing capable d'exécuter des fonctions d'archivage plutôt que des fonctions arithmétiques. La première fonction, la plus rudimentaire, est celle qui consiste à récupérer une information dans un fichier. C'est ce que nous allons voir maintenant. Nous voulons une machine capable, tout d'abord, de localiser un fichier dans un système de classement, puis d'en lire le contenu et de nous le restituer[4].

Nous utiliserons le « système de classement » de Turing donné par la bande ci-dessous (figure 3.14), que nous glisserons dans notre machine :

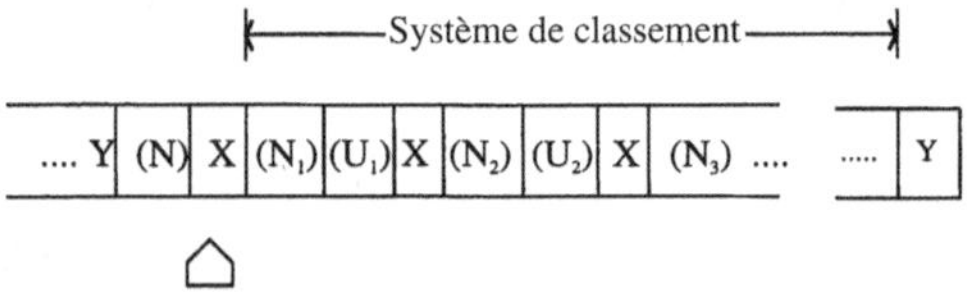

FIG. 3.14 – *La bande des données d'entrée de la machine à localiser les fichiers.*

Tout cela est quelque peu schématique. Cette fois, le rôle des X consiste à séparer les différentes données contenues dans les fichiers : chacun d'eux est encadré par une paire de X. Chaque fichier contient un nom (ou adresse), « N » ainsi qu'un contenu, « U », tous deux étant codés sous forme de nombres binaires, un chiffre par cellule de bande, comme d'habitude. À l'extrême gauche de la bande, nous avons inclus le nom du fichier que nous voulons faire lire par la machine, et avons indiqué la fin de la bande par le symbole Y ; à la gauche de cette lettre, une série de 0, de même qu'à l'extrémité droite de la bande. La machine commencera à droite du nom N du fichier que nous voulons trouver.

La première tâche que la machine devra accomplir est de localiser le bon fichier. Elle le fera de manière systématique, en par-

[4]Notre analyse s'inspire de celle de Minsky [1967].

courant les fichiers de gauche à droite, comparant chaque nom de fichier avec celui du fichier recherché, jusqu'à ce qu'elle trouve le bon. Comment procéder ? Pour nous aider, considérons la bande ci-dessous (figure 3.15).

...0 0 0 Y 101 X 001 011 X 101 110 X 111 000 Y 0 0 0...

N U

FIG. 3.15 – *Un exemple de bande.*

Par commodité nous choisissons, pour le nom et le contenu des fichiers, des nombres binaires de même taille : trois bits. Nous cherchons le contenu du fichier (101), que nous appellerons le « fichier cible ». A priori, la meilleure chose à faire serait d'assigner à chaque cible possible un état distinct de la machine de Turing. Cela nous donne, au plus, huit états. La machine commence dans l'état 101 imposé par la lecture du nom du fichier cible et passe au premier fichier vers la droite, dont elle lit le nom. Si les noms correspondent, tout va pour le mieux. Dans le cas contraire, elle se décale vers la droite et passe au fichier suivant, vérifie son nom, et ainsi de suite. Ainsi la machine se déplace-t-elle simplement de la gauche vers la droite, jusqu'à ce qu'elle trouve la bonne adresse. Cependant, l'inconvénient d'une telle machine, c'est qu'elle ne possède que huit états et ne peut donc servir qu'à des systèmes de fichiers à trois bits : son champ d'application n'est pas universel. Or, nous voudrions une machine capable de traiter des adresses de fichiers de taille quelconque. Pour ce faire, aussi laborieux que cela puisse paraître, la machine devra comparer chaque adresse de fichier avec celle du fichier cible bit par bit, jusqu'à ce qu'elle trouve un chiffre qui ne correspond pas, auquel cas elle passera au fichier suivant, ou au contraire jusqu'à ce qu'elle trouve l'adresse recherchée, auquel cas elle retournera (par exemple) à son point de départ. Pour garder une trace de son passage sur les parties de la bande déjà parcourues, nous aurons recours à l'astuce maintenant bien connue consistant à remplacer les chiffres par des symboles « transparents », comme nous l'avions fait pour le vérificateur de parenthèses. En associant aux 0 et aux 1 des symboles différents (A et B par exemple), nous gardons la possibilité de retrouver le contenu des cellules effacées, ce qui permet d'avoir à nouveau accès au système de fichiers et de le réutiliser le cas échéant, avec un codage utilisant maintenant d'autres symboles. Il nous sera toujours possible de reproduire le fichier original en remplaçant les nouveaux symboles par des 0 et des 1.

La solution de Minsky pour la machine de Turing à localiser les fichiers est illustrée sur la figure 3.16 :

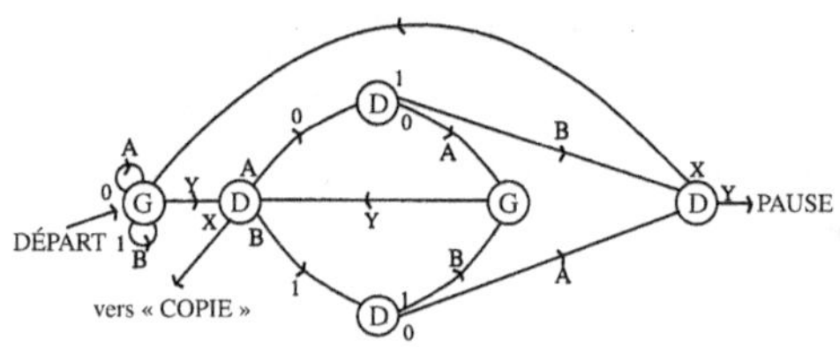

FIG. 3.16 – *La machine à localiser les fichiers.*

L'une des voies de ce diagramme, celle qui pointe vers l'instruction « copie », est une nouveauté. Elle correspond à l'étape à laquelle la machine a localisé la bonne adresse et se demande ce qu'elle doit faire ensuite. Nous verrons d'ici peu comment lui faire copier l'information contenue dans le fichier à l'endroit de notre choix sur la bande.

Pour l'instant, continuons l'étude de cette machine à localiser les fichiers et analysons son fonctionnement en détail. La tête commence sa lecture au premier X à droite du fichier cible. Comme l'indiquent les instructions de boucle, la machine part ensuite vers la gauche et remplace les 0 et les 1 de la cible par des A et des B, respectivement. Aussi étrange que cela puisse paraître, tout cela a un sens, comme nous allons le voir. La machine finit par rencontrer un Y. Elle passe alors dans un autre état et, comme nous le voyons clairement sur le diagramme, elle repart ensuite vers la droite. Elle rencontre alors la première des lettres qu'elle vient d'inscrire, A ou B et la remplace par le chiffre initial, 0 ou 1, et poursuit vers la droite (c'est *vraiment* de plus en plus étrange... mais vous verrez, ce brouillard va se dissiper). Puis elle se place dans l'un des deux états dans lequel elle ne lit que les 0 ou les 1 : ni les A ni les B. Si elle rencontre un A ou un B, elle l'ignore et continue vers la droite. En d'autres termes, elle traverse sans le lire le reste de la chaîne cible qu'elle vient de remplacer par des lettres, après avoir, en quelque sorte, marqué le premier chiffre de la chaîne. Voilà pourquoi nous remplaçons par A et B les 0 et les 1 du nom et du contenu du fichier cible. Elle passera outre le X suivant et continuera avec le premier nom de fichier à vérifier.

Voici maintenant la séquence d'opérations la plus importante. La machine rencontre un 1 ou un 0, et sa réaction dépendra de ce qui a précédé, c'est-à-dire de l'état dans lequel elle se trouve, résultat de sa lecture du premier chiffre de la cible. Il y a deux possibilités : la première, c'est que le premier chiffre lu est différent du premier chiffre de la cible, auquel cas les noms de fichiers ne correspondent pas et la machine remplace le chiffre par la lettre associée avant de continuer vers la droite jusqu'au prochain X indiquant la fin du fichier en cours. Elle repart alors vers la gauche pour remplacer tout le contenu du fichier par des A et des B. Puis elle rencontre le X à l'extrême gauche, traverse sans le lire le nom du fichier cible (les A et les B sont transparents), remplace le premier chiffre par un A ou un B et atteint le Y. C'est le signal pour relancer tout le processus une nouvelle fois, à ceci près que la machine file alors jusqu'au nom de fichier suivant. Tôt ou tard, le premier chiffre de la cible et celui du fichier examiné seront en correspondance : voilà la seconde possibilité à considérer.

Lorsque les premiers chiffres correspondent, la machine remplace ce chiffre commun et passe dans un état qui lui permettra de revenir sur ses pas jusqu'au Y. Elle repart alors dans l'autre sens, remplace le second symbole de la cible par le chiffre correspondant et poursuit vers les fichiers. Elle vérifie la correspondance du second chiffre et ainsi de suite. L'examen du diagramme de la machine devrait vous permettre de vous convaincre que la bande ci-dessus sera finalement transformée en celle de la figure 3.17 :

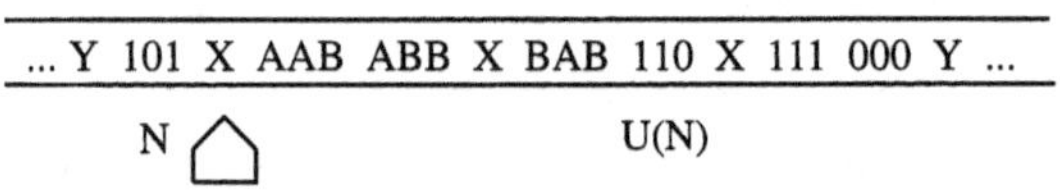

FIG. 3.17 – *La bande finale de la machine à localiser les fichiers.*

Notons que la tête de lecture est revenue à son point de départ et que le résultat de toutes ces allées et venues aura été de remplacer par A et B tous les 0 et 1 depuis le début jusqu'au dernier bit du nom du fichier recherché (mais pas son contenu). (Il reste l'éventualité, importante, que la machine ne trouve pas le nom du fichier cible, par exemple si était donné avec une erreur. Dans ce cas, la machine finira par s'arrêter au Y à l'extrême droite ; comme l'indique le diagramme, à cette intersection ses instructions sont de faire « pause ».)

Comme je l'ai déjà signalé, il y a sur notre diagramme une voie non expliquée, qui pointe vers une « machine à copier » : nous avons trouvé notre fichier et il nous reste maintenant à savoir qu'en faire ! Dans le plus pur esprit des machines de Turing, nous allons copier son contenu patiemment et méticuleusement sur une autre partie de la bande. Ou plutôt, c'est *vous* qui allez le faire : le diagramme d'états de la machine à copier est représenté sur la figure 3.18 et sa bande de départ est la bande de sortie de la machine à localiser les fichiers. Amusez-vous à comprendre comment elle fonctionne !

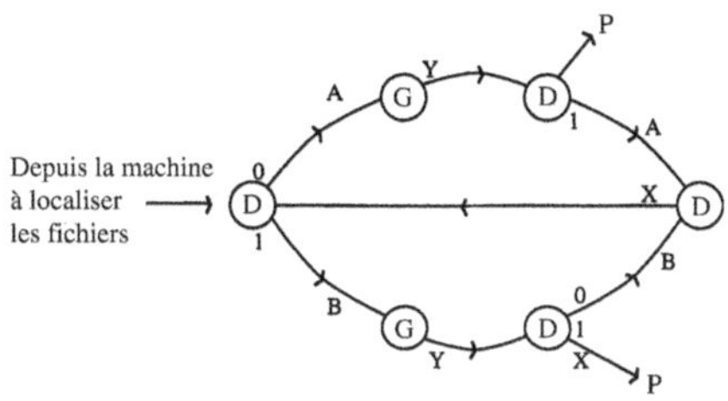

FIG. 3.18 – *La machine à copier.*

Une caractéristique intéressante de cette machine est qu'elle recopie le contenu du fichier dans le bloc qui, sur la bande originale, contenait le nom du fichier cible. Autrement dit, le nom du fichier cible est effacé. (Cela est possible car nous avons choisi d'attribuer la même taille aux adresses et aux contenus des fichiers.) Après le passage de la machine à copier, la bande devient donc celle de la figure 3.19 :

... Y BBA X AAB ABB X BAB BBA X B11 000 Y ...

U

FIG. 3.19 – *La bande obtenue après le passage de la machine à copier.*

Je clos cette section en vous proposant deux nouveaux problèmes sur les machines de Turing.

Problème 3.9 Concevez une machine de Turing qui, à partir d'une bande vierge, produit la suite de tous les nombres binaires écrits les uns après les autres, séparés par des Y, avec la contrainte qu'après avoir écrit le Y de séparation, elle ne puisse plus modifier le nombre qui précède. Il est possible d'imposer en outre que la machine ne relise même pas les nombres inscrits.

Problème 3.10 Concevez une machine qui n'accepte que les séquences du type

$$101100111000111100000\ldots 1^n0^n,$$

quelles qu'elles soient. L'« acceptation » de cette série par la machine sera indiquée par le fait qu'elle s'arrête après ses pérégrinations en laissant une bande vierge. Plus généralement, nous pourrons considérer qu'une séquence arbitraire est « acceptable » par une machine de Turing si celle-ci finit par s'arrêter avec une bande vierge. Cela peut se généraliser aux machines à états finis. Concevez une machine de Turing qui accepte exactement l'ensemble de séquences qu'accepterait n'importe quelle FSM. (Un indice : utilisez les fonctions F et G des FSM pour en faire des quintuplets de Turing.)

3.6 Machines de Turing universelles et problème de l'arrêt

Revenons à la raison pour laquelle nous avons choisi d'étudier les machines de Turing. J'ai avancé précédemment que s'il existe une procédure effective pour mener à bien un calcul donné, alors cela revient à dire qu'il est possible, en principe, de concevoir une machine de Turing qui fasse ce calcul. Nous avons tout intérêt à raisonner en termes de fonctions. Commençons avec une variable x et imaginons que nous cherchions une fonction $F(x)$ de cette variable. Nous disons de $F(x)$ qu'elle est « calculable par machine de Turing » si nous pouvons trouver une machine de Turing $\mathbf{T_F}$ qui, avec une bande en entrée sur laquelle est inscrite la variable x dans quelque représentation que ce soit (binaire, unaire ou autre), finira par s'arrêter après avoir écrit le résultat $F(x)$ quelque part sur la bande. Toutes les autres procédures effectives que quiconque a pu concocter se sont révélées équivalentes à celle-ci (les fonctions récursives générales sont calculables par machine de Turing, et vice versa) et nous considérerons donc la calculabilité par machine de Turing comme synonyme de calculabilité tout court.

Il arrive, pour certaines valeurs de x, que la machine de Turing ne s'arrête pas. Aussi étrange que cela puisse paraître, cela peut arriver. Beaucoup de fonctions (comme x^2 par exemple) sont dites « complètes », ce qui signifie que pour toutes les valeurs de x données à la machine, celle-ci pourra s'arrêter après avoir inscrit la valeur de la fonction sur la bande. Les fonctions qui ne vérifient pas cela sont dites « partielles ». Pour celles-ci, il nous faudra modifier la définition opérationnelle de la fonction de la manière suivante : si, pour une valeur donnée de x, la machine s'arrête, nous définissons la valeur de la fonction comme étant $F(x)$; en revanche, si la machine ne s'arrête pas, nous *définissons* la valeur de la fonction comme étant *zéro*. Cela ne signifie *pas* que si nous calculons F appliquée à x nous obtiendrons zéro (comme c'est le cas par exemple pour la fonction $(x - 3)$ avec $x = 3$). Ici, « zéro » n'est qu'une manière commode d'attacher une étiquette à $F(x)$ lorsque notre machine de Turing ne peut s'arrêter de calculer. La fonction ainsi redéfinie est alors complète en ce sens que nous pouvons lui attribuer une valeur numérique pour *toutes* les valeurs de x.

Se pose alors la question suivante : pouvons-nous dire, à l'avance, pour quelles valeurs de x la machine pourrait ne pas s'arrêter. Dans certains cas, la réponse est oui. Parfois, la machine se met à tourner en boucle indéfiniment, oscillant par exemple entre deux états sans rien calculer, auquel cas nous pouvons être sûrs qu'elle ne s'arrêtera jamais. Mais en général, nous ne pouvons pas savoir à l'avance quelle valeur précise de x sera susceptible de poser problème ! *Autrement dit, il est impossible de construire une fonction calculable qui permettrait de prédire si oui ou non la machine* $\boldsymbol{T_F}$ *s'arrêtera pour telle valeur de* x. En nous appliquant à comprendre pourquoi il en va ainsi, nous pourrons apprécier la puissance des petites machines de Monsieur Turing.

L'avant-dernière phrase du paragraphe précédent résume à elle seule la suite des événements. J'ai posé la question de savoir s'il existe une fonction calculable qui nous indique si oui ou non $\mathbf{T_F}$ s'arrêtera pour une valeur donnée de x. Mais si une telle fonction existe, alors, par définition, elle peut être obtenue par une machine de Turing. Ce concept de machines de Turing pouvant nous donner des informations sur d'autres machines de Turing réside au cœur du sujet des machines de Turing *universelles*, vers lesquelles nous nous tournons à présent.

La question que nous nous posons peut être reformulée de la manière suivante. Prenons une machine que nous appellerons **D**. En entrée, **D** dispose d'une bande qui contient des informations sur $\mathbf{T_F}$ et sa bande initiale (autrement dit, des informations sur x). Nous demandons à la machine **D** de nous dire si, oui ou non, $\mathbf{T_F}$ pourra s'arrêter. Précision d'importance : **D** devra toujours écrire sa réponse puis s'arrêter. Introduisons maintenant une autre machine, appelons-la **Z**, qui réagit à la réponse donnée par **D** comme suit :

Si $\boldsymbol{T_F}$ *s'arrête (**D** répond « oui »), alors **Z** ne s'arrête pas.*
Si $\boldsymbol{T_F}$ *ne s'arrête pas (**D** répond « non »), alors **Z** s'arrête.*

En faisant opérer **Z** sur elle-même, nous aboutissons à une contradiction ! Précisons davantage le raisonnement.

Pour déterminer **D**, nous devons tout d'abord comprendre comment une machine de Turing peut interpréter le fonctionnement d'une autre. Nous devons pour cela décrire une certaine machine **T** ainsi que sa bande initiale t. Il existe plusieurs manières de procéder. Nous choisirons de les décrire par des quintuplets (tableau 3.6) :

Initial		Final		
État	Lecture	État	Écriture	Déplacement
Q	S	Q'	S'	d (= G ou D)

TAB. 3.3 – *Description par quintuplets d'une machine de Turing.*

Nous cherchons à construire une machine universelle capable d'imiter toute machine **T**. En d'autres termes, si nous lui fournissons des informations sur **T** et sa bande t, nous voulons que notre machine universelle sorte le résultat de l'action de **T** sur t. Nous décrirons notre machine universelle (appelons-la **U**) en termes de quintuplets, comme nous l'avons fait pour **T**. Notons $(q, s\,;\ q', s', d')$ les quintuplets de **U** et signalons qu'ils doivent être suffisants pour toutes les machines **T** que **U** devra imiter : q, s, *etc.* ne doivent pas dépendre des particularités de **T**. Une contrainte qu'il nous faudra imposer à nos machines est que les symboles S, S', s, s' inscrits sur la bande soient des nombres binaires. Une machine de Turing **T** quelconque peut s'accommoder de toutes sortes de symboles, mais en y réfléchissant quelque peu, vous devriez vous convaincre qu'il est toujours possible de représenter ces symboles par des nombres binaires (prenons par exemple un ensemble de huit symboles : nous pourrons toujours les représenter par une chaîne binaire à trois bits)[5].

Le comportement de la machine **U** est relativement simple à décrire. (Ici encore, notre présentation s'inspire fortement de Minsky[1967].) Nous voulons que **U** imite **T** étape par étape, en

[5] Je dirai même plus : à titre d'exercice, réfléchissez à la façon dont vous pourriez reprogrammer une machine de Turing **T** qui opère sur 2^n symboles pour la transformer en une machine **T'** n'opérant qu'avec les symboles 0 et 1. Un indice ? Là où **T** devait lire un seul symbole, **T'** devra en lire n.

gardant systématiquement une trace de l'état de la bande de **T**. Elle devra noter l'état de **T** à chaque opération et, grâce à la reproduction de la bande de **T** mise à sa disposition, elle pourra se tenir informée de ce que **T** lira à chaque étape. En regardant la description de **T** dont elle dispose, **U** peut trouver ce que **T** est censée faire ensuite. Minsky compare ce processus à ce que *vous* feriez pour comprendre le fonctionnement d'une machine de Turing à partir de la liste de ses quintuplets et de sa bande initiale. La machine de Turing universelle **U** n'est qu'un ersatz un peu lent de vous-même !

Donnons à **U** la bande de la figure 3.20 :

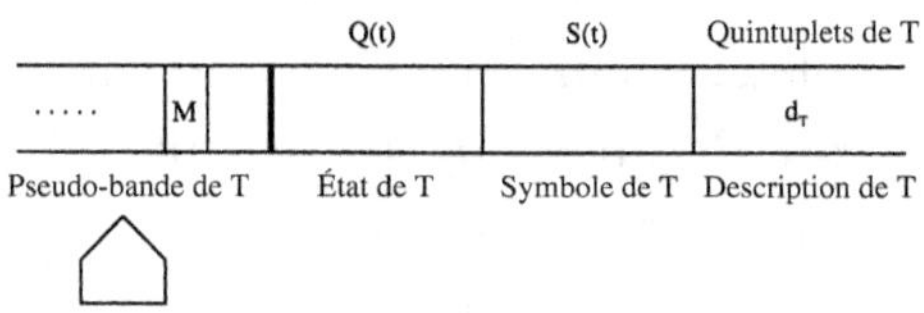

FIG. 3.20 – *La bande donnée en entrée de la machine de Turing universelle.*

La « pseudo-bande » infinie située à gauche est l'espace de travail de **U**, où **U** garde trace de ce que contient la bande de **T** à chaque étape de sa simulation. La choisir infinie à gauche seulement n'est pas primordial, mais se révèle plus simple. Le marqueur M indique à **U** la position de la tête de lecture de **T** sur la bande t. À droite de cette zone de travail se trouve un segment de bande contenant l'état de **T** ; juste après, toujours vers la droite, se trouve un segment indiquant le symbole que **T** vient de lire ; finalement, la dernière partie à droite, décrit le fonctionnement de **T**. Celle-ci, notée d_{T} contient une liste séquentielle des quintuplets de **T**, écrits sous forme binaire (figure 3.21) :

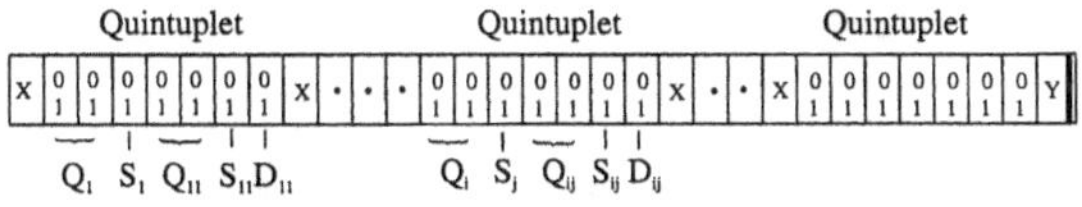

FIG. 3.21 – *La description d_T de* **T** *sur la bande de* **U**.

Chaque quintuplet est séparé du suivant par le symbole X. Pour faire démarrer **U**, nous devons lui communiquer l'état initial Q_0 de **T** et le symbole S_0 qu'elle lit en premier. Nous supposerons qu'au départ, la tête de lecture de **U** se trouve face au X à l'extrême gauche, comme indiqué sur la figure 3.22 :

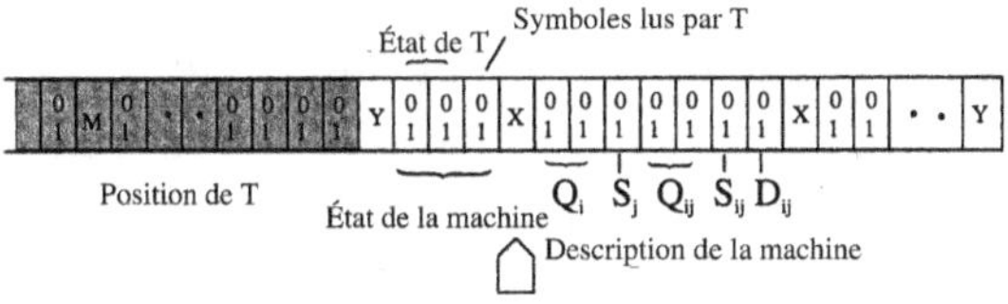

FIG. 3.22 – *La position de départ de la tête de lecture de* **U**.

Les opérations de localisation et de copiage que nous avons étudiés plus tôt sont fondamentales au fonctionnement de **U**. Voici comment **U** opère en général. Tout d'abord, **U** analyse la section de la bande décrivant l'action de **T** pour Q et S donnés, comme nous l'avions fait avec la machine à localiser les fichiers : nous pouvons voir l'ensemble (Q, S) comme le nom du fichier contenant le quintuplet correspondant. Tout comme la machine à localiser les fichiers, au cours cette opération, **U** remplace tous les 0 et les 1 qu'elle rencontre par des A et des B. Après avoir trouvé la bonne paire (et l'avoir réécrite en termes de A et de B), elle revient au X de l'extrémité gauche.

L'étape suivante fait appel à la machine à copier. **U** se déplace vers la droite jusqu'à ce qu'elle rencontre la première série de 0 et de 1 ; de par la façon dont les informations sont réparties sur la bande, cette première série représente les trois autres parties du quintuplet spécifié par Q et S. Il s'agit du nouvel état de **T**, du symbole qu'inscrit **T** (sur la pseudo-bande à la position M) et de la direction de son prochain déplacement. La machine **U** copie alors les A et les B qui représentent à la fois le nouveau Q et le nouveau S dans la partie donnant l'état de la machine, située au milieu de la bande. Elle retient la direction d du mouvement (G ou D représentés par A ou B). La machine part ensuite vers la gauche jusqu'au symbole M. Arrivée là, elle l'efface et le remplace temporairement par la direction d (A ou B). Elle repart ensuite vers la droite, pour remplacer tous les A et les B qu'elle rencontre par des 0 et des 1 (elle ne laisse des A et B qu'à la position contenant initialement le M). Finalement, elle se positionne sur la première cellule à gauche du dernier X de gauche, efface le symbole S qu'elle y trouve (mais le mémorise) et y inscrit à la place le symbole spécial V (c'est le seul usage de V).

La machine atteint à présent la dernière phase de son travail. Elle se décale vers la gauche jusqu'à ce qu'elle rencontre le A ou le B enregistré à la place du M ; ce symbole représente la direction d du prochain déplacement de **T**. **U** remplace le A ou le B par le S qu'elle a mémorisé, puis se déplace vers la gauche ou vers la droite selon l'instruction d. Elle lit le symbole contenu dans la cellule face à elle, l'enregistre et le remplace par M. Puis elle file vers la droite jusqu'au V, qu'elle remplace par le symbole enregistré. Et la séquence d'opérations recommence depuis le début.

Ce qu'a fait la machine, c'est simuler un cycle des opérations de **T** : elle a commencé dans un certain état Q avec un symbole en entrée S ; elle a ensuite changé d'état, inscrit un nouveau symbole puis s'est déplacée jusqu'au prochain symbole lu par **T**. **U** continue de la sorte jusqu'à ce qu'elle ait reproduit l'intégralité du comportement de **T**. Il est important de noter que **U** possède un état « pause » : elle reconnaît les pauses de **T** et s'arrange pour s'arrêter elle-même.

La description de **U** donnée ci-dessus, qui est celle de Minsky, nécessite 8 symboles et 23 états. Afin que vous puissiez apprécier l'élégance de cette machine, nous la reproduisons intégralement sur la figure 3.23. Vous devriez pouvoir la disséquer en ses différentes sous-machines.

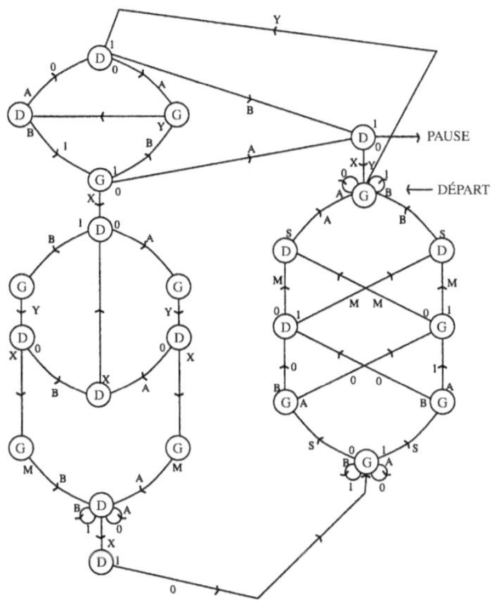

FIG. 3.23 – *Une machine de Turing universelle.*

Il est possible de construire une UTM avec autant de symboles mais seulement 6 états. Avec un peu d'astuce, il est possible d'utiliser le même état à plusieurs fins de manière à minimiser le nombre d'états requis. Nous pouvons également construire une UTM avec seulement 2 états mais un grand nombre de symboles, ou seulement deux symboles mais beaucoup d'états. N'est-ce pas étonnant ? Une machine aussi générale ne nécessite qu'un si petit nombre d'éléments ; après tout, une machine capable de *tout* faire ne devrait-elle pas être affreusement complexe ? Aussi surprenant que cela puisse paraître, il semble que non ! Quant à savoir jusqu'à quel point l'UTM peut être efficace, c'est une question intéressante, mais pas fondamentale.

Analysons maintenant la raison pour laquelle nous cherchions à démontrer l'existence d'une UTM. Nous nous demandions s'il était possible de construire une machine capable de nous dire si une machine de Turing **T** pourvue de la bande *t* pourra s'arrêter, pour tous les couples **T** et *t*. Reformulons cette question sous la forme du problème de l'arrêt d'une machine universelle **U**. Introduisons une nouvelle machine **D**, identique à **U** avec la propriété supplémentaire qu'elle nous signale si oui ou non **T** s'arrête pour une bande *t* donnée et ce pour toutes les machines **T** et toutes les bandes *t* (figure 3.24) :

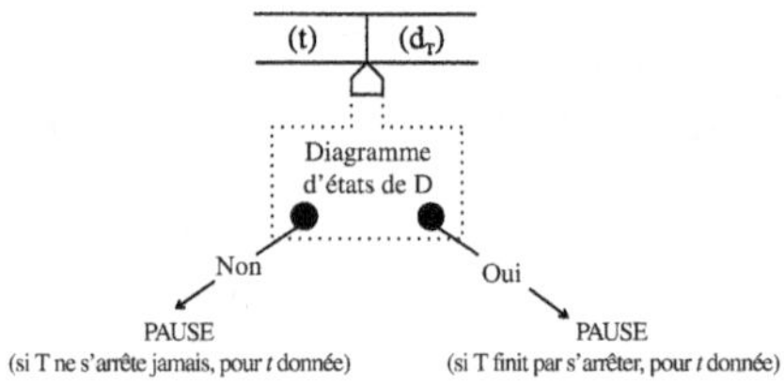

FIG. 3.24 – *La machine universelle* **D** *avec la bande* t *et* d_T.

Autrement dit, **D** s'arrête *toujours* avec une réponse. Une machine comme celle-ci peut-elle exister ? La réponse est non ! En fait, nous pouvons démontrer que **D** est un rêve irréalisable, en choisissant une machine **T** et une bande *t* pour lesquelles **D** ne peut pas faire ce pour quoi nous l'avons conçue.

L'information concernant **T** et *t* sont fournies à une machine universelle par le biais de d_T, la description en quintuplet de **T**, et de l'information contenue sur la bande *t* (figure 3.24). À présent, sans raison apparente, voyons ce qui se passe si nous donnons en entrée une bande *t* contenant la description d_T. Nous perfectionnons alors légèrement notre machine **D** en introduisant une nouvelle machine **E**. Celle-ci ne nécessite en entrée qu'une bande contenant D_{T} ; elle copie alors d_{T} sur une partie vierge de la bande et se comporte ensuite comme la machine **D** munie d'une bande initiale contenant $t = d_{\mathrm{T}}$ et d_{T}. **E** fonctionnera donc de la même manière que **D** et s'arrête en donnant la réponse « oui » si **T** s'arrête en lisant sa propre description ; dans le cas contraire, **E** répondra « non » (figure 3.25). Dans tous les cas, **E** s'arrête.

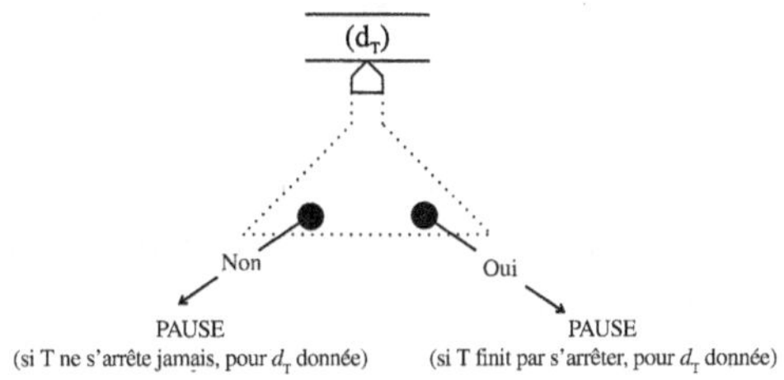

FIG. 3.25 – *La machine universelle* **E** *avec la bande d'entrée* d_{T}.

Introduisons à présent une variante de **E** que nous appellerons **Z**. Notre nouvelle machine **Z** possède deux états supplémentaires que nous utilisons pour l'empêcher de s'arrêter si **E** s'engage dans la voie d'un « oui » (figure 3.26) :

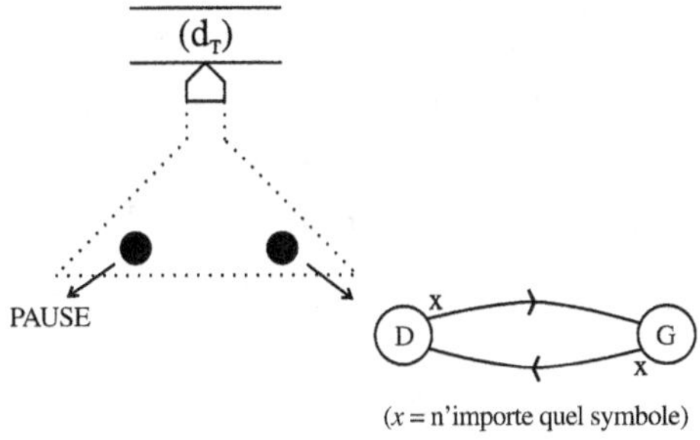

FIG. 3.26 – *La machine universelle* **Z**.

Z a donc la propriété suivante : si **E** sort la réponse « oui », elle ne s'arrête pas ; en revanche, si **E** sort un « non », elle dit également « non » et s'arrête (donc **Z**=**E** dans ce cas). Ainsi, **Z** s'arrête avec d_{T} en entrée, si **T** appliquée à d_{T} ne s'arrête *pas*, mais elle ne s'arrête pas si **T** appliquée à d_{T} s'arrête. Voici maintenant l'étape la plus importante. Écrivons la description d_{Z} de **Z** et remplaçons **Z** par **T** dans la suite. Nous en déduisons que :

Z appliquée à d_{Z} s'arrête si, et seulement si, **Z** appliquée à d_{Z} ne s'arrête pas.

C'est une contradiction flagrante ! Si nous remontons le fil de notre raisonnement, nous trouvons que notre hypothèse en vertu de laquelle **D** existe doit être fausse. *Il existe donc des problèmes de calculabilité (et en particulier la question de savoir si oui ou non une UTM pourra s'arrêter) qu'aucune machine de Turing ne peut résoudre.* Voilà le principal résultat de Turing.

3.7 Calculabilité

Il existe certainement beaucoup de fonctions incalculables. Mais combien ? Les arguments de dénombrement peuvent nous donner quelques pistes pour répondre à cette question. Prenons des nombres réels calculables ; j'entends par là des nombres dont le développement binaire pourra être inscrit sur une bande, que la machine s'arrête ou pas. Nous pourrons montrer qu'il existe beaucoup plus de nombres réels que de nombres réels calculables puisque ces derniers sont dénombrables, contrairement aux précédents. Nous dirons d'un ensemble qu'il est « dénombrable » si nous parvenons à mettre chacun de ses éléments en correspondance avec chacun des éléments de l'ensemble des entiers positifs. Autrement dit, si nous pouvons associer à chacun de ses membres un entier unique. Les nombres pairs et les nombres rationnels sont deux exemples d'ensembles dénombrables :

Nombres pairs	0	2	4	6	8	10	···
	0	1	2	3	4	5	
Nombres rationnels	(1/2)	(1/3	2/3)	(1/4	2/4	3/4)	···
	1	2	3	4	5	6	

Les nombres réels, quant à eux, ne sont pas dénombrables. Nous en donnons une démonstration élégante comme suit : partons de l'hypothèse qu'ils le sont (dénombrables). Alors devrions-nous être en mesure d'associer chaque réel avec un nombre entier d'une manière ou d'une autre, comme ci-dessous par exemple :

Entiers	Réels
1	0,124
2	0,015
3	0,53692
4	0,80034444
5	0,334105011
6	0,3425...

La correspondance entier/réel est arbitraire, et celle que nous avons choisie ici est particulièrement étrange ! Mais pourvu que nous ayons un nombre réel pour chaque entier et que tous les réels soient pris en compte, alors nous sommes tirés d'affaire. Et pourtant, cela ne peut pas marcher ! Pour nous en convaincre, nous trouverons un réel ne pouvant pas appartenir à notre liste. J'ai souligné ci-dessus certains chiffres : la première décimale du premier réel, la deuxième du deuxième, la troisième du troisième, et ainsi de suite. Et nous ajoutons tout nouveau nombre en demandant simplement que sa n-ième décimale soit différente de la n-ième décimale des membres de notre liste. Par exemple, le réel

$$0{,}22741\ldots$$

qui continue à l'infini, satisfait ces conditions. Pour l'obtenir, j'ai ajouté 1 à tous les chiffres soulignés. (Et pour que cette procédure soit cohérente, nous ajoutons la règle « 9+1=0 », mais nous pouvons également choisir d'autres procédures pour générer de nouveaux nombres réels.) Qu'avons-nous fait ? Par construction, le nombre ci-dessus se distingue du m-ième nombre de notre liste de correspondances par sa m-ième décimale, et cela reste vrai quel que soit m (autrement dit, pour tous les entiers). Aussi avons-nous trouvé un nombre réel qui ne fait *pas* partie de notre liste. Par « diagonalisation », puisque c'est le terme consacré (il fait référence à la « diagonale » que nous pourrions tracer en joignant tous les chiffres soulignés), nous avons donc montré que les nombres réels ne sont pas dénombrables.

En revanche, les machines de Turing, quant à elles, sont bel et bien dénombrables. Prenons la description d_{T} de la bande d'une machine **T**. Nous pouvons la considérer comme une chaîne de symboles binaires propre à cette machine, si nous ignorons les symboles de séparation entre les listes de quintuplets. Le nombre binaire ainsi obtenu permet donc d'attribuer à la machine, de manière unique, un élément de l'ensemble des entiers. Par ailleurs, définissons une fonction $f(n)$ comme valant 1 si la n-ième machine de Turing s'arrête, et 0 dans le cas contraire. Cette fonction n'est clairement pas calculable, comme nous l'avons vu avec le problème de l'arrêt. Il existe bien d'autres exemples.

Revenons à la question des procédures effectives. Bien que nous ayons tenté de les décrire comme des algorithmes permettant de faire des calculs, en réalité, beaucoup de ces procédures ne sont pas très utiles en pratique (par exemple, leur exécution nécessiterait trop de bande, ou une quantité extravagante d'autres type de ressources). Bien que techniquement « effectives », il faudrait à certaines procédures un temps aussi long que l'âge de l'univers ! En pratique, nous voulons des procédures qui ne soient pas seulement effectives, mais aussi efficaces. Évidemment, le terme « efficace » n'est pas évident à définir et nous sommes contraints de laisser derrière nous le monde précis et balisé de la logique pour pénétrer celui, plus flou et ambigu, de la réalité (ou au contraire plus intéressant et plus amusant, cela dépend du point de vue). Beaucoup des travaux dans le domaine de l'« intelligence artificielle », comme la question de la reconnaissance des visages par exemple, s'appuient sur des procédures effectives qui ne sont pas efficaces — voire, pour certaines, pas même effectives !

Parfois, les procédures effectives ne sont pas réellement nécessaires. Cela peut être le cas, par exemple, lorsque nous ne pouvons pas répondre à une question de manière certaine, mais seulement de manière approchée, avec une certaine marge d'erreur, $(1 - 10^{-20})$ par exemple. Une telle précision devrait déjà suffire à faire notre bonheur. L'incertitude a du bon. Prenons un exemple trivial et plutôt inintéressant : imaginons que vous me posiez la question de savoir si un nombre x donné est divisible par un autre nombre, y. Je pourrais simplement vous répondre « non » et, si y est assez élevé, il y a de grandes chances pour que je ne me sois pas trompé : pour être précis, disons que la probabilité qu'un nombre choisi au hasard soit divisible par y s'élève à une chance sur y. Le principe est que nous savons bien plus de choses que nous ne pouvons en démontrer ! Malheureusement, il est aussi possible que nous en sachions moins que nous le pensons. Voilà pourquoi les démonstrations sont souvent nécessaires.

Un autre problème, plus intéressant mais dans le même ordre d'idées, est la question de savoir si un nombre n donné est premier ou non. Une procédure effective pour répondre à cette question pourrait consister à prendre tous les nombres premiers jusqu'à $n^{1/2}$ et de voir s'il en existe un qui soit un diviseur de n. S'il n'y en a aucun, alors n est premier. C'est une bonne idée, et même plutôt élégante, lorsque n est petit, mais pour les grandes nombres, cela devient impossible à mettre en pratique. Le test probabiliste est plus approprié. Il s'appuie sur l'un des fameux théorèmes de Fermat :

$$a^p = a \text{ mod } p. \tag{3.4}$$

Cela signifie que, pour tout entier a et tout nombre premier p, si nous divisons a^p par p, nous obtenons a comme retenue. Nous aurons par exemple

$$3^5 = 243 = (48 \times 5) + 3.$$

L'idée est de prendre une valeur élevée pour a et de calculer a mod p. Pour p élevé, nous avons de bonnes chances que p ne soit pas premier et que cette grandeur ne soit pas égale à a, puisqu'il y a beaucoup d'autres retenues possibles. (La probabilité exacte n'est pas simple à calculer, mais cela vous donne une idée de la chose.) Toutefois, si p est énorme, disons de l'ordre de 10^{200}, comment calculer a^p ? Eh bien, en fait, nous n'avons pas vraiment besoin de ce nombre : tout ce qu'il nous faut, c'est le reste de sa division par p. Je vous laisse le soin de démontrer cela à titre d'exercice ! (Ne vous attaquez pas au cas général : prenez pour p un nombre à neuf chiffres.)

Un autre problème du même acabit est celui de la factorisation : je vous présente un nombre m comme étant le produit de deux nombres premiers : $m = pq$ et vous demande de trouver p et q. À ce jour, il n'existe aucune procédure effective pour résoudre ce problème, si bien que la factorisation en nombres premiers est utilisée comme système de cryptage. Sa fiabilité repose sur le fait que personne ne sait résoudre ce problème mathématique dans le cas général. Le jour où un petit malin parviendra à trouver la solution (et certains sont déjà arrivés jusqu'à des nombres m à 72 chiffres !) le code ne servira plus à rien et il ne nous restera plus qu'à en trouver un autre !

Avant de clore cette discussion sur la calculabilité, je voudrais faire quelques remarques au sujet de la « grammaire ». En mathématiques comme en linguistique, la grammaire est essentiellement un ensemble de règles permettant de combiner les éléments d'un langage, à ceci près que, pour nous, le langage est un langage mathématique (comme l'arithmétique ou l'algèbre). Or, il peut arriver que ces règles ne soient pas appliquées correctement. Prenons par exemple les expressions ci-dessous :

$$(a + b)\ c, \qquad a + b(\ c.$$

En arithmétique, seule la première de ces deux expressions est correcte. La seconde ne l'est pas car la position de la parenthèse est erronée, et même dénuée de sens. Une question générale intéressante dans le domaine du calcul informatique est de savoir s'il est envisageable de construire des machines capables de tester la validité grammaticale d'expressions mathématiques (ou autres). Nous en avons vu un exemple avec le vérificateur de parenthèses. Celui-ci vérifiait la bonne application d'une grammaire simple faisant intervenir des parenthèses ouvrantes et fermantes, la seule règle de cette grammaire étant que les suites de parenthèses s'équilibrent. Mais souvenons-nous qu'il fallait une machine de Turing pour y arriver : une machine à états finis n'en était pas capable. Il existe tout de même des classes de grammaire que les FSM peuvent vérifier (par exemple des séquences de un, 11111... , qui ne sont correctes que pour un nombre pair de chiffres 1) mais les possibilités de ce type de machine restent limitées. Voici un tableau reliant les différents types de grammaire aux machines capables de les analyser (table 3.7) :

Langage	**Description**	**Exemples**	**Machine requise**
Fini dénombrable	une liste d'expressions autorisées	ab abc	mémoire (recherche dans une table)
Langage régulier	expressions régulières construites avec $*, \vee, \wedge, ()$	$ab * c$, $*=$ un nombre quelconque de répétitions, ou aucune. $a(b \vee d) * c$.	machines à états finis (théorème)
Indépendant du contexte	Langage obtenu par des règles de production admettant la récursivité	$a^n b^n$ (mais pas $a^n b^m$ avec $n \neq m$)	machine intermédiaire, automate avec pile de papier sur ressort ; il ne prend que la feuille du dessus
Récursif général	Fonctions calculables	$a^n b^m c^q$	Turing

TAB. 3.4 – *Les grammaires possibles et leur mise en œuvre.*

Malheureusement, les machines de Turing sont si faciles à construire que nous ne parlerons pas de cette belle théorie. Toutefois, celle-ci se révèle fondamentale dans la conception de compilateurs (lesquels font intervenir l'interprétation de langages), et peut-être trouverez-vous utile de les étudier plus avant.

Nous finirons notre tour d'horizon sur la calculabilité avec un problème intéressant, découvert en 1921 par Emil Post alors qu'il était encore étudiant. Prenons une chaîne binaire, mettons 10010. Celle-ci est arbitraire. La connaissant, nous pouvons la manipuler en observant les règles suivantes : nous lisons les trois premiers chiffres ; si le premier est 0, nous les effaçons tous les trois et ajoutons 00 à la fin de la séquence. Si le premier chiffre vaut 1, nous effaçons à nouveau les trois premiers chiffres et ajoutons cette fois 1101 à la fin. Avec la chaîne que nous avons choisie, ce petit jeu donne

```
1 0 0 1 0
- - - 1 0 1 1 0 1
      - - - 1 0 1 1 1 0 1

            - - - -
```

La question est la suivante : ce processus continuera-t-il indéfiniment, s'arrêtera-t-il ou se poursuivra-t-il en boucle, de manière périodique ? Aux dernières nouvelles, toutes les séquences testées s'étaient arrêtées ou mises en boucle, mais quant à savoir si ce comportement est général, cela n'a pas encore été prouvé. Cette question est intéressante car un résultat existant montre qu'une machine dite « machine de Post » (une machine qui, à partir d'une chaîne binaire g donne un résultat $h(g)$ dépendant des premiers chiffres g_i de la chaîne initiale) peut se comporter comme une machine universelle et faire tout ce qu'une machine de Turing peut faire !

LEÇON 4

Codage et théorie de l'information

Avec cette leçon, nous passons des considérations abstraites sur la calculabilité aux réalités plus concrètes de la structure des ordinateurs. Je vous propose d'étudier les limites qu'impose aux machines le *manque de fiabilité* de leurs composants. Une machine ordinaire procède de l'agencement de millions de portes logiques et autres petits éléments ; si ces composants venaient à se dérégler d'une manière ou d'une autre, les opérations exécutées par la machine pourraient s'en trouver sérieusement compromises.

Les composants peuvent nous lâcher essentiellement de deux façons. Premièrement, ils peuvent comporter des défauts, ceux-ci survenant généralement pendant leur fabrication et ayant évidemment de graves conséquences. Par exemple, lors de la fabrication d'une carte mémoire en silicium, de minuscules défauts peuvent s'immiscer (une poussière sur le matériau ou une erreur de la machine qui les fabrique) et même le plus petit de ces défauts peut bousiller un élément de la mémoire. Pour peu que notre système de mémoire soit conçu de telle sorte que tous ses éléments doivent fonctionner correctement sans quoi il devient inutilisable, une toute petite erreur peut coûter très cher. Un moyen élégant de se tirer d'affaire est de concevoir des systèmes capables de repérer ces pièces défectueuses, et par exemple de les verrouiller pour ne plus les utiliser par la suite. Nous étudierons la structure physique des composants dans la suite.

Pour le moment, intéressons-nous à la seconde source de dysfonctionnement possible des composants. Il s'agit des cas où ceux-ci nous lâchent de manière *aléatoire*. Cela arrive de temps à autre, parfois à cause du mouvement brownien des atomes ou tout simplement d'une source de bruit inhabituelle dans les circuits. Ce genre de pépins peut provoquer des ratés, aussi bien temporaires que permanents. Certes, pour un composant donné, la probabilité d'occurrence de ce type d'erreurs s'élève peut-être à une chance sur un million, mais notre machine étant composée de milliards d'éléments il peut en arriver des milliers à chaque instant, et un peu partout. Les premières machines de Von Neumann étaient constituées de tubes de relais et de tubes à vide, dont le taux de dysfonctionnements était très élevé (de l'ordre d'une chance pour mille) et leur manque de fiabilité était un problème crucial : avec un million de composants il fallait s'attendre qu'un millier d'entre eux fasse des siennes à chaque instant ! Avec la construction de systèmes de meilleure qualité utilisant des transistors, le taux de dysfonctionnement a pu être réduit quasiment à chaque machine construite. Et en effet, jusqu'à récemment, ce problème n'était plus vraiment pris au sérieux. Mais avec l'avènement d'ordinateurs munis d'un nombre toujours croissant de composants plus rapides les uns que les autres, et surtout de plus en plus miniaturisés, ce problème pourrait ne plus être aussi négligeable. Un transistor moderne doit contenir à peu près 10^{11} atomes, mais si nous cherchons à en réduire le nombre afin de construire des composants ayant un millier d'atomes, par exemple, le bruit et les ratés aléatoires deviennent considérables. Donc, si nous nous intéressons un tant soit peu aux développements futurs, il serait sage de nous interroger plus avant sur cette question de la non fiabilité. De plus, c'est un sujet intéressant en soi... voilà une raison suffisante pour y regarder de plus près !

4.1 Informatique et théorie de la communication

Commençons par aborder l'aspect des ordinateurs qui est le plus problématique, à savoir la mémoire. Supposons par exemple que nous ayons enregistré des données voici bien longtemps et qu'à un moment donné, le système, par erreur, modifie un bit (un 1 devient un 0 par exemple). Ce type d'erreur peut arriver à tout endroit de la machine, dans le processeur par exemple, mais à plus forte probabilité dans la mémoire où le nombre de transistors et d'autres composants est plus élevé. Pour analyser cette situation, je m'appuierai sur une analogie avec un autre domaine, celui de la « théorie de la communication ». Dans un système de communication, l'émetteur envoie un paquet de bits d'un côté et, à l'autre bout, le destinataire les récupère. Il s'agit simplement d'envoyer un message. Des erreurs peuvent s'immiscer dans le processus : du bruit au cours de la transmission peut perturber le message, la réception peut être mauvaise... Tout cela peut engendrer des différences entre le message envoyé et le message reçu : c'est ce que l'on appelle « le problème de la communication en présence de bruit ». La situation n'est pas exactement la même que dans le cas de la mémoire d'un ordinateur (qui peut s'envisager comme l'envoi d'un message dans le temps plutôt que dans l'espace) mais nous en voyons tout de même les similitudes. Nous enregistrons quelque chose en mémoire dans le but de le relire par la suite (et entre-temps, le « message » est sujet aux aléas du bruit). Entre la fiabilité de la mémoire et celle des échanges de messages, il existe toutefois certaines différences importantes en pratique. Par exemple, il est possible, en principe, de vérifier continuellement le contenu de la mémoire, tandis que si la NASA envoie une communication radio vers Jupiter, il n'y a aucun moyen d'en vérifier le contenu durant le transfert des données. Malgré tout, l'analogie est suffisamment bonne et mérite que nous jetions un œil à la théorie de la communication. Nous commencerons donc par regarder comment détecter les erreurs, étape essentielle avant d'espérer les corriger.

4.2 Détection des erreurs et correction des codes

J'utiliserai désormais le jargon du monde de la communication, et vous laisse le soin de faire le lien avec les systèmes de mémoire des ordinateurs. Considérons un message qui aurait été transmis sous forme d'une séquence de symboles[1] et intéressons-nous à sa réception. Bien évidemment, nous voudrions savoir dans quelle mesure le message reçu est fidèle à celui qui nous a été envoyé, ce qui nous ramène à l'étude de notre question initiale, celle de la détection des erreurs. Existe-t-il un moyen de savoir si le message reçu est correct ? Manifestement, pour répondre à cette question, nous ne pouvons nous appuyer que sur le message lui-même : appeler l'expéditeur pour lui demander confirmation n'est pas une solution ! Existe-t-il un moyen systématique de vérification du message qui nous permettrait de confirmer sa validité ? La réponse est oui, comme nous allons le voir sous peu.

4.2.1 Contrôle de parité

Nous partirons du principe que la probabilité d'occurrence d'une erreur durant la transmission du message est très faible ; si faible que nous n'aurons pas à nous soucier de chercher plus d'une erreur à la fois. En outre, nous ne nous intéresserons qu'aux

[1]Dorénavant, nous restreindrons ces symboles aux chiffres binaires 0 et 1.

erreurs survenant sur *un* chiffre et non pas à celles qui pourraient s'étendre à un groupe de bits (comme les « explosions d'erreurs » occasionnées par des rayures sur un disque par exemple). Supposons que la probabilité d'occurrence d'une erreur sur un seul symbole vaille un sur dix mille et que notre message contienne dix bits. Nous avons donc une chance sur mille que notre message comporte une erreur. Nous n'avons donc qu'une chance sur un million d'en trouver deux, ce que nous considérerons comme négligeable. Aussi ne nous occuperons-nous de trouver qu'une erreur à la fois, les erreurs doubles étant trop rares pour que nous ne nous en souciions.

Voici un procédé très simple permettant de déceler des erreurs uniques, connu sous le nom de « contrôle de parité ». Imaginons que nous envoyions le message à dix bits ci-dessous :

$$1101011001.$$

Nous ajoutons à la fin de la séquence un bit supplémentaire indiquant la parité de la chaîne (le nombre de 1 qu'elle contient ou, ce qui est équivalent, la somme de ses chiffres, modulo 2). En d'autres termes, ce chiffre supplémentaire est un 1 si le message original contient un nombre impair de 1 ; c'est un 0 dans le cas contraire. Voilà un exemple de « codage » d'un message, autrement dit d'une modification de sa structure qui permette d'en corriger les erreurs (le codage est également utilisé pour des raisons de sécurité, évidemment). Lorsque nous recevons le message, nous regardons le bit de parité et comparons avec le nombre de 1 : si celui-ci ne correspond pas, c'est que le message reçu est erroné. Notons que cette vérification toute simple nous permet de déceler un nombre *impair* d'erreurs, mais pas un nombre pair (toutefois, comme nous avons attribué une probabilité quasinulle à l'occurrence de plusieurs erreurs, le cas n'est pas censé se présenter)[2].

Cette méthode a deux inconvénients majeurs : le premier c'est que l'erreur peut porter sur le bit de parité ! Dans ce cas, nous nous tromperions en pensant que c'est le message qui est erroné. Bien sûr, plus le message sera long, moins nous aurons de chances qu'il y ait une erreur sur ce bit particulier. Le second inconvénient de cette méthode, c'est qu'elle nous indique l'occurrence d'une erreur, mais ne nous permet pas de savoir *où*. Le seul moyen de la trouver est de se faire envoyer le message une seconde fois. En ce qui nous concerne, il peut être suffisant de redémarrer l'ordinateur et de recommencer depuis le début. Un autre inconvénient de cette méthode, moins important que les précédents, est qu'elle conduit à une certaine inefficacité dans la communication — ici, l'inefficacité s'élève à dix pour cent, puisque nous devions envoyer onze chiffres pour transmettre un message à dix chiffres.

La question qui se pose alors tout naturellement est de savoir si nous pouvons élaborer une méthode qui permettrait non seulement de détecter l'occurrence d'une erreur, mais surtout de la localiser. Ici encore, la réponse est oui et la méthode particulièrement ingénieuse. C'est une généralisation du contrôle de parité que nous venons de voir. Nous répartissons les données du message dans un tableau rectangulaire, disons de m lignes et n colonnes (tableau 4.2.1) :

[2]Notons qu'une machine simple capable de faire cette vérification n'est autre que la FSM à parité que nous avons étudiée dans la leçon précédente.

				n			
	1	1	0	1	$\cdots$	0	1
	0	0	0	1	$\cdots$	1	1
m		$\cdots$				$\cdots$	
		$\cdots$				$\cdots$	
	1	1	0	0	$\cdots$	0	1

TAB. 4.1 – *Un tableau de données rectangulaire.*

Bien évidemment, les données ne sont pas envoyées sous cette forme : le message est toujours une séquence binaire, et nous le réorganisons suivant des règles pré-définies, stipulant par exemple de scinder le message en m blocs de n symboles et de disposer ces blocs les uns sous les autres. Pour rechercher les erreurs, nous incluons ensuite à l'extrémité de chaque ligne un bit donnant la parité de la ligne et, de même, un bit de parité à la base de chaque colonne. Ces bits de parité pourront facilement être accolés au message séquentiel. Une erreur dans le tableau se traduira par un échec du contrôle de parité aussi bien dans la ligne que dans la colonne du bit erroné, ce qui nous permet de le localiser facilement. En principe, cette méthode permet de détecter n'importe quel nombre d'erreurs dans un message, pourvu que celles-ci concernent des lignes et des colonnes différentes.

Méfions-nous toutefois des erreurs possibles sur les bits de parité. Une situation particulièrement épineuse serait celle d'une erreur double, affublant à la fois un chiffre du message et le bit de parité de la ligne correspondante (par exemple). Nous décèlerons la présence d'une erreur grâce au contrôle de la parité sur la colonne correspondante, mais nous risquerions de l'interpréter comme une erreur unique portant sur le bit de parité de ladite colonne (puisque celle-ci n'est confirmée par aucune erreur de parité sur les lignes). Toutefois, nous pouvons nous préserver de cette situation équivoque en ajoutant un bit de parité supplémentaire, placé cette fois au coin en bas à gauche du tableau. Ce bit correspond à la parité du message complet (c'est-à-dire la totalité des colonnes et des lignes), ce qui nous permet de détecter ce type d'erreur double (sans pour autant la localiser). Au bout du compte, cette détection d'erreurs doubles pourrait bien finir avec la même conclusion que pour notre détecteur d'erreurs uniques — nous reprenons depuis le début et réexpédions le message — mais nous avons tout de même progressé.

Le calcul de la grandeur appelée « redondance », notée R, permet de quantifier l'efficacité d'une telle méthode :

$$R = \frac{\text{nombre total de bits utilisés}}{\text{nombre de bits du message}}. \tag{4.1}$$

Plus R est élevé, moins le code est efficace. La grandeur $R-1$ est souvent appelée l'« excès de redondance ». Pour notre premier code de détection d'une erreur unique, R vaut $(n+1)/n$. Pour le tableau rectangulaire ci-dessus, nous utilisons mn bits pour transmettre un message ne contenant que $(m-1)(n-1)$ bits. Le résultat est donc :

$$R = \frac{mn}{(m-1)(n-1)}. \tag{4.2}$$

Cette grandeur étant un minimum, le code sera donc le plus rentable pour un tableau carré, c'est-à-dire pour $m = n$. Peut-être seriez-vous être tenté de dire : « Eh bien, je peux diminuer la redondance et la faire tendre vers 1 en prenant simplement m et n très grands ; pourquoi ne pas envoyer notre message en blocs et lignes contenant non pas dix mais dix mille bits ! » Le problème c'est qu'il y a pour chaque bit une certaine probabilité d'occurrence d'une erreur et si nous envoyons un trop grand nombre de bits, la probabilité d'erreurs multiples devient trop élevée.

4.2.2 Les codes de Hamming

Voyons maintenant une autre méthode, elle aussi basée sur le contrôle de parité, mais permettant cette fois de corriger une erreur unique (et de détecter les erreurs doubles). Celle-ci est à la fois plus efficace et beaucoup plus subtile que la précédente. En quelque sorte, il s'agit d'une généralisation à plusieurs dimensions de la méthode du tableau. Quel que soit le message envoyé, certains bits seront définis par le message lui-même tandis que d'autres seront des symboles de codage (bits de parité et autres). Pour tout message considéré, nous posons la question de savoir combien de bits de contrôle seraient nécessaires non seulement pour *localiser* une erreur simple mais aussi pour la *corriger*. Richard Hamming découvrit une manière astucieuse de répondre à cette question ; en voici les idées fondamentales. Le message est scindé en un certain nombre de sous-ensembles de chiffres, qui ne sont pas indépendants, et qui seront soumis au contrôle de parité. La présence d'une erreur aura pour conséquence l'échec ces opérations de contrôle. Nous utilisons une règle bien définie pour construire un nombre binaire, appelé le « syndrome », qui dépendra de l'issue du contrôle de parité. Le syndrome vaut zéro lorsque la parité est correcte, s'il n'y a pas d'erreur ; en revanche, s'il n'est pas nul, c'est qu'il y a une erreur et, en outre, *la valeur du syndrome indique la position précise de cette erreur.* Par exemple, si le syndrome vaut 101, c'est-à-dire 5 en base décimale, alors l'erreur se trouve sur le cinquième bit du message. S'il vaut 110010, c'est que l'erreur concerne le quinzième bit. La difficulté réside dans la mise en pratique de cette idée.

Nous pouvons dès à présent regarder combien de bits de contrôle seront nécessaires. Supposons que notre syndrome ait m chiffres, nous aurons donc m bits de contrôle. Si nous décidons qu'un syndrome nul correspond à l'absence d'erreur, cela nous permet de coder au maximum $(2^m - 1)$ positions d'erreurs dans le message. Cependant, des erreurs peuvent se glisser aussi bien dans le syndrome que dans le message envoyé. Aussi, en notant n la longueur du message original, nous aurons :

$$2^m - 1 \geq (n + m) \tag{4.3}$$

ou

$$n \leq 2^m - m - 1. \tag{4.4}$$

Pour transmettre un message de onze bits, par exemple, nous devrons inclure un syndrome d'au moins quatre bits, si bien que nous enverrons au total quinze bits. Voilà qui n'est pas très performant (l'efficacité vaut 11/15, soit 70%). Toutefois, pour un message initial de mille bits, notre syndrome ne contiendrait que dix bits ($2^{10} = 1024$), ce qui est déjà beaucoup mieux !

Voyons maintenant en détail comment fonctionne cette histoire de syndrome. À titre d'exemple, nous regarderons le problème de la transmission d'un message à onze bits. Comme nous venons de le voir, nous aurons donc besoin de quatre bits de contrôle. Chacun de ces bits servira à tester la parité sur un sous-ensemble des bits du message total, lequel contient quinze bits. Comme pour le contrôle de parité, nous choisirons certains bits particuliers du message, calculerons la parité de leur somme et ajusterons les bits de contrôle correspondants de telle sorte que la parité totale (sous-ensemble plus bits de contrôle) soit nulle. S'il y a une erreur dans le sous-ensemble, cela ne marchera pas. L'astuce du code de Hamming est que chaque bit du message fait partie de plusieurs sous-ensembles et se voit donc soumis donc à plusieurs contrôles de parité, mais pas à tous. En regardant quels tests de parité sont validés et lesquels ne le sont pas, nous pouvons retrouver l'erreur. Nous attribuons à chaque test de parité un 0 s'il est correct, un 1 sinon, et composons avec ces résultats un nombre binaire : le syndrome. Celui-ci indiquera directement la position de l'erreur. Tout cela peut sembler relativement arbitraire, mais nous construirons le syndrome en lisant les résultats des contrôles de parité de gauche à droite.

Pour le moment, nous considérerons les bits de contrôles répartis dans le message dans un certain ordre, sans pour autant nous en soucier pour le moment. Nous commencerons par identifier les sous-ensembles associés à chacun d'eux. Pour ce faire, il nous sera utile de dresser la liste des représentations binaires des positions dans le message :

1	0001
2	0010
3	0011
4	0100
5	0101
6	0110
7	0111
8	1000
9	1001
10	1010
11	1011
12	1100
13	1101
14	1110
15	1111

Commençons par le contrôle de parité de l'extrémité droite, autrement dit le premier chiffre de droite du syndrome. Supposons qu'il ne soit pas nul. Il y aurait donc une erreur de parité à une position dont la représentation binaire se finit par un 1, c'est-à-dire l'une des positions 1, 3, 5, 7, 9, 11, 13 ou 15. Voici notre premier sous-ensemble. Pour obtenir le second, nous regardons le deuxième bit en partant de la droite. Celui-ci ne peut être différent de zéro que pour les nombres 2, 3, 6, 10, 11, 14 et 15. Voyons ce qui se passe. Supposons que nous ayons trouvé que ces deux tests montrent une erreur, c'est-à-dire que les deux valent 1. La position de l'erreur serait donc commune aux deux sous-ensembles, et donc de la forme $ab11$. Cela n'est possible que pour 3, 7, 11, 15 ; voilà qui réduit considérablement l'ensemble des positions possibles. Pour la trouver, nous devons exécuter les contrôles de parité restants. Le troisième concerne les bits 4 à 7 et 12 à 15 ; le dernier les chiffres de 8 à 15. Supposons que ces deux contrôles donnent zéro, c'est-à-dire que la parité est correcte ; nous ajoutons donc deux zéros à notre syndrome. Il n'y a donc pas d'erreur aux positions 4 à 7, 12 à 15 et 8 à 15 (qui, manifestement, ont des bits en commun). Or, nous venons de voir que l'erreur doit se trouver quelque part en 3, 7, 11 ou 15. La seule de ces quatre positions que les sous-ensembles ci-dessus n'excluent pas est la position 3. C'est là que doit se trouver l'erreur. Évidemment, en binaire, cela s'écrit 0011 : c'est le syndrome obtenu par les contrôles de parité.

Prenons un exemple précis pour illustrer ces idées de manière plus concrète. Imaginons que le message (à onze bits) à transmettre soit 10111011011. Pour commencer, nous devons choisir où glisser nos bits de parité. Rien dans ce que nous avons fait jusqu'ici ne nous permet de savoir où les placer au sein du message et, en fait, nous pouvons les mettre n'importe où. Toutefois, certaines positions facilitent le codage plus que d'autres, et ce sont celles que nous choisirons. Plus précisément, nous placerons les bits de parité aux positions 1, 2, 4, 8. Nous aurons donc :

message codé :															
	a	b	1	c	0	1	1	d	1	0	1	1	0	1	1
position :															
	1	2	3	4	5	6	7	8	9	10	11	12	13	14	15

Point important, les bits de contrôle, lus ici de gauche à droite, donneront le syndrome *à l'envers* : le premier chiffre de gauche du syndrome sera obtenu à partir du résultat du test de parité d, et non pas a, et le dernier, celui de droite, à partir de a et non pas d. Ici encore, cela a pour but de simplifier le calcul.

Voyons maintenant quels sont a, b, c et d. Le bit a est donné par la parité des positions impaires : 1, 3 5, 7, 9... qui vaut 1. Donc a vaut 1. Le bit b s'obtient comme la somme des parités des positions 2, 3, 6, 7, 10, 11, 14 et 15. Cela donne 0. c est la parité des positions 4 à 7 et 12 à 15, qui vaut 1. Finalement, nous obtenons d en exécutant le contrôle entre les positions 8 et 15, ce qui donne $d = 1$. Notons au passage que la disposition des bits de contrôle permet d'encoder le résultat, et donc de calculer $abcd$ immédiatement. Si nous avions choisi de les positionner de manière plus triviale, en les plaçant par exemple tous à gauche du message, aux positions 1 à 4, nous aurions obtenu des équations redondantes pour a, b, c, d. L'intérêt de notre choix est que les positions 1, 2, 4, 8 appartiennent chacune à un seul sous-ensemble, ce qui conduit à quatre équations indépendantes. Le message complet s'écrit donc :

$$101101111011011.$$

Voyons comment procéder lorsque survient une erreur de transmission. Imaginons que nous recevions

$$101101011011011.$$

Où est l'erreur ? La somme des chiffres aux positions impaires vaut 1— le test est faux. Nous lui attribuons donc un 1 dans le syndrome, ce contrôle correspondant au dernier chiffre à droite. Le second contrôle de parité donne également 1 — faux lui aussi — et notre syndrome s'écrit donc sous la forme $xy11$, x et y étant encore à déterminer. Le bit y sera obtenu avec le test suivant, qui vaut 1 lui aussi — encore faux ! Le syndrome prend la forme $x111$. Pour trouver x, nous vérifions enfin la parité pour les chiffres positionnés entre 8 et 15, que nous trouvons égale à 0 — c'est bon cette fois. Nous avons donc $x = 0$ et le syndrome vaut 0111. Cela correspond à la position 7 et, en effet, si nous comparons le message envoyé et le message reçu, nous réalisons que la position 7 est la seule où nous trouvions une différence.

Un des avantages du code de Hamming est que les bits du message et du code sont sur un pied d'égalité : une erreur dans le code peut être localisée au même titre qu'une erreur dans le message. Nous pouvons en outre le généraliser facilement pour détecter des erreurs doubles. Nous ajoutons alors à la fin du message un bit de contrôle supplémentaire qui, cette fois, représente la parité du message codé dans son entier. Pour le message (sans faute) ci-dessus, la parité vaut 1, si bien que nous ajouterions un 1 à l'extrême droite pour indiquer que la parité globale est nulle. Cela étant, si le message contient une seule erreur, la parité du message à 15 bits sera modifiée, ce qui se manifestera sur le seizième bit par contrôle de parité. Cependant, en présence de deux erreurs, la parité du message à 15 bits reste inchangée et tout aura l'air normal du point de vue du seizième bit. Toutefois, le contrôle de parité global sera erroné, signe d'une erreur double. Notons que si les quinze premiers bits passent le test, mais pas les seize, cela traduit une erreur sur le bit de contrôle global. La contrepartie de ces avantages est que l'efficacité dépasse à peine les 50% (cinq bits tests pour un message de onze bits). Mais comme nous l'avons mentionnée plus tôt, cette valeur chute considérablement dès lors qu'augmente la taille du message. Pour un message de mille bits, l'efficacité avoisine les 99%.

Il vaut la peine d'analyser l'utilité pratique de tels codes de détection, en regardant comment les conséquences de l'échec de transmission du message sont atténuées pour de légères baisses d'efficacité. Supposons que nous envoyions un messages par salves codées séparément, d'un millier de bits chacune, la probabilité pour l'occurrence d'une erreur sur un seul bit s'élevant à 10^{-6} ou 10^{-3} par salve. Nous considérons ces éventuelles erreurs aléatoires et indépendantes les unes des autres. La loi de Poisson nous permet de calculer les probabilités d'erreurs multiples survenant lors de la transmission de nos salves. Notons m le nombre moyen d'erreurs attendu. La probabilité d'occurrence de k erreurs est alors donnée par la relation :

$$\frac{1}{k!}\, m^k \exp(-m). \tag{4.5}$$

Nous avons déjà précisé que le nombre d'erreurs attendues pour chaque salve est de 10^{-3}. Ainsi la probabilité qu'une salve contienne deux erreurs s'élève-t-elle à $(1/2) \times 10^{-6}$ avec une bonne précision (l'exponentielle est négligeable) et celle d'une erreur triple vaut $(1/6) \cdot 10^{-9}$. Imaginons que nous n'ayons ni détection ni correction d'erreurs à notre disposition : nous ne dépensons pas un sou pour la sécurité. En cas d'erreur, notre message sera incompréhensible ; le système plante. En moyenne, nous ne pourrions envoyer que mille salves avant que survienne une erreur, ce qui n'est pas grand-chose. Supposons à présent que nous ayons un système de détection d'erreurs simples, mais sans correction ; disons par contrôle de parité. Dans ce cas, le système peut détecter les erreurs et s'arrête au moins pour nous les signaler, ce qui nous permet de tenter d'y remédier. Ce sera le cas, ici encore, pour une salve sur mille à peu près, mais cette information nous coûte seulement un millième du message en perte d'efficacité (un bit de parité par message de mille bits). Ce système sera mis en défaut dès qu'un message contiendra deux erreurs, ce qui est susceptible d'avoir lieu sur une salve sur deux millions environ. Imaginons maintenant que nous utilisions notre gadget à un pour cent, avec correction des erreurs simples et détection des erreurs doubles. Ce système corrigera de lui-même les erreurs simples et ne s'arrêtera pour me signaler un problème qu'en cas d'erreurs doubles, lesquelles ne sont susceptibles de se produire que sur une salve pour un million. Il ne sera mis en défaut qu'en cas d'erreurs triples, c'est-à-dire pour une salve sur six milliards. Pas mal comme taux pour un investissement d'un pour cent !

Les questions d'efficacité et de fiabilité sont à juste titre primordiales pour les concepteurs d'ordinateurs. Une question qui se pose naturellement est celle de savoir quelle devrait être la taille de nos messages. Le plus long sera le mieux, eu égard à l'efficacité du codage, mais alors les probabilités d'erreurs sont accrues et il faudra plus de temps pour vérifier si une erreur s'est produite. D'un autre côté, nous pouvons choisir de sacrifier l'efficacité pour la sécurité, en envoyant des messages brefs mais lourdement codés, afin de pouvoir les analyser rapidement et être certains de la validité des messages reçus. Un exemple qui mérite d'être mentionné est celui de la communication avec les sondes d'exploration du système solaire, comme les sondes *Voyager* par exemple. Quand la sonde coûte un milliard de dollars et qu'il faut envoyer des messages à plus d'un million de kilomètres avec la certitude qu'ils arriveront sans distorsion (mieux vaut éviter que les caméras pointent vers le Soleil lorsqu'on les voulait dirigées vers Saturne ou Jupiter !), la rentabilité passe à la corbeille. Les communications spatiales s'appuient sur une sorte de technique démocratique, celle des « décisions par la logique de la majorité ». Chaque bit d'un message source est envoyé un bon nombre de fois, l'idée étant que la plupart arriveront au destinataire sans encombre (c'est-à-dire tels qu'ils ont été envoyés). Celui-ci choisit alors le bit qui apparaît le plus souvent dans chaque salve d'un même bit, de la manière la plus démocratique qui soit. Le nombre d'exemplaires envoyés dépend du taux d'erreur attendu. Ce n'est là qu'un exemple parmi tant d'autres dans ce vaste domaine qu'est la communication et je ne m'étendrai pas plus. Il n'a pas grande utilité pour le calcul informatique (sauf peut-être pour ceux qui ont l'habitude de faire une douzaine de sauvegardes de tous leurs fichiers).

4.2.3 Aparté sur la mémoire

Étudions brièvement l'une des applications intéressantes de la technique du codage de Hamming aux systèmes de mémoire des ordinateurs. Avec l'avènement des processeurs en parallèle, il est devenu indispensable de pouvoir mémoriser et consulter des données à un rythme de plus en plus rapide, puisque plusieurs machines lisent et écrivent en même temps, et de plus en plus vite. L'information sera stockée sur les disques, mais les disques ne sont tout bonnement pas assez rapides pour gérer les flux entrants et sortants des données. Par conséquent, l'utilisation de systèmes appelés en anglais *gang-disks* est devenue courante : plusieurs disques se partagent la tâche, lisant et écrivant simultanément les données. Ce type de système est particulièrement sensible aux erreurs survenant sur les disques individuels : si un seul disque plante, le travail de tous les autres peut en être compromis. Tous les fabricants rêvent de fabriquer le disque parfait, qui ne commettrait jamais la moindre erreur ; malheureusement, c'est impossible. En fait, nous pouvons même dire que la probabilité de trouver sur le marché une disquette ou même un disque dur exempt de défauts (poussières ou rayures par exemple) est pratiquement nulle[3]. La raison pour laquelle nous ne remarquons

[3]Ceux que l'idée amuse pourront contacter des fabricants de disques et tenter d'obtenir des chiffres sur l'occurrence de défauts dans leurs produits.

pas ces défauts, en général, c'est que les machines sont conçues pour les localiser et les éviter : lorsqu'un ordinateur détecte sur un disque un secteur abîmé, il le verrouille et passe au prochain qui fonctionne. Et tout cela se fait trop vite pour que nous puissions nous en rendre compte. Cependant, lorsqu'un disque travaille en collaboration avec toute une série d'autres disques dans un environnement de processeurs parallèles, l'arrêt momentané occasionné par une erreur sur un disque peut tout compromettre.

C'est ici que la méthode de Hamming peut nous venir en aide. Imaginons que nous ayons trente-deux disques travaillant de concert. Mettons que vingt-six d'entre eux contiennent des données mais pas les six autres. Seulement vingt-six méritent d'être examinés, mais il y a toutefois trente-deux lignes en entrée du système. À chaque battement de l'horloge, nous recevons un bit émanant de chaque disque. Nous procédons alors au contrôle de parité pour chaque signal de trente-deux bits entrant dans le système — un par disque — en adoptant la méthode de Hamming (donc six bits de parité pour vingt-six bits de message) puis nous corrigeons les erreurs au fur et à mesure qu'elles apparaissent. Notons bien qu'avec ce type de système, les chances d'erreurs doubles sont énormes ; celles-ci correspondraient à deux disques ou plus affublés d'erreurs au même endroit. Cela est évidemment possible, et si cela devait arriver, nous pourrions toujours gonfler le système afin qu'il détecte ces erreurs doubles et l'arrêter momentanément le temps de remettre les choses en ordre. Les défauts dont nous parlons ici, quelle que soit la situation envisagée, ne sont pas vraiment aléatoires : ils sont permanents, imprimés sur le disque ou la disquette, et surviendront toujours aux mêmes endroits toutes les fois que le disque fonctionne. Nous pouvons éviter ce type d'erreurs doubles en faisant opérer notre système de détection pour repérer les erreurs, avant de jeter les disques

---

Vous aurez certainement bien du mal à parvenir à une conclusion !

qui présentent systématiquement des erreurs aux mêmes endroits. Puis nous achetons de nouveaux disques. Nous renouvelons l'opération jusqu'à ce qu'il n'y ait plus d'erreurs doubles. L'utilisation de la méthode de codage de Hamming a évité à l'idée des *gang disks* de sombrer dans les oubliettes.

Voici quelques problèmes que je vous propose de résoudre.

Problème 4.1 Concevez un code de type Hamming pour un alphabet de a d'éléments (en binaire, $a = 2$). En notant r le nombre de symboles du code et N la longueur totale du message (autrement dit, la taille du message initial est $N - r$), montrez que :

$$1 + (a - 1)N = a^r.$$

Donnez les détails pour un exemple simple.

Problème 4.2 Voici un exercice intéressant du point de vue mathématique, mais pas vraiment applicable en pratique. Nous définissons un code *parfait* comme un code pour lequel :
(a) chaque message codé reçu peut être décodé grâce à un message joint, et
(b) le message joint est correct s'il comporte un nombre d'erreurs inférieur à un nombre donné.
Les codes peuvent corriger jusqu'à un nombre e d'erreurs (jusqu'à présent, nous avons pris $e = 1$). Parviendrez-vous à construire un code parfait pour des symboles binaires ($a = 2$) avec $e = 3$, c'est-à-dire avec correction d'erreurs triples ? Un indice : prenez $N = 23$, avec un message de 12 bits et 11 bits de code (le syndrome). Il existe aussi une solution à ce problème pour un alphabet ternaire ($a = 3$). Dans ce cas, tentez $N = 11$ avec 6 bits de données et 5 de code.

4.3 Théorème de Shannon

Jusqu'à présent, nous nous sommes posé beaucoup de questions fondamentales. Voici venu le temps d'en aborder une nouvelle. Jusqu'où pouvons-nous aller, en principe, dans la correction des erreurs ? Pouvons-nous concevoir un code qui corrige deux, trois, quatre, cinq, six, sept... erreurs, voire plus encore, jusqu'au point où le taux d'erreurs devient si faible qu'il n'y aurait plus de sens à aller plus loin ? Voyons si nous pouvons atteindre la probabilité très correcte de 10^{-30}. Si cette valeur ne vous suffit pas, vous pouvez décider d'atteindre 10^{-100} : n'importe quel chiffre fera l'affaire tant qu'il n'est pas nul, sans quoi la suite posera quelques problèmes. Je me contenterai de 10^{-30}.

Imaginons que nous envoyions un message de M_c bits, M_c étant la longueur totale du message codé, incluant donc les données initiales et les bits de code. Comme à notre habitude, nous travaillons en binaire. Notons M la taille du message contenant les données et q la probabilité pour qu'un des bits contienne une erreur. Nous cherchons à élaborer une méthode de codage capable de corriger les erreurs simples, doubles, triples, etc., jusqu'à ce que la probabilité d'obtenir plus d'erreurs parmi les M_c symboles passe en dessous du nombre choisi, ici 10^{-30}. De combien de bits de code aurons-nous besoin ? Combien de bits parmi M_c concerneront le message ? Que reste-t-il ?

Claude Shannon a démontré l'inégalité ci-dessous pour M et M_c :

$$M/M_c \leq f(q) = 1 - q\left(\log_2[1/q] + [1-q]\log_2[1/(1-q)]\right). \quad (4.6)$$

Shannon avance qu'avec cette inégalité, si nous ne posons pas de limite sur la taille M_c des salves, *le taux d'erreur peut être rendu aussi aussi proche de zéro que nous le voulons.* En d'autres termes, oui, nous pouvons construire un code corrigeant les erreurs multiples jusqu'à atteindre n'importe quelle précision. La seule restriction théorique est posée par l'inégalité (4.6). Toutefois, en pratique, cela peut nécessiter des salves de grande taille... et beaucoup d'imagination. Cependant, avec ce théorème extrêmement puissant, Shannon nous assure que c'est possible. Malheureusement, il ne nous dit pas *comment* y parvenir. Mais c'est une autre histoire !

Dressons une table qui, pour quelques valeurs de q, donne la limite supérieure fixée par Shannon pour l'efficacité du codage (tableau 4.3) :

q	M/M_c	M_c/M
1/2	0	∞
1/3	0,082	12,2
1/4	0,19	5,3
0,1	0,53	1,9
0,01	0,919	1,09
0,001	0,988	1,012

TAB. 4.2 – *Limites de l'efficacité des codages selon Shannon.*

Notons que si q vaut 0,5 (ce qui revient à 50% de chances qu'un des bits reçus soit erroné), nous ne pouvons transmettre aucun message. C'est plutôt sensé. À mesure que le taux d'erreur diminue, la limite supérieure à l'efficacité augmente, ce qui signifie qu'il y a d'autant moins de bits de codes par bit de données. Cependant, quel que soit le q choisi, il est très difficile d'atteindre la limite de Shannon.

La démonstration de ce théorème n'est pas facile. Je commencerai par vous en donner une justification intuitive, « avec les mains », pour que vous puissiez vous en faire une idée. J'adopterai ensuite une approche géométrique et donnerai finalement une autre démonstration, complètement différente et plutôt amusante, pleine de physique et faisant même intervenir la définition de la quantité appelée « information ». Mais tout d'abord, la version intuitive. Partons de l'hypothèse que M_c est très, très élevé. Cela nous permettra de faire quelques approximations. Si la probabilité d'une erreur simple vaut q, alors le nombre moyen d'erreurs auquel nous pouvons nous attendre dans une salve s'écrit

$$k = qM_c. \tag{4.7}$$

Cela n'est pas rigoureusement exact (la valeur exacte pouvant être inférieure ou supérieure) mais donne néanmoins le taux d'erreurs moyen auquel nous pouvons nous attendre, et cette approximation fera l'affaire. Nous devons trouver combien de bits de code seront nécessaires pour ce nombre d'erreurs. Le nombre de façons dont ce dernier peut se répartir dans les différents bits d'une salve s'obtient par une analyse combinatoire simple :

$$\frac{M_c!}{k!\,(M_c - k)!}. \tag{4.8}$$

Supposons que nous ayons m bits de code. Un tel nombre de bits permet de décrire 2^m objets. Or, il doit nous permettre de décrire au moins les M bits du message contenant les données, plus les positions exactes des erreurs (pour pouvoir les *corriger*, pas seulement les détecter), pour toutes les distributions possibles des erreurs, celles-ci étant au nombre de $M_c!/k!(M_c - k)!$ Clairement, $m \leq M_c - M$ (puisque certains bits peuvent être redondants), si bien que :

$$2^{M_c - M} \geq \frac{M_c!}{k!\,(M_c - k)!}. \tag{4.9}$$

Prenons le logarithme de part et d'autre de cette inégalité. Nous utilisons pour le terme de droite l'approximation obtenue grâce à la formule de Stirling :

$$n! = \sqrt{(2\pi n)}\ n^n\ \mathrm{e}^{-n}\ \exp[(1/12\,n) - (1/360\,n^3) + \cdots] \tag{4.10}$$

pour n grand. Ainsi,

$$\log n! \approx (1/2)\,\log n + n\,\log n - n + \mathcal{O}(1/n). \qquad (4.11)$$

(Ici, $\log x = \log_e x$.) Le dernier terme représente simplement tout un tas de choses qui diminuent très vite lorsque n augmente (et qui tendent vers zéro à la limite), plus des termes comme $\log 2\pi$. Nous pouvons même nous débarrasser du premier terme, à savoir $(1/2)\,\log n$, car celui-ci est très inférieur aux deux suivants lorsque n est élevé. Nous garderons donc :

$$\log n! \approx n\,\log n - n, \qquad (4.12)$$

et avec cette approximation, le terme de droite de l'inégalité (4.9) devient :

$$M_c \log M_c - M_c \log(M_c - k) + k\log(M_c - k) - k\log k, \qquad (4.13)$$

qui donne, après quelques calculs et en remplaçant $k = q\,M_c$:

$$M_c\;[q\log_2(1/q) + (1-q)\log_2(1/1-q)]. \qquad (4.14)$$

Nous avons converti le logarithme naturel en logarithme en base deux, ce qui introduit simplement un facteur multiplicatif des deux côtés, qui s'élimine. En prenant le logarithme en base deux du côté gauche de l'inégalité puis en divisant des deux côtés par M_c, nous arrivons à l'inégalité de Shannon.

Cette inégalité stipule que, si nous voulons coder un message M dont le taux d'erreurs vaut q de façon à pouvoir corriger k erreurs, alors l'efficacité du résultat ne pourra dépasser la limite donnée par (4.6). Évidemment, k n'est pas arbitraire : nous l'avons choisi comme le nombre moyen d'erreurs, $k = qM_c$. La question à laquelle nous aimerions répondre est de savoir s'il est possible de coder un message en s'assurant que la probabilité d'occurrence d'un nombre d'erreurs supérieur à k' ne dépasse pas une certaine valeur choisie par nos soins, disons par exemple 10^{-30}. Le véritable théorème de Shannon stipule que c'est effectivement possible ; progressons plus avant dans notre « démonstration » pour voir comment.

Le nombre d'erreurs pouvant entacher le message ne sera pas toujours égal à k, mais prendra une valeur proche de k avec un certain écart et une certaine probabilité. En fait, la distribution des erreurs sera une distribution binomiale autour de la valeur moyenne $qM_c(= k)$, avec l'écart moyen $\sigma = \sqrt{[M_c \times q\ (1 - q)]}$. Or, un résultat bien connu stipule que, pour M_c élevé et q petit, une très bonne approximation à cette distribution est la distribution gaussienne autour de la moyenne $qM_c(= k)$ et avec l'écart $\sigma = \sqrt{[M_c \times q\ (1 - q)]}$, c'est-à-dire le même que ci-dessus. Or si nous voulons que notre taux d'erreur soit inférieur à un certain nombre N (par exemple 10^{-30}), cela revient à demander que le nombre d'erreurs à corriger soit inférieur à k', où

$$k' = k + g\sigma, \tag{4.15}$$

avec g un nombre fini donné, dépendant de N. Avec la distribution gaussienne, la probabilité que le nombre d'erreurs prenne une valeur entre $k - \sigma$ et $k + \sigma$ vaut 68%, elle vaut 96% pour $k \pm 2\sigma$ et 99% pour $k \pm 3\sigma$. Donc, si nous voulions par exemple être sûrs à 95% que notre message n'ait aucune erreur, il nous faudrait imposer de pouvoir corriger non pas k erreurs mais

$$k + 2\sigma. \tag{4.16}$$

Dans ce cas, $g = 2$. Quelle que soit la probabilité choisie nous pourrons trouver une valeur pour g. La loi donnant la probabilité pour que le nombre d'erreurs s'écarte de k de g écarts moyens s'écrit

$$\exp(-g^2/2) \tag{4.17}$$

et nous voyons à quel point les erreurs peuvent être extraordinairement rares pour g relativement petit. Si par exemple g vaut vingt, ce facteur devient $\exp(-200)$ soit environ 10^{-100}. Autrement plus dérisoire que notre 10^{-30} ! Avec cette valeur, nous aurions g à peu près égal à six.

Pour exploiter tout cela, nous réécrivons simplement (4.9) en remplaçant k par k', le nouveau nombre d'erreurs à corriger. S'il est toujours possible de trouver le moyen de coder cela, alors nous saurons que la probabilité d'erreurs dans la transmission est inférieure à notre 10^{-30}. Je vous laisse, à titre d'exercice, le soin de remplacer

$$k' = k + g\sigma = k + g\sqrt{k\ (1-q)} \tag{4.18}$$

dans l'inégalité et de retrouver comme précédemment, à la limite, le résultat de Shannon.

Ce que nous apporte Shannon, c'est une limite supérieure pour l'efficacité. Il ne nous dit pas si oui ou non nous pouvons trouver une méthode de programmation qui permette d'atteindre cette limite. Est-ce possible ? La réponse est oui. J'en expliquerai les détails plus loin, mais le principe revient à choisir un schéma de codage aléatoire et de laisser M_c augmenter de plus en plus. C'est un problème mathématique extraordinaire ! Pourvu que M_c soit suffisamment élevé, nous atteindrons l'efficacité maximale quel que soit le codage. Cependant, la longueur du message risque d'être énorme. La communication aux satellites donne une belle illustration de la taille à choisir pour M_c. Lorsque sont envoyés des messages de la Terre à Jupiter ou Saturne, un taux d'erreur q de l'ordre de un tiers est monnaie courante. La limite supérieure à l'efficacité, d'après notre table, vaut 8%. Autrement dit, nous devrions envoyer environ 12 bits de code pour chaque bit de donnée. Mais cela nécessiterait un M_c tellement long, que ce serait irréalisable en pratique. En fait, le code utilisé contient environ *cent cinquante* bits de codes pour chaque bit de donnée!

4.4 La géométrie de l'espace message

Je vais maintenant aborder le théorème de Shannon sous un autre angle, cette fois-ci en utilisant la géométrie. Ce faisant, j'introduirai l'idée, fort utile, de l'« espace message ». Bien que ce concept prenne toute son importance dans le domaine de la communication alors que nous nous intéressons à l'informatique, j'ai trouvé l'idée intéressante et utile, et peut-être partagerez-vous cette opinion.

L'espace message est simplement l'espace construit à partir des messages que nous voulons transmettre. Nous avons l'habitude d'envisager un espace comme quelque chose pouvant avoir plusieurs dimensions, être continu ou discret, et dont les points peuvent être repérés à l'aide de coordonnées. L'espace message est un espace discret et multi-dimensionnel, dont tous les points, ou seulement une partie, correspondent à des messages. Pour concrétiser tout cela, prenons l'exemple ci-dessous, avec un codage binaire à trois bits :

$$000, 001, 010, 011, 100, 101, 110, 111.$$

Il s'agit simplement des nombres binaires zéro à sept. Nous pouvons les considérer comme les coordonnées des sommets d'un cube dans un espace à trois dimensions, comme le montre la figure 4.1 ci-dessous :

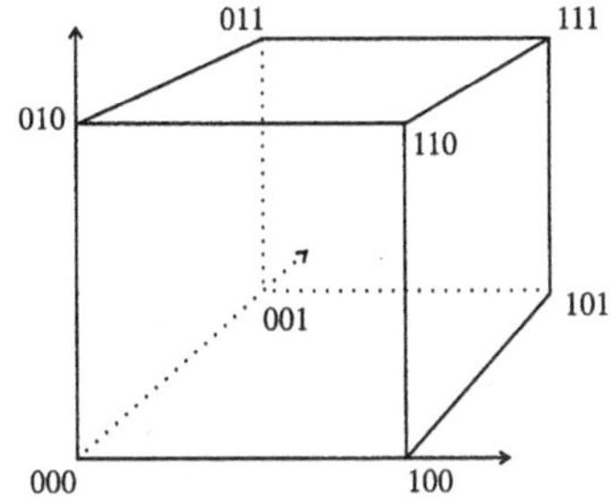

FIG. 4.1 – *Un espace message simple.*

Ce cube est l'espace message correspondant aux messages à trois bits. Les seuls points de cet espace sont les sommets du cube — l'espace entre ces points du diagramme, les arêtes et tout le reste n'en font pas partie. Cet espace est plein à craquer : chacun de ses points est un message possible ; si nous changeons un bit d'un message, nous en obtenons un autre. Il n'y a pas de perte, tout y est significatif. Nous pourrions tout à fait généraliser cela aux messages à quatre bits, dont l'espace message serait un « hypercube » à 16 sommets, malheureusement impossible à visualiser ! Il faudrait pour un message à m bits un espace à 2^m dimensions.

Que se passe-t-il en cas d'erreur lors de la transmission ? Les bits du message envoyé seront modifiés, ce qui revient à nous transporter en un autre point de l'espace message. Intuitivement, nous pouvons raisonnablement supposer que plus il y aura d'erreurs, « plus loin » nous nous déplacerons dans l'espace message : sur le diagramme ci-dessus, 111 est « plus loin » de 000 que de 001 ou 100. Cela nous amène à introduire une « fonction distance ». Celle que nous utiliserons s'appelle « distance de Hamming ». La distance de Hamming entre deux points est définie comme le nombre de bits par lesquels ils diffèrent. Ainsi, la distance de Hamming entre 111 et 000 vaut trois, tandis qu'entre

001 et 000, elle vaut seulement un. Avec cette définition, dans un espace à quatre dimensions, 1110 est aussi loin de 1101 que 0100, et ainsi de suite. Tout cela se tient. La notion de distance nous sera utile pour le problème des erreurs. Manifestement, une erreur unique nous déplace d'un point donné de l'espace message à un autre point, situé à une distance de Hamming valant un ; une erreur double nous envoie à une distance de Hamming de deux, et ainsi de suite. Pour un nombre d'erreurs e donné, nous pouvons dessiner autour de chaque point de notre espace message hypercubique une « sphère d'erreurs », de rayon e, définie par le fait qu'elle englobe tous les points accessibles à partir du point considéré en présence de e erreurs. Voilà une vision géométrique assez élégante des processus de codage.

Dès lors que nous codons un message M, nous le réécrivons en un message plus long, M_c. Nous pouvons construire un espace message pour M_c comme nous venons de le faire pour M ; bien sûr, l'espace de M_c sera plus vaste, il possédera plus de dimensions et plus de points. De toute évidence, les points de cet espace ne correspondent pas tous à un point de l'espace M ; il y a forcément des redondances. Et celles-ci sont fondamentales pour le codage. Afin de pouvoir corriger jusqu'à e erreurs, nous devons concevoir un ensemble de messages codés acceptables dans M_c de telle sorte que, si l'un d'eux se voit affublé de e erreurs au plus durant la transmission, nous puissions retrouver le message original avec certitude. Dans notre représentation géométrique, les messages acceptables correspondent à certains points de l'espace message de M_c. Or, les erreurs nous emmènent vers d'autres points. Aussi pour pouvoir les corriger, si nous échouons en un point ne correspondant pas à un message acceptable, devons-nous avoir la possibilité de revenir sur nos pas, de manière unique, jusqu'à un point admis. Une manière simple de garantir cela est de s'assurer que, dans M_c, tous les points correspondant à des messages codés acceptables soient au moins à une distance de Hamming

$$d = 2e + 1 \tag{4.19}$$

les uns des autres. Voyons pourquoi cela fonctionne. Imaginons que nous envoyions un message M, avec la possibilité qu'e erreurs puissent survenir durant la transmission. Le message reçu, M', correspondra à un point de M_c distant de l'original de e unités. Comment revenir de M' à M ? Facile ! Du fait de la distance $d = 2e+1$ imposée, M est le message acceptable le plus proche de M' ! Tous les autres messages acceptables se trouvent nécessairement à une distance de Hamming d'au moins $e + 1$. Notons bien que nous pouvons *détecter* les erreurs encore plus facilement ; pour ce faire, nous autorisons que les points acceptables de M_c soient à une distance e les uns des autres. Demander que les points soient distants de $(2e + 1)$ nous permet de corriger e erreurs ou bien d'en détecter $2e$.

Graphiquement, ce que nous venons de faire peut être vu comme une application de l'espace message de M vers un espace pour M_c, laquelle associe à tout élément de M un point de M_c de telle sorte qu'aucun autre point acceptable ne soit situé à une distance de Hamming inférieure à $2e + 1$ unités. Nous envisageons l'espace pour M_c comme construit à partir d'un ensemble de sphères de rayon e unités, chacun étant centrée sur un point correspondant à un message acceptable (figure 4.2). Si le message reçu se trouve à l'intérieur de l'une de ces sphères, nous saurons exactement à quel point correspond le message original.

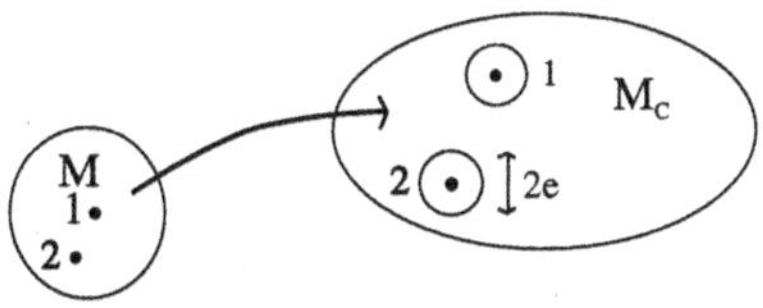

FIG. 4.2 – *Correspondance entre espaces message.*

Pour concrétiser davantage cette idée, revenons au cube à trois bits représenté plus haut. Nous pouvons le voir comme l'espace message M_c correspondant à un codage de parité qui détecte (sans les corriger) des erreurs uniques dans des message M à deux bits :

$$00, 01, 10, 11.$$

L'espace message possède deux dimensions :

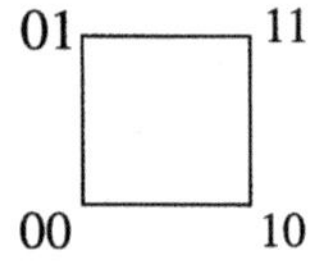

Le code de parité ajoute simplement un bit de contrôle supplémentaire à chaque message de M, ce qui conduit de toute évidence pour M_c à un espace cubique en trois dimensions. Les messages acceptables sont 000, 011, 101 et 110. Il reste donc quatre sommets redondants :

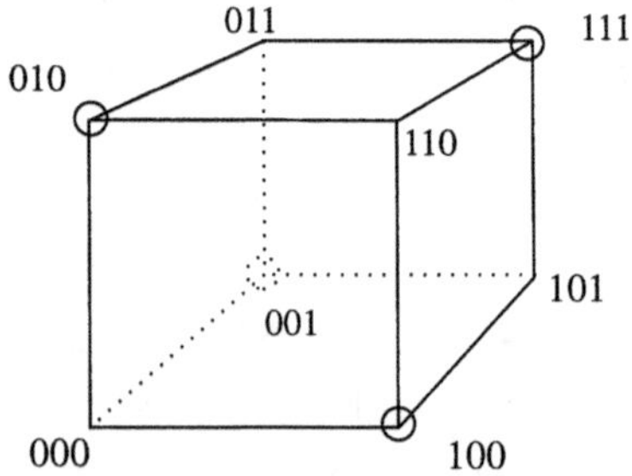

Toute erreur dans la transmission nous placera sur l'un de ces sommets redondants, indiquant la présence d'une erreur, mais pas sa position. Notons que chaque « faux sommet » se trouve à une distance de Hamming de 1 des sommets pertinents. Si nous voulions en outre corriger les erreurs, il nous faudrait utiliser pour M_c un espace à quatre dimensions.

Donc, si notre système de codage fonctionne, nous devrions pouvoir associer à chacun de nos points messages d'autres points de l'espace de M_c pourvu qu'ils soient suffisamment éloignés. De temps à autre, nous serons contraints à autoriser que les sphères d'erreurs se superposent, mais généralement, le problème ne se pose pas[4]. Nous voyons aisément que cette approche géométrique fournit une autre preuve du théorème de Shannon. Désignons par M et M_c les dimensions respectives des espaces message original et message codé (ce n'est qu'une autre manière de décrire la longueur desdits messages). Le nombre de points dans M est 2^M et dans M_c, 2^{M_c}. Pour corriger k erreurs, nous devons pouvoir caser dans M_c des sphères d'erreurs de rayon k, une pour chaque point de M. Et nous n'autorisons pas qu'elles se superposent. Grâce à cela, nous obtenons une inégalité reliant le volume de M_c à celui des sphères. Or, dans un espace discret du type des espaces messages, le volume d'une sphère est défini comme le nombre de points qu'elle contient. Il est possible de montrer que, pour un espace à M_c dimensions, le nombre de points distants d'une unité de longueur et contenu dans un rayon de k unités autour d'un point s'écrit

$$\frac{M_c!}{k!\,(M_c-k)!}. \tag{4.20}$$

Notons que le volume de M_c doit être supérieur ou égal au produit du nombre de points contenu dans chaque sphère par le nombre de sphères, c'est-à-dire le nombre de points de M, et nous retrouvons alors l'inégalité (4.6). Inutile de redonner tous les détails ultérieurs ; vous devriez voir que la preuve fonctionne bien.

---

[4]Les codes « parfaits », introduits dans l'un des problèmes donnés plus haut, sont en fait ceux pour lesquels les sphères d'erreurs « remplissent » tout l'espace message sans se superposer. Si le rayon des sphères vaut e, alors tous les points de l'espace sont situés à une distance de e unités d'un, et d'un seul, point message.

Problème 4.3 Voici un problème amusant que vous pourrez tenter de résoudre à l'aide des espaces messages (c'est ainsi que j'y suis arrivé). Vous devriez maintenant être à l'aise avec l'utilisation du bit de parité placé à la fin d'un message pour détecter les erreurs uniques. L'un des aspects de cette méthode est que nous n'avons besoin que d'un seul bit de contrôle quelle que soit la longueur du message considéré, indépendamment de M_c. La question est de savoir si nous pouvons également concevoir une méthode de détection d'erreurs *doubles* qui soit indépendante de M_c. Nous ne chercherons pas à les corriger, uniquement à les détecter. Le nombre de bits devra être fini, et toujours le même... et il y a de grandes chances que nous puissions y parvenir avec deux bits seulement ! Souvenez-vous que le code de Hamming permettait de corriger une erreur unique ou de détecter des erreurs doubles avec un bit de contrôle pour la parité globale et le syndrome ; mais le nombre de bits de contrôle contribuant au syndrome dépendait de la longueur du message. Vous devriez arriver à la conclusion qu'il est en fait impossible de détecter des erreurs doubles sans faire intervenir la longueur du message.

4.5 Information et compression des données

Je reviendrai dans un moment au théorème de Shannon sous un autre angle, mais j'aimerais tout d'abord que nous nous évadions quelque peu. La première direction dans laquelle je vais vous emmener est celle de la compression des données. J'aimerais vous expliquer certaines des idées qui sous-tendent ce sujet. Considérons une langue telle que le français. Son alphabet contient 26 lettres, et si nous ajoutons à cela les caractères accentués, les caractères de ponctuation tels que les virgules, les points, les espaces et tout le reste, nous nous retrouvons avec une cinquantaine de symboles pour communiquer. En me limitant à des messages de dix symboles, combien de choses serai-je alors en mesure d'exprimer ? Vous pourriez être tenté de répondre dix fois cinquante. Mais c'est faux. Si j'écris

cpfajrarfw,

ce n'est pas du français. Et en effet, pour être compréhensible le français ne peut pas contenir n'importe quelle séquence de symboles : le nombre de mots dignes de ce nom est limité, l'ordre des lettres qui les composent n'étant pas arbitraire. Après un « C », nous aurons de grandes chances de trouver un « H » ou une voyelle. La lettre suivante ne sera en aucun cas un « X » et très rarement un « Q ». Pourquoi ? Eh bien, les lettres ne sont pas utilisées de manière uniforme, et il y a beaucoup moins de messages lisibles en français que ce que nous pourrions croire à première vue.

Peut-être certains d'entre vous ont-ils des parents qui regrettent que vous ne leur écriviez jamais. Imaginons alors qu'ils vous envoient une carte prête à poster, déjà timbrée et adressée avec, au dos, tout un tas de petites cases à cocher. L'une d'elles s'accompagne de la phrase : « J'apprends plein de choses à la fac et j'y passe de bons moments. Oui/Non. » La suivante : « J'ai rencontré une fille fantastique, ou un garçon formidable » ou quelque chose du même genre : « Oui/Non » ; et ensuite : « Je n'ai plus de linge à laver. Oui/Non » ou encore : « Je vous envoie mon linge sale à telle ou telle date », et ainsi de suite. Ce que font ces pauvres parents, c'est de convertir de longues phrases de français en bits uniques ! Certes, ils essaient en fait de vous faire culpabiliser de ne pas leur écrire, mais puisqu'ils n'y parviennent pas, ils inventent une méthode pour communiquer avec vous qui soit plus efficace, plus économe en bits, que de vous faire écrire tout cela. (Évidemment, encore faut-il que vous postiez la carte !)

Un autre exemple d'optimisation, probablement connu de tout un chacun consiste à s'affranchir du coût d'un appel téléphonique en convenant de téléphoner à un ami en laissant le téléphone sonner un certain nombre de fois pour lui confirmer que vous viendrez à sa fête, ou un autre pour indiquer que vous ne viendrez pas ; ou encore de lui signaler en laissant sonner trois fois que vous serez en bas de chez lui dans cinq minutes et qu'il se prépare à descendre, ou je ne sais quoi d'autre. Vous passez un coup de téléphone, mais la transmission du message ne vous coûte rien car le destinataire de décroche pas le combiné.

Dans le même ordre d'idées, nous pouvons nous demander quelle est l'efficacité du français... Ai-je intérêt à envoyer mes dix symboles directement, en utilisant l'alphabet ? Ou vaut-il mieux que je les écrive sur une autre base ? Imaginons que je dispose de 64 caractères plutôt qu'une cinquantaine. Je pourrais alors représenter chaque élément par une chaîne de 6 bits. Dix symboles donnent donc 60 bits, soit 2^{60} messages possibles. Bien sûr, comme nous l'avons vu, la plupart de ces messages ne veulent rien dire. Or, dès qu'apparaît un « Q », par exemple, je m'attends à le voir suivi d'un « U ». Il n'est donc pas nécessaire d'envoyer le « U » ; sauf pour les mots à l'orthographe inhabituelle, comme « coq », pour lesquels nous pourrions par exemple envoyer deux « Q » à la suite. Nous pouvons donc exploiter la structure de la langue pour réduire le nombre de symboles à envoyer, et cette réduction des messages, encore appelée compression, est ce que nous allons voir maintenant.

Une bonne manière d'envisager la notion de compression revient à se poser la question suivante : pour chaque symbole d'un message, dans quelle mesure serai-je surpris par le symbole suivant ? Ce que je veux dire par là, c'est que si nous recevons un « T », nous ne serons pas surpris de lire ensuite un « E ». En revanche, nous serions étonnés de trouver un « X » ou un « J » à sa suite. Après un « T », les chances de trouver un « J » sont dérisoires : en français, nous n'avons pas la liberté de choisir n'importe quelle lettre. Ce que nous cherchons à comprendre, c'est justement la liberté que nous avons. Voici une manière intéressante de voir cela. Faites l'expérience avec des copains : prenez un texte écrit en français et faites-en la lecture à un ami jusqu'à un certain point, puis arrêtez-vous au beau milieu d'un mot et demandez à votre ami de deviner la lettre ou le symbole suivant. Vous lui indiquez s'il a bien deviné ou pas, jusqu'à ce qu'il trouve le bon symbole. Le nombre de tentatives de votre ami pour trouver la lettre suivante est une bonne approximation de la liberté de choix que nous avons, parmi toutes les possibilités pour la lettre suivante. Le résultat ne sera pas forcément très précis (et ne le sera jamais autant qu'une analyse linguistique systématique) mais cela vous donnera néanmoins une idée. Quoi qu'il en soit, n'importe qui devrait pouvoir deviner la lettre suivante avec moins de trente tentatives ! En fait, le nombre moyen de lettres acceptables en français après une lettre donnée n'est pas 26 mais 5. Vous pourrez vérifier cela en menant l'expérience proposée ci-dessus, que vous renouvellerez un bon nombre de fois avant de prendre la moyenne du nombre de tentatives. Cela vous donnera une idée de la manière dont un texte écrit en français pourra être condensé. Cela introduit également la notion de quantité d'*information* contenue dans un message. Nous y reviendrons.

Une autre façon de considérer ce problème de compression est de se poser la question suivante : si nous avions N symboles issus du français, avec 64 possibilités pour chacun, combien de messages pourrions-nous envoyer ? Ou, si vous préférez, quelle est la quantité maximum d'information que nous pouvons véhiculer ? Comme nous l'avons vu, nous ne pourrions pas envoyer la totalité les 64^N possibilités puisqu'un grand nombre d'entre elles ne veulent rien dire. Supposons que le nombre de messages possibles[5] soit n. Nous pouvons associer à chacun d'eux un code, c'est-à-dire un nombre qui permette de les repérer. Nous le choisirons en binaire. Imaginons deux types qui s'envoient des messages. Chacun dispose d'une longue liste indiquant quel nombre correspond à quel message et, plutôt que de communiquer en s'envoyant le message entier, les deux gars se contentent de s'envoyer ces nombres. L'idée est exactement la même que celle de la carte toute prête envoyée par les parents : « Oui, j'ai besoin de me faire couper les cheveux » ; « Non, je n'ai pas fait mes devoirs » ; et ainsi de suite. Nous ne pouvons imaginer de méthode plus efficace que celle-ci, qui consiste à compresser tout un message en un seul nombre. Il est possible de calculer le nombre de bits que nous devrons envoyer pour pouvoir prendre en compte tous les messages possibles. Si nous avons besoin de I bits, alors nous aurons :

$$2^I = n, \quad \text{ou} \quad I = \log_2 n. \tag{4.21}$$

Ce nombre, le nombre minimum de bits nécessaires pour transmettre le même message qu'avec les N bits du français (ou de tout autre système utilisé) est appelé le contenu en « information » ou, plus simplement, l'« information » envoyée. Il est important de souligner qu'ici, le mot « information » revêt une signification différente de celle que nous utilisons couramment ; elle n'est pas complètement différente, mais en général, l'« information » au sens large ne concerne pas l'utilité ou l'intérêt d'un message ; c'est un terme purement académique. Il existe bien d'autres exemples de termes dont la signification scientifique n'a pas grand-chose à voir avec celle du langage courant : par exemple le « travail » en physique, ou les « fonctions » en mathématiques. Nous revien-

[5] Pour être exact, disons qu'il s'agit du nombre de messages équiprobables. En réalité, certains messages seront plus probables que d'autres. Toutefois, notre raisonnement ne sera pas aussi rigoureux, et nous ne nous soucierons pas de cela pour le moment.

drons plus tard sur le concept d'information et sur sa définition rigoureuse. Pour le moment, contentons-nous de garder à l'esprit l'idée fondamentale, c'est-à-dire que nous codons des messages en système binaire et regardons le nombre minimum de bits que nous devons envoyer pour les transmettre fidèlement.

Avec ce que nous venons de voir, il est possible de donner une définition rudimentaire de la « quantité moyenne d'information par symbole ». Imaginons que le nombre de caractères à notre disposition pour écrire un message soit deux fois N plutôt que N. Quel est alors le nombre de messages possibles ? Pour des raisons de simplicité visuelle, scindons la chaîne de $2N$ caractères en deux chaînes de N caractères :

$$2N$$

$$\cdots\cdots\cdots/\cdots\cdots\cdots$$

$$N \qquad\qquad N$$

À vue de nez, nous nous attendons que le nombre de messages potentiels soit le produit des nombres de messages correspondant à chaque chaîne de caractères, soit n^2. Évidemment, en général, la réponse précise sera terriblement difficile à trouver. Par exemple, il y aura ce que nous pourrions appeler des « effets de bords » (la possibilité que des mots puissent être formés à la jointure des deux chaînes, formant une intersection entre les deux) puisque les deux chaînes de N caractères ne sont pas réellement séparées. Peuvent également survenir des « corrélations à grande échelle », lorsqu'une partie de la chaîne a des conséquences sur une autre partie située à une certaine distance. Cela peut arriver en français, la présence d'un mot à un endroit donné d'un message pouvant avoir une incidence sur les mots qui pourront apparaître autour de lui. Puisque nous n'abordons pas encore la question de manière très rigoureuse, nous ne nous soucierons pas de ces problèmes. En fait, nous voyons que si N augmente de plus en plus, notre première estimation devient plus précise. Avec $2N$ caractères, nous aurons environ n^2 messages ; avec $3N$ caractères, nous en aurons environ n^3 et, plus généralement, avec xN caractères, le nombre de messages sera de l'ordre de n^x. Notons $I(N)$ la quantité d'information pouvant être obtenue à partir de N symboles. Nous avons :

$$I(xN) \approx \log_2(n^x) = x \log_2 n, \tag{4.22}$$

et le rapport

$$r = \frac{I(xN)}{xN} \approx \frac{\log_2 n}{N} = \frac{I(N)}{N} \tag{4.23}$$

est indépendant de x. Par conséquent, pour N suffisamment grand, notre approximation est d'autant plus correcte et tend vers une constante. Nous appelons ce rapport l'« information par symbole » de notre système, interprétation qui se comprend aisément au vu de l'équation (4.23).

Revenons à la notion d'information et tentons de nous faire une meilleure idée de ce qu'elle signifie. En un certain sens, la quantité d'information contenue dans un message est le reflet de notre surprise à sa réception. Prenons par exemple la réponse écrite d'un libraire : « Nous avons le plaisir de vous faire savoir que l'ouvrage que vous avez commandé est à votre disposition », ou au contraire : « Nous avons le regret de vous faire savoir que l'ouvrage que vous avez commandé est actuellement épuisé. » Ces longs messages contiennent beaucoup plus de caractères, mais pas plus d'information, que la simple réponse : « Oui » ou « Non » que nous pourrions obtenir en téléphonant directement à la boutique. Dans bien des cas, la plupart des symboles des communications par écrit sont redondants : il suffit de repérer les mots « plaisir » ou « regret » pour deviner ce que dit le message. En ce sens, l'information dépend autant de ce que nous savons déjà que des termes du message.

Pour préciser cela, imaginons qu'une personne nous adresse deux messages identiques : le message, puis une copie de celui-ci. Chaque fois que cette personne nous envoie quelque chose, nous le recevons en deux exemplaires. (Cela n'a pas pour but de détecter des erreurs, c'est seulement une mauvaise habitude !) Nous pourrions être tentés de dire que l'information contenue dans les deux messages est la somme de l'information de chacun d'eux (souvenons-nous, $I(n_1 n_2) = \log_2(n_1 n_2) = \log_2 n_1 + \log_2 n_2$). Mais c'est faux. Il n'y a toujours qu'un seul message — le premier — et l'information ne provient que de cette première moitié. Cela illustre à quel point l'« information » n'est pas seulement une propriété physique du message considéré : c'est à la fois une propriété du message *et* de la connaissance que nous en avons.

Peut-être la meilleure manière de démontrer la différence entre notre définition de l'information et son sens ordinaire est-elle de considérer un message *aléatoire*, c'est-à-dire une chaîne binaire de N bits choisis au hasard. Si toutes les chaînes binaires possibles sont des messages autorisés, et que toutes sont équiprobables (ce qui est le cas si chaque bit a autant de chances d'être un 0 qu'un 1), alors l'information contenue dans un tel message sera

$$I = \log_2(2^N) = N. \tag{4.24}$$

Cela représente la quantité maximale d'information possible pour ce choix de symboles. Aucun autre type de message ne peut atteindre $I = N$. Mais cela n'a évidemment aucun sens : comment une chaîne de caractères *aléatoire* peut-elle contenir quelque information que ce soit, et a fortiori la quantité maximum ? Ne serait-ce pas tout simplement que notre définition de l'« information » est erronée ? Mais en y réfléchissant, nous voyons que ces chaînes de N bits pourraient tout à fait représenter chacune un message, comme nous l'avons proposé plus haut, si bien qu'à la réception d'une chaîne aléatoire donnée, nous pourrions identifier l'un des 2^N messages possibles. En ce sens, la chaîne contient beaucoup d'« information ». Le fait de recevoir ce message nous fait passer d'une situation dans laquelle nous ne savons rien, à une autre dans laquelle nous avons appris quelque chose ; et plus nous recevons de tels messages, plus nous serons étonnés ou agréablement surpris, à la réception d'un message particulier. Si vous voulez, la différence entre notre incertitude initiale et la certitude finale est énorme, et c'est cela qui compte.

4.6 Théorie de l'information

Nous avons défini l'information contenue dans un message comme

$$I = \log_2 n, \tag{4.25}$$

où n est le nombre de messages *équiprobables* que nous sommes susceptibles de recevoir. Chaque message contient la même quantité d'information. Dans le cas général, certains messages seront plus probables que d'autres si bien que, plus grande est la probabilité de recevoir un message donné, plus faible sera l'information contenue. Voilà qui est sensé, eu égard à notre proposition en vertu de laquelle l'information contenue dans un message représenterait notre « étonnement » à sa réception. Nous abordons à présent le sujet de la « théorie de l'information » proprement dite, ce qui nous permettra de généraliser nos considérations précédentes, tout en les rendant plus rigoureuses.

Prenons tout d'abord un exemple simple. Supposons que notre message soit construit à partir d'un alphabet de i symboles quelconques, comme par exemple les quatre bases de l'ADN ou je ne sais quoi d'autre. Nous ne voulons en aucun cas nous restreindre aux seules lettres du français. Désignons les symboles par

$$a_1, a_2, \ldots, a_i.$$

Les messages écrits dans ce langage sont de longues chaînes de ces symboles, disons de longueur N. Avant d'aller plus loin, nous devons émettre quelques hypothèses sur la manière dont ces symboles seront distribués au sein des messages. Admettons tout d'abord que soit attribuée une probabilité p_i à chaque symbole, celle-ci donnant la probabilité pour qu'un symbole donné du message soit le symbole a_i. La grandeur p_i nous donne la fréquence d'occurrence de chaque a_i. Nous supposons également que chaque symbole du message est indépendant de tous les autres ; autrement dit, le fait que tel symbole apparaisse à une position donnée dans le message ne dépend pas des symboles aux autres positions. À vrai dire, c'est une assomption plutôt irréaliste pour la plupart des langages. Nous verrons d'ici peu des cas pour lesquels cette hypothèse n'est pas valable.

Quelle est la quantité d'information véhiculée par un message donné ? Voici une manière simple de la calculer : supposons que le message considéré soit de longueur N ; le symbole a_1 devrait donc apparaître en moyenne Np_1 fois, le symbole a_2 Np_2 fois, ... et a_i Np_i fois. Plus N est élevé, plus ces estimations seront proches de la réalité. Combien de messages différents pourrons-nous avoir ? L'analyse combinatoire vient à notre rescousse, avec une formule classique : si nous avons N objets, m d'un certain type, n d'un autre, p d'un troisième et ainsi de suite, tels que $m + n + p + \ldots = N$, alors le nombre d'arrangements possibles de m, n, p, ... est donné par

$$\frac{N!}{m!\,n!\,p!\,\ldots}. \tag{4.26}$$

Ainsi, pouvons-nous estimer qu'en moyenne, le nombre de différents messages de N symboles est

$$\frac{N!}{(Np_1)!\,(Np_2)!\,\ldots\,(Np_i)!}. \tag{4.27}$$

Nous avons défini plus haut l'information comme le logarithme en base deux du nombre de messages possibles. Cette définition s'appliquait aux cas de messages équiprobables, mais il se trouve qu'elle convient aussi lorsque les probabilités sont différentes. L'information contenue dans un message, notée $< I >$, s'obtient donc en prenant le $\log_2$ de (4.27). Avec N très élevé, à l'aide de la formule de Stirling que vous devriez maintenant bien connaître, nous trouvons :

$$< I >= N \sum_{i=1}^{M} (-p_i \ \log_2 p_i). \tag{4.28}$$

Nous en déduisons la quantité moyenne d'information *par symbole* :

$$< I > /N = \sum_{i=1}^{M} (-p_i \ \log_2 p_i). \tag{4.29}$$

Nous avons obtenu ces résultats par un raisonnement intuitif, mais il est possible d'en donner une démonstration plus rigoureuse. Shannon a défini l'information contenue dans un message comme le logarithme en base 2 de la probabilité d'occurrence du message considéré. Notons que cela concorde avec notre notion de l'information comme la « surprise » occasionnée par un message : plus faible est la probabilité d'occurrence du message, plus importante est l'information qu'il véhicule. De toute évidence, l'information contenue dans un symbole a_n particulier est :

$$-\log_2 p_n, \tag{4.30}$$

et l'information contenue dans un message de n_1 symboles a_1, n_2 symboles a_2, etc., sera :

$$I = -\log_2[(p_1{}^{n_1})(p_2{}^{n_2}) \ \ldots \ (p_M{}^{n_M})], \tag{4.31}$$

c'est-à-dire :

$$-(n_1 \ \log_2 p_1 + n_2 \ \log_2 p_2 + \ \ldots \ + n_M \ \log_2 p_M). \tag{4.32}$$

Soit dit en passant, cela montre que si nous accolons deux messages bout à bout, l'information totale véhiculée sera la somme de celle contenue par chaque message, ce qui est satisfaisant. Je vous laisse le soin de le vérifier par vous-même. L'information moyenne véhiculée par un message donné se calcule alors par les méthodes probabilistes ordinaires ; elle vaut simplement :

$$\begin{aligned}\text{Information moyenne } &= \textstyle\sum_i \text{ information du symbole } a_i \\ &\quad \times \text{ nombre attendu d'occurrences de } a_i \\ &= -\textstyle\sum_i(\log_2 p_i) \times (Np_i),\end{aligned} \tag{4.33}$$

ce qui redonne notre résultat précédent. Notons au passage que Claude Shannon a baptisé cette information moyenne l'« entropie », ce que certains considèrent comme une grosse erreur car cela a conduit beaucoup de chercheurs à accorder trop d'importance au lien entre la théorie de l'information et la thermodynamique[6].

Voici à présent une illustration élégante de ces idées, légèrement différente. Imaginons que nous travaillions pour une entreprise de télégraphie, et que nous expédions toute une gamme de messages, avec des probabilités différentes, comme « Joyeux Anniversaire », « Vive la magie de Noël », *etc.* Chacun de ces messages a une probabilité P_m d'être demandé par un client (disons que m s'échelonne entre 1 et M). Nous pouvons définir ici deux types d'information. Il y a celle perçue par la personne qui reçoit le télégramme — le jour de mon anniversaire, je ne serai pas franchement surpris de recevoir un message « joyeux anniversaire », si bien qu'il n'y a pas beaucoup d'information de mon point de vue. Et il y a par ailleurs l'information telle que la voit

[6]Si l'on en croit la légende, Shannon aurait choisi ce terme sur les conseils du mathématicien John Von Neumann, qui aurait affirmé que cela lui garantirait d'« enflammer les débats puisque, de toute manière, personne ne comprend vraiment ce qu'est l'entropie ».

l'employé chargé d'expédier le télégramme. C'est ce second type d'information qui est le plus intéressant. Pour l'estimer, il nous faudrait regarder tous les envois de l'entreprise durant une certaine période, et calculer les proportions de chaque type de messages qui sont envoyées. Nous en déduirions la probabilité P_m d'occurrence du message m, chaque message pouvant être considéré comme une lettre d'un alphabet, comme si chacun d'eux était numéroté, à la manière de la carte envoyée par les parents. Nous pourrions alors calculer l'information du point de vue du télégraphiste.

4.7 D'autres techniques de codage

Revenons à présent sur la question du codage et voyons deux techniques courantes qui vous donneront une idée de l'ingéniosité et de l'élégance déployées pour coder les messages. Ces codes ne ressemblent pas à ceux que nous avons rencontrés jusqu'à présent car ceux-ci sont conçus pour des messages dans lesquels les probabilités d'occurrence des divers symboles varient.

4.7.1 Codage de Huffman

Considérons le système ci-dessous, composé de huit symboles, avec les probabilités d'occurrence indiquées (je dresse la liste des probabilités dans l'ordre décroissant) :

E	0,50
THE	0,15
AN	0,12
O	0,10
IN	0,04
R	0,04

S	0,03
PS	0,02

La somme des probabilités vaut 1, comme il se doit. Un exemple de message possible avec ce système pourrait être

ANOTHER

dont la probabilité vaut $0,12 \times 0,10 \times 0,15 \times 0,04$. Remarquons que l'occurrence du symbole E est beaucoup plus fréquente que celle des autres : il apparaît 25 fois plus souvent que le symbole PS, dont l'écriture nécessite deux fois plus d'efforts. Ce système ne semble pas très efficace. Pourrions-nous le perfectionner par un nouveau code ? Naïvement, nous pourrions penser : « Bon, puisque nous avons huit symboles, pourquoi ne pas utiliser simplement un code binaire à trois bits ? » Mais le E étant si fréquent, ne vaudrait-il pas mieux le décrire, si possible, par un seul bit plutôt que trois ? Certes, il nous faudrait alors plus de bits pour décrire les autres symboles, mais comme ces derniers sont plus rares, peut-être y gagnerions-nous au change. En fait, il est tout à fait possible d'inventer un code *non uniforme* qui se révèle beaucoup plus efficace que celui-ci, eu égard à l'espace qu'occupe un message donné. Cela sera un exemple de compression de code. C'est l'idée qu'avait en tête Samuel Morse lorsqu'il a associé un simple « point » à la lettre E et la combinaison « tiret tiret point tiret » à la lettre Q.

Toute l'idée réside dans le fait que la longueur des symboles varie, grosso modo, proportionnellement à l'inverse de leur probabilité d'occurrence, le plus usité étant représenté par un symbole unique, ce qui permet de réduire la longueur globale d'un message typique. Nous remplacerons nos symboles par des chaînes binaires. La technique que je vais vous présenter (je vous laisserai le soin de voir par vous-même pourquoi elle fonctionne) est due à David A. Huffman. C'est une méthode de codage assez courante mais, autant que je sache, souvent coûteuse à mettre en pratique. Le procédé se déroule en deux étapes, qu'il est plus aisé de comprendre à l'aide du diagramme en arbre représenté ci-dessous, les symboles y étant disposés dès le début dans l'ordre des probabilités croissantes (figure 4.3) :

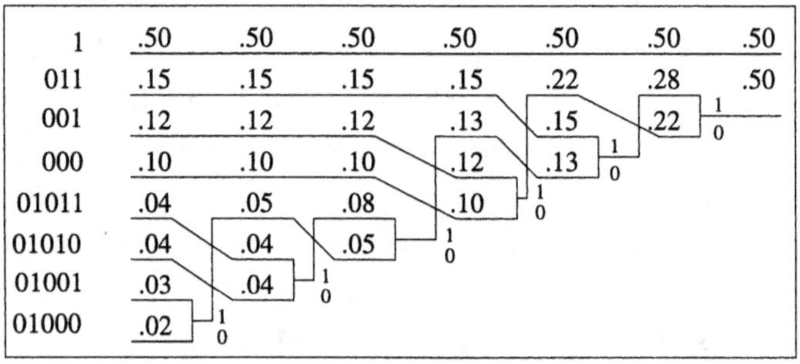

FIG. 4.3 – *Diagramme en arbre pour le codage de Huffman.*

Nous commençons par réunir les deux symboles les moins fréquents en un seul, en additionnant leurs probabilités. Puis nous procédons comme si nous avions un alphabet source composé des symboles originaux, à l'exception des deux derniers, plus un symbole « joint » doté de la probabilité d'occurrence 0,05 (dans notre cas). Nous reformons alors la colonne, en disposant le symbole joint à la place correspondante dans l'ordre des probabilités, comme le montre la figure 4.3. Puis nous recommençons : nous réunissons les deux derniers symboles pour raccourcir encore la liste. Nous continuons de la sorte jusqu'à l'extrémité droite du diagramme en arbre, où nous n'avons plus qu'un « alphabet » à deux symboles : le symbole initialement le plus probable, plus un symbole « joint » construit à partir de tous les autres.

Pour comprendre le principe du codage des symboles, nous pouvons revenir sur nos pas dans le diagramme en arbre. La règle est simple : à chaque embranchement revenant à un symbole original, nous ajoutons un chiffre à son code. Depuis l'embranchement, si nous empruntons le chemin du haut, nous ajoutons un ; si nous choisissons le chemin du bas, nous mettons zéro (cela n'est qu'une question de convention). Nous progressons ainsi de droite à gauche, en écrivant le code au fur et à mesure de gauche à droite, comme illustré sur la figure 4.4 :

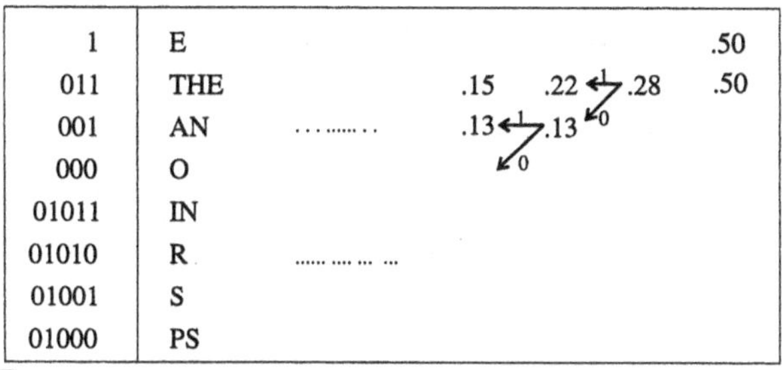

FIG. 4.4 – *Le « treillis » du codage de Huffman.*

Voyons quel est le code correspond à « THE ». Pour l'atteindre, nous devons commencer avec un 0. Au premier embranchement, nous empruntons la voie du haut, ce qui donne 01. À l'embranchement suivant, nous partons à nouveau vers le haut, et obtenons donc finalement 011, qui est le code correspondant à THE. Les autres codes sont ceux indiqués ci-dessus. Il vaut la peine de signaler qu'il est possible de concevoir d'autres codes de Huffman en exploitant l'ambiguïté qui survient de temps à autres lorsque la probabilité d'un symbole joint est égale à l'une des probabilités initiales. Où devons-nous alors placer le symbole joint ? Au-dessus ou en dessous du symbole initial ayant la même probabilité ? Amusez-vous à réfléchir à la question.

L'économie en taille réalisée grâce à ce code par comparaison au simple code à trois bits se calcule aisément : avec trois bits, la taille moyenne d'un symbole est... trois, évidemment ! Avec ce codage de Huffman, la taille moyenne d'un symbole est donnée par

$$(1 \times 0,5) + 3 \times (0,15 + 0,12 + 0,10)$$
$$+5 \times (0,09 + 0,04 + 0,03 + 0,02)$$
$$= 2,06,$$

ce qui représente une économie de près d'un tiers !

La construction de codes non uniformes comporte une subtilité, qui est élégamment prise en compte par la méthode de Huffman. Il s'agit de la propriété qu'*aucun mot de code n'est le préfixe d'aucun autre*. En y réfléchissant quelques secondes, nous voyons qu'un code qui ne satisferait pas cette propriété pourrait se révéler catastrophique. Imaginons l'ensemble de symboles ci-dessous :

1, 01, 10, 101, 010, 011.

Essayez donc de décoder le message 011010110. C'est infaisable ! Ou tout du moins, pas de manière unique. Il n'existe aucun moyen de savoir s'il s'agit de 01-1-01-01-10, de 011-01-01-10 ou encore de 01-101-01-10, ou je ne sais quelle autre possibilité. L'ambiguïté vient du fait que les symboles peuvent se chevaucher les uns les autres. Pour éviter cela, il est indispensable de bien choisir les symboles, de façon à ce qu'ils puissent être décodés de manière unique, comme c'est le cas pour le code de Huffman. Vous pourrez vérifier que le choix de code obtenu pour nos symboles permet un décodage unique.

Problème 4.4 Le codage de Huffman se distingue de nos méthodes de codage précédentes par le fait qu'il a été conçu pour la compression des messages et non pas pour la correction d'erreurs.

La méthode nous donne des codes bien ficelés, mais toutefois relativement sensibles aux erreurs. Avec le message

00100001101010 (=ANOTHER)

une seule erreur peut facilement intervertir deux symboles. Par exemple, une erreur en position 2 nous donnerait THEOTHER[7]. Cela nous mène à une question intéressante sur laquelle vous voudrez peut-être vous pencher : pour un codage non uniforme général, quel est le plus grand nombre d'erreurs sur les symboles que peut engendrer une erreur sur un seul bit ? Nous avons l'habitude du raisonnement une erreur = un bit, mais dans le cas des codages non uniformes, cela n'est pas forcément vrai. Par exemple, ne pourrions-nous pas envisager qu'une seule erreur puisse transformer un symbole en un autre de taille différente, et que cela affectera le symbole suivant et le suivant et ainsi de suite, si bien que l'erreur se propagerait ainsi sur toute la longueur du message ? Il se trouve que non. Parviendrez-vous à voir pourquoi ?

4.7.2 Codage prédictif

Je n'ai considéré jusqu'à présent que des situations dans lesquelles les probabilités des symboles sont indépendantes : les symboles n'exercent aucune influence sur le message. Cependant, comme je l'ai montré avec l'exemple du français, ce type de dépendance est extrêmement fréquente. L'étude mathématique complète des alphabets source comprenant des probabilités d'occurrence variables et une influence entre symboles est extrêmement complexe et je ne l'étudierai pas ici. J'aimerais toutefois vous donner un avant-goût de ce qu'implique cette inter-influence en vous présentant le « codage prédictif ». C'est une autre manière de faire de la compression de codes plutôt que de les corriger.

[7]Signalons que trop d'erreurs nous rendraient 01011010010011 (le mot anglais *insane* signifie « fou »).

Imaginons un alphabet source tel que, si nous connaissons le contenu d'un message jusqu'à un certain point, nous pouvons prédire ce que sera le symbole suivant. Cette prédiction ne sera pas forcément une certitude (elle sera probabiliste) et les détails expliquant notre prédiction n'ont aucune importance. La méthode utilisée peut ne s'appuyer que sur la connaissance du dernier symbole, ou des quatre derniers, ou même de tout le message. Cela n'a pas d'importance. Ce qui importe, c'est que nous ayons une règle nous permettant de prédire le symbole suivant.

Imaginons à présent que ces prédictions soient données par un « prédicteur », sorte de boîte noire que nous accolons au message à envoyer, et qui contient la formule idoine permettant de faire les prédictions. Voici comment il fonctionne. Le prédicteur a entièrement connaissance du message qui a été envoyé jusqu'au moment considéré (ce que nous illustrons en branchant à la boîte noire un câble provenant du message) et fait alors une prédiction sur le symbole à envoyer ensuite. Nous comparons alors cette prédiction au véritable symbole issu de la source. Si la prédiction est correcte, alors nous transmettons un 0. Si la prédiction est fausse, nous envoyons un 1. La manière la plus facile de mettre cela en pratique consiste à additionner les bits issus de la source et de la prédiction en laissant les retenues de côté. Schématiquement, à la fin de la transmission, nous avons (figure 4.5) :

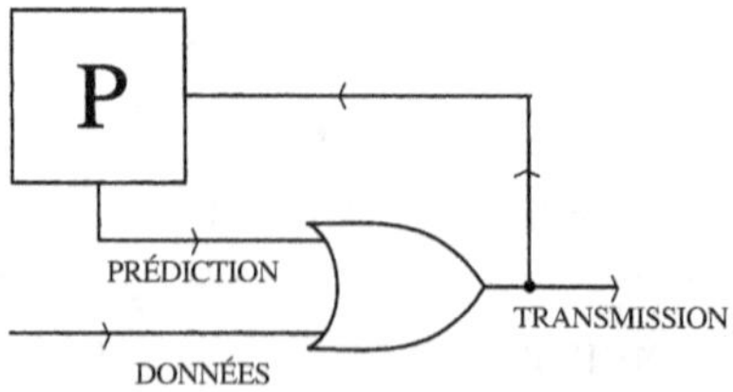

FIG. 4.5 – *Encodeur prédictif.*

Notons que nous avons inclus une boucle de rétroaction afin que le prédicteur sache si sa prédiction était correcte ou pas. Un bon prédicteur produira une longue série de zéros, avec quelques 1 disséminés de-ci de-là, aux endroits où il a commis une erreur. Un prédicteur aléatoire, c'est-à-dire faisant des prédictions au hasard, donnera autant de 1 que de 0. Il n'est pas difficile de voir comment reconstruire le message original à l'autre bout, en envoyant la chaîne binaire issue du prédicteur, pourvu que nous disposions d'un prédicteur identique en guise de décodeur. Il fonctionnera simplement en sens inverse. Tout cela est fort intéressant, mais quel est le but de cette procédure plutôt fantaisiste ? Eh bien, si le premier prédicteur est efficace, si ses prédictions sont précises, alors il produira beaucoup plus de zéros que de uns. Entre les uns, nous trouverons de longues successions de zéros. Toute l'idée, c'est d'envoyer le message sans inclure ces successions de zéros mais en les remplaçant plutôt simplement par le *nombre de zéros* qu'elles contiennent. Bien sûr, nous l'écrivons en langage binaire : prenons par exemple une série de vingt zéros entre deux 1, alors nous n'envoyons pas

$$00000000000000000000,$$

mais plutôt l'équivalent binaire

$$10110.$$

Voilà qui représente une bonne économie ! Tout ce qu'il nous reste à faire, c'est de nous assurer que le type qui reçoit le message réécrit ces nombres binaires en séries de zéros, et qu'il utilise son prédicteur pour retrouver le message que nous voulions lui transmettre. Le codage prédictif nous permet de compresser les messages de manière particulièrement efficace.

Problème 4.5 Un problème intéressant susceptible de vous amuser consiste à trouver un moyen de compresser les messages plus encore. La longueur moyenne des successions de zéros dépend de l'efficacité du prédicteur. Pourvu que nous connaissions ses performances, nous pouvons estimer la probabilité qu'une série de zéros ait une longueur donnée. Nous pouvons alors utiliser la méthode de Huffman pour obtenir un code encore plus réduit ! Détaillez le processus dans le cas d'un code binaire équiprobable et de prédictions avec une probabilité d'erreur valant q. Avec ce type de compression, vous pourrez approcher la limite de Shannon de très près.

4.8 Transmission de signaux analogiques

J'aimerais aborder un dernier problème de codage avant de passer à autre chose. Il s'agit de savoir comment envoyer de l'information qui ne soit initialement pas sous forme de bits ; autrement dit, un signal analogique. Par exemple, des informations comme la pression d'huile d'une voiture, le couple moteur de l'arbre de transmission ou encore la variation de température à la surface de Vénus sont autant de données *continues* : ces grandeurs peuvent prendre n'importe quelle valeur. Si nous ne pouvons transmettre que des bits, comment faire pour envoyer des informations de ce type ? Il ne s'agit pas d'une question fondamentale : c'est même une question tout à fait pratique. J'en dirai quelques mots, bien que cela s'écarte du cœur de notre sujet. Peut-être pensez-vous que c'est le cas de toute cette leçon. Un peu de patience !

Supposons, à l'intention des débutants, que notre grandeur continue (notons-là S) ne prenne de valeurs qu'entre 0 et 1 :

$$0 \leq S \leq 1. \tag{4.34}$$

Tout le secret de la transmission de la valeur de S réside dans l'approximation que nous pouvons en faire. La question la plus importante à se poser est celle de savoir avec quelle précision nous voulons envoyer les données. Supposons que nous voulions connaître S à 1% près. Il nous suffit alors de découper l'intervalle [0,1] en cent tranches (appelées en anglais des *bins*), et à transmettre l'information en indiquant dans quelle tranche se trouve la valeur de S ; en d'autres termes, c'est un nombre entre 0 et 100 que nous envoyons. Facile ! Toutefois, comme nous préférons toujours utiliser des nombres binaires, mieux vaut découper l'intervalle des valeurs de S en 128 tranches ($= 2^7$) et transmettre la valeur de S comme un nombre binaire à 7 bits. De même, si nous voulions transmettre S avec une précision de un pour mille, nous enverrions un nombre binaire à 10 bits, après avoir découpé l'intervalle [0,1] en 1024 *bins*.

Comment faire lorsque la grandeur S ne prend pas ses valeurs dans un intervalle fini ? Ce cas n'a rien d'exceptionnel. Une grandeur de ce type aura généralement des valeurs qui ne sont pas réparties uniformément. Autrement dit, certaines valeurs seront plus probables que d'autres (très, très peu de grandeurs physiques ont des distributions de probabilité plates). Imaginons par exemple une grandeur ayant la distribution de probabilité représentée sur la figure 4.6 :

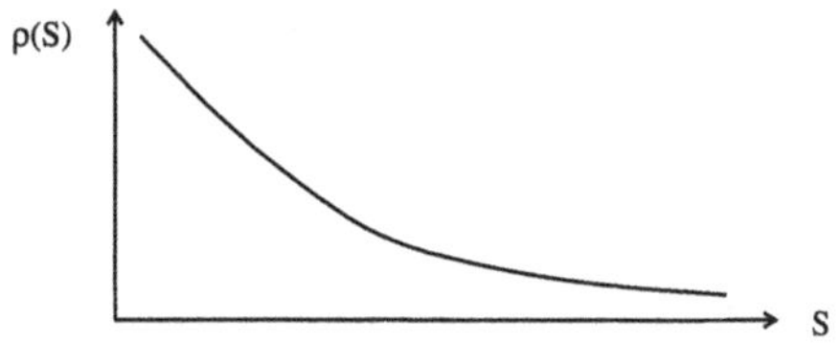

FIG. 4.6 – *Exemple de distribution de probabilité pour une variable physique.*

La densité de probabilité $\rho(S)$ a la définition habituelle : lorsque nous mesurons S, la probabilité de trouver une valeur entre S_1

et S_2 vaut

$$\int_{S_1}^{S_2} \rho(S)\, dS, \tag{4.35}$$

ou, si S_1 et S_2 sont séparés par un intervalle infinitésimal si bien que $S_2 = S_1 + \delta s$:

$$\rho(S1) \cdot \delta s. \tag{4.36}$$

L'idée fondamentale pour transmettre la valeur de S dans ce cas général est la même que précédemment : nous divisons l'intervalle effectif des valeurs de S en un certain nombre de *bins*, avec la différence importante que nous choisissons cette fois les tranches de sorte que toutes aient la même probabilité (figure 4.7) :

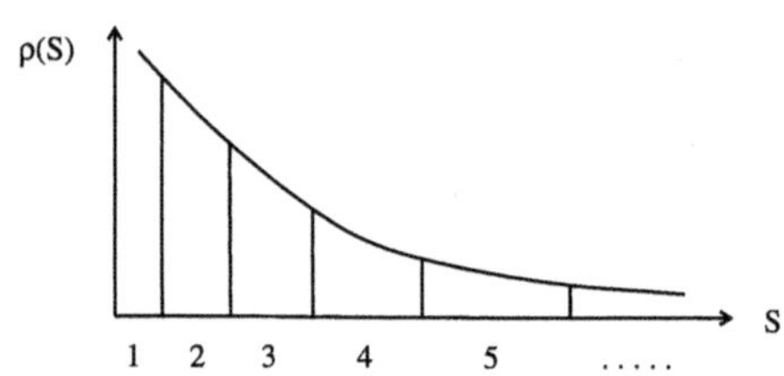

FIG. 4.7 – *Division de $\rho(S)$ en tranches de volume égal.*

De toute évidence, les tranches n'ont pas toutes la même largeur, mais sont choisies de telle sorte qu'elles aient toutes la même surface du point de vue probabiliste. Elles sont définis par la formule

$$(1/128) \int_{S_i}^{S_{i+1}} \rho(S)\, dS, \tag{4.37}$$

où i varie entre 0 et 127, et la i^{e} tranche correspond aux valeurs comprises entre S_i et S_{i+1}.

Nous pouvons également faire un changement de variables. Pour chaque valeur s de S, nous définissons la fonction $P(s)$ par :

$$P(s) = \int_0^S \rho(S)\, dS. \tag{4.38}$$

$P(s)$ est simplement la fonction de probabilité cumulée de S : la probabilité que $S \leq s$. Celle-ci satisfait l'inégalité $(0 \leq P \leq 1)$. Une propriété statistique bien connue de cette fonction (comme vous pourrez le vérifier) est que sa distribution est *plate*, c'est-à-dire que si nous traçons la distribution de probabilité de $P(s)$ comme fonction de s de la même manière que sur la figure 4.6, nous n'obtenons qu'une ligne horizontale. Une conséquence de cela est que si nous découpons dans P des *bins* de même taille, tous auront automatiquement la même largeur. Ce qui nous ramène à notre premier exemple.

Un problème différent, mais lié au précédent, est celui de la transmission d'une fonction du temps (figure 4.8) :

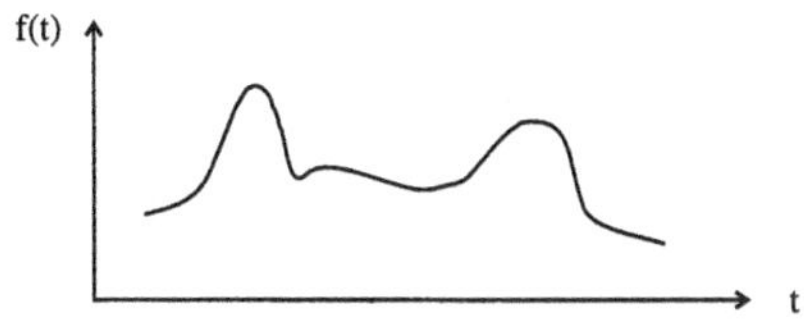

FIG. 4.8 – *Une fonction du temps.*

L'étude de ce type de problème va nous conduire à étudier le fameux « théorème d'échantillonnage », une autre création de Claude Shannon. Ici, toute l'idée serait d'échantillonner la fonction à certains intervalles de temps réguliers, notons-les τ, et d'envoyer en binaire les valeurs que prend la fonction pour chaque intervalle de temps. Le destinataire n'aurait plus qu'à reconstituer le signal original à partir de cet ensemble discret de nombres. Bien sûr, pour une fonction quelconque, le destinataire devra lisser la courbe obtenue. Toutefois, il est possible, pour certaines fonctions continues, de faire l'échantillonnage de telle sorte que l'information concernant la fonction soit *complètement* encodée : cela permet au destinataire de reconstruire la fonction initiale de manière exacte ! Pour comprendre comment décrire une fonction continue avec un nombre fini de nombres, il nous faut survoler le domaine mathématique de l'analyse de Fourier. Je vous le présente car j'estime que c'est intéressant, mais ceux qui n'ont pas les connaissances mathématiques pourront choisir de sauter cette partie !

Si la « transformée de Fourier » de la fonction $g(\omega)$ vaut 0 quel que soit $|\omega| \geq \nu$, et si nous effectuons l'échantillonnage à des intervalles $\tau = \pi/\nu$, alors nous pourrons décrire complètement la fonction. Qu'est-ce que cela signifie ? Souvenons-nous qu'en vertu de la théorie de Fourier, toute fonction périodique $f(t)$ peut s'écrire comme une somme de termes trigonométriques. Pour une fonction du temps $f(t)$ quelconque, nous avons :

$$f(t) = (1/2\pi) \int_{-\infty}^{\infty} g(\omega)\ \mathrm{e}^{-2\pi i \omega t} d\omega, \tag{4.39}$$

où $g(\omega)$ est la « transformée de Fourier » de $f(t)$. Ce que nous avons fait, c'est découper $f(t)$ en fréquences élémentaires pondérées de manière adéquate. Or, une fonction (un signal) telle que nous en rencontrons typiquement en théorie de la communication possède une bande de fréquences limitée, c'est-à-dire qu'il existe une limite supérieure aux fréquences possibles (par exemple, le canal sur lequel nous envoyons le signal peut ne pas convenir pour transmettre des fréquences au-delà d'une certaine valeur). Dans de tels cas, les bornes de l'intégrale (4.39) deviennent finies :

$$f(t) = (1/2\pi) \int_{-W(\nu)}^{W(\nu)} g(\omega)\ \mathrm{e}^{-2\pi i \omega t} d\omega, \tag{4.40}$$

W étant la largeur de bande et ν la fréquence la plus élevée dans le développement de Fourier de $f(t)$[8].

Il est possible de montrer (mais les calculs sont coton) que

[8]Par convention, la largeur de bande W est donnée par $W = \nu/2\pi$.

cette expression se réduit à une somme infinie sur des entiers :

$$f(t) = \sum_{n=-\infty}^{\infty} f(n\pi/\nu) \cdot [\sin \pi(\nu t - n\pi)]/(\nu t - n\pi). \qquad (4.41)$$

Voilà le théorème d'échantillonnage. Vous verrez, à l'examen de cette expression, que si nous connaissons les valeurs de la fonction $f(t)$ aux temps

$$t = n\pi/\nu, \qquad (4.42)$$

avec n entier, nous pouvons en déduire ses valeurs à tous les autres instants, comme des superpositions de termes pondérés par les échantillons du signal. C'est une conséquence subtile de l'utilisation dans (4.41) de la fameuse relation :

$$(\sin x)/x \to 1 \text{ lorsque } x \to 0. \qquad (4.43)$$

En posant $t = n\pi/\nu$ dans les termes de la somme, nous trouvons que tous s'annulent, à l'exception du n^{e}. Il vaut simplement une fois la valeur de f à $t = n\pi/\nu$. Autrement dit, si nous effectuons l'échantillonnage de la fonction à des temps espacés de (π/ν) unités, nous pourrons la reconstruire entièrement à partir de l'échantillonnage ! Ce résultat est particulièrement intéressant dans le cas, important en physique, d'une fonction $f(t)$ qui n'est définie que sur un intervalle fini $(0, T)$. Pour une telle fonction, la somme (4.41) n'est plus infinie et il suffit de prendre un nombre fini de points d'échantillonnage pour nous permettre de reconstruire $f(t)$. Et ce nombre vaut $(T\nu/\pi)$.

Bien que j'aie évité autant que possible d'avoir à donner la démonstration mathématique du théorème d'échantillonnage, celle-ci mérite toutefois une petite digression afin que je vous donne au moins une idée d'où elle vient. Nous prenons l'échantillonnage d'une fonction $f(t)$ à intervalles réguliers τ. Le graphe de la fonction échantillonnée est obtenu en multipliant celui de la fonction continue $f(t)$ par celui d'une fonction « en peigne », notée $C(t)$, qui vaut un à tous les points d'échantillonnage et zéro partout ailleurs (figure 4.9) :

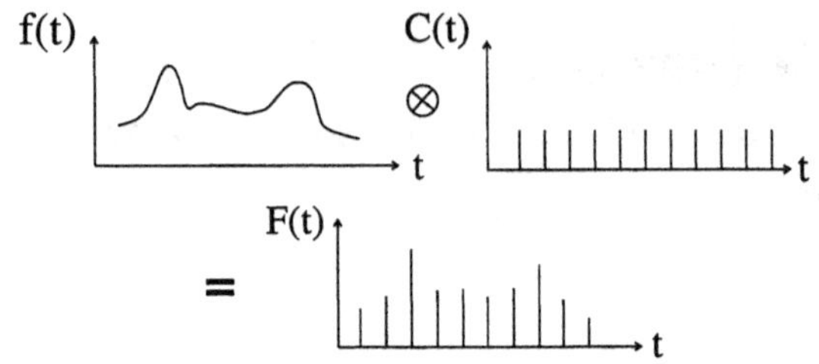

FIG. 4.9 – *La fonction échantillonnée.*

Cela étant, à $f(t)$ correspond une transformée de Fourier $\phi(\omega)$. $C(t)$ a elle aussi une transformée $\chi(\omega)$, qui est une autre fonction en peigne (figure 4.10) :

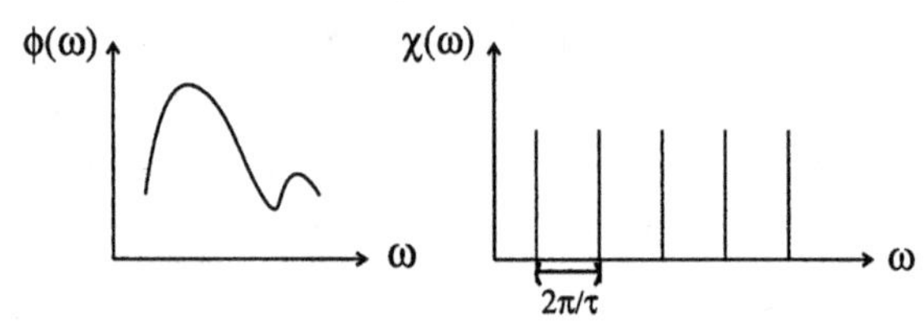

FIG. 4.10 – *Transformées de Fourier de $f(t)$ et $C(t)$.*

La transformée χ est en fait une succession de fonctions deltas régulièrement espacées (distantes de $2\pi/\tau$). La transformée de Fourier de la fonction échantillonnée, $F(t)$, est obtenue par le procédé dit de « convolution » qui, graphiquement et de manière approximative, implique que nous superposions le graphe de ϕ à celui de χ. Nous trouvons que la transformée de $F(t)$ se compose de copies de la transformée de $f(t)$, lesquelles sont régulièrement espacées le long de l'axe horizontal, mais réduites en hauteur par le rapport trigonométrique de (4.41), comme le montre la figure 4.11 :

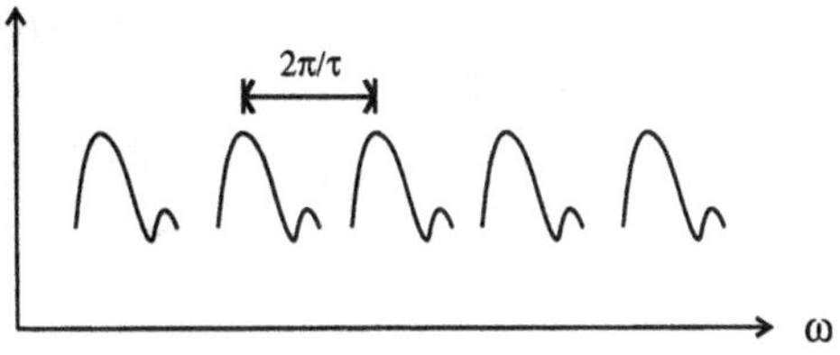

FIG. 4.11 – *Transformée de Fourier de la fonction échantillonnée.*

Regardons attentivement ce graphe. Ce qu'il nous indique, c'est que l'information concernant $f(t)$ peut, en principe, être obtenue à partir de $F(t)$ seule. Une seule des petites bosses transformées de Fourier de la figure 4.11 recèle autant d'information que la figure 4.9 dans son ensemble ! Or, la transformée ne vient que de la fonction échantillonnée $F(t)$, et nous voyons ainsi poindre toute l'idée du théorème d'échantillonnage.

Une complication intéressante apparaît parfois dans le processus d'échantillonnage. Celui-ci stipule que, pour un signal dont la limite supérieure en fréquence vaut ν (la largeur de bande vaut donc $\nu/2\pi$), au moins $(T\nu/2\pi)$ points d'échantillonnage sont nécessaires pour pouvoir reconstituer le signal. Si nous prenons plus de points, tout va pour le mieux. Mais si nous en prend moins (et cela peut arriver, par accident, si la fonction $f(t)$ présente par exemple une « queue » en dehors de l'intervalle $[O, T]$), alors notre échantillonnage sera insuffisant et conduira au phénomène dit de « crénelage » (parfois aussi désigné par le terme anglais *aliasing*). L'intervalle d'échantillonnage étant trop grossier pour prendre en compte les fréquences les plus élevées, celles-ci seront transformées en fréquences plus basses — leurs « alias ». Le cinéma offre un exemple bien connu de ce phénomène. Comme chacun sait, les films sont des échantillonnages : 24 fois par seconde, nous prenons un instantané d'une scène donnée, et cela suffit à créer, pour nos yeux et notre cerveau, l'illusion d'un mouvement continu. Toutefois, il arrive parfois que l'échantillonnage se remarque. Peut-être l'exemple le plus connu est-il celui des roues des diligences dans les premiers westerns. Enfants, nous avons tous remarqué que, lorsque la diligence commence à avancer, les rayons des roues semblent tourner dans le bon sens. Et puis, à mesure qu'elle accélère, nous les voyons se figer jusqu'à ne plus tourner du tout. Et finalement, si elle va plus vite encore, les roues ont l'air de tourner dans le mauvais sens ! L'explication de ce phénomène réside dans l'échantillonnage. Un autre exemple est celui de mauvais échantillonnages de données audio, dans lesquels certaines fréquences normalement imperceptibles à l'oreille humaine sont transformées en alias audibles. Pour éviter cela, il est nécessaire de filtrer le signal afin d'éliminer toutes les fréquences trop élevées avant de faire l'échantillonnage. Pour la prise de vues, cela impliquerait de prendre les images avec une plus grande ouverture de l'obturateur, si bien que les images soient un peu voilées, ou simplement lissées.

Il est aujourd'hui possible de transmettre des sons sous forme numérique : avec seize bits, la fréquence de 44,1kHz reproduit parfaitement le son initial, avec une très bonne résistance au bruit ; ce type de méthode surpasse amplement toute autre technique analogique. Toutes ces progrès se perfectionneront. Les films aussi seront nettoyés (les fibres optiques par exemple, donnent de très bons résultats). La moindre pub pour de la lessive sera d'une netteté absolue. Le monde technologique progresse sans relâche, mais la culture humaniste s'embourbe !

LEÇON 5

Réversibilité et thermodynamique du calcul informatique

J'aimerais maintenant aborder un sujet extrêmement intéressant mais très académique. Il s'agit des aspects énergétiques du calcul informatique. Nous chercherons à comprendre *combien d'énergie est nécessaire pour mener à bien un calcul.* Cela ne semble pas si académique que cela. Après tout, l'un des aspects de la plupart des machines modernes n'est-il pas justement une consommation d'énergie considérable ? Et l'une des principales limitations des machines les plus rapides n'est-elle pas justement la vitesse de dissipation de la chaleur produite par leurs composants, comme les transistors, par exemple ? La raison pour laquelle j'ai qualifié ce sujet d'académique, c'est que nous allons en fait nous poser une autre question fondamentale : quel est le *minimum* d'énergie nécessaire pour mener à bien un calcul ?

Pour introduire ces aspects plus physiques de notre sujet, je reviendrai sur ce que nous avons vu à la précédente leçon, c'est-à-dire sur la théorie de l'information. Nous analyserons ce domaine d'un point de vue purement physique, qui nous permettra de faire le lien avec l'énergie mise en jeu en informatique.

5.1 La physique de l'information

Pour commencer, j'aimerais vous donner une idée de la définition physique de l'information contenue dans un message. Le fait que la physique ait quelque chose à voir avec ce domaine-là n'a rien de surprenant. Souvenons-nous-en : initialement, Claude Shannon voulait transmettre des messages par de véritables câbles. Or nous ne pouvons envoyer aucun message sans interagir avec le monde physique. J'illustrerai tout cela en considérant un modèle physique très simple pour l'envoi d'un message.

Imaginons le message à son arrivée comme une succession de boîtes contenant chacune un atome unique. Dans chaque boîte, l'atome peut occuper une position parmi deux : du côté gauche ou du côté droit. S'il se trouve du côté gauche, cela correspond à un bit 0 ; s'il se trouve du côté droit, cela correspond à un bit 1. Ainsi cette succession de boîtes se déroule-t-elle sous mes yeux ébahis et je peux la traduire en bits en interpétant la position de chaque atome (figure 5.1) :

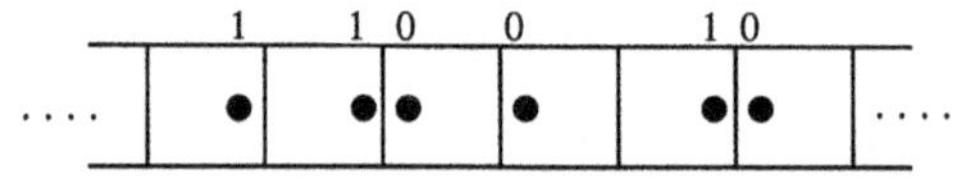

FIG. 5.1 – *Exemple de message atomique.*

Pour voir en quoi ce modèle peut nous aider à comprendre le concept d'information, regardons la physique de l'agitation atomique. Pour ce faire, nous devons étudier la physique des gaz, et je commencerai donc par glaner de-ci de-là les quelques petites choses de ce domaine dont nous aurons besoin. Commençons par imaginer que nous ayons un gaz contenant N atomes (ou molécules) confinés dans un volume V_1. Nous considérerons ce gaz comme extrêmement simple : chaque atome ou molécule (nous considérons ici ces deux termes interchangeables) qui le compose est essentiellement libre — il n'existe aucune force, ni attraction ni répulsion, entre chacun de ses constituants (c'est une bonne approximation aux pressions modérément basses). Je vais maintenant comprimer le gaz jusqu'au volume V_2, en diminuant le volume à l'aide d'un piston. Je fais tout cela de manière isotherme : je plonge tout le système dans un « bain » thermique, à température T fixe, si bien que la température de mon appareillage demeure constante. N'est-il pas incroyable que tout cela ait quoi que ce soit à voir avec le sujet qui nous occupe ? Nous allons voir comment. Tout d'abord, cherchons le travail W à fournir pour comprimer le gaz (figure 5.2) :

FIG. 5.2 – *Compression d'un gaz.*

Un résultat bien connu en mécanique stipule que si une force F s'exerce sur une petite distance δx, le travail[1] accompli, δW, vaut :

$$\delta W = F\,\delta x. \tag{5.1}$$

Désignons par p la pression du gaz, et par A l'aire de la section du piston. Nous pouvons réécrire la formule ci-dessus en faisant usage du fait que $F = pA$ et que la variation de volume du gaz $\delta V = A\delta x$:

$$\delta W = p\,\delta V. \tag{5.2}$$

Utilisons alors un résultat classique de la théorie des gaz : pour un gaz parfait de pression p, volume V et température T, nous

[1]Voilà encore un mot-piège, dans le même genre que l'« information ». Notons qu'avec cette définition, une force doit se déplacer sur une certaine distance pour accomplir un travail ; ainsi aucun « travail » de ce type n'est-il fourni pour tenir une valise — mais seulement pour la soulever !

avons la relation :

$$pV = NkT, \tag{5.3}$$

où N est le nombre de molécules du gaz et k la constante de Boltzmann (valant approximativement $1,381 \times 10^{-23}$ J K^{-1}). T étant maintenue constante (de par notre hypothèse de compression isotherme), il nous suffit d'intégrer pour obtenir W :

$$W = \int_{V_1}^{V_2} \frac{NkT}{V}\, dV = NkT \log \frac{V_2}{V_1}. \tag{5.4}$$

(Ici, $\log x = \log_e x$.) V_2 étant plus petit que V_1, notre résultat est négatif, ce qui découle de la convention en vertu de laquelle le travail accompli *sur* un gaz, plutôt que *par* celui-ci, est affublé d'un signe moins. Or, en général, lorsqu'un gaz est comprimé, il se réchauffe. C'est une conséquence de l'accélération des atomes qui le composent, lesquels acquièrent ainsi de l'énergie cinétique. Toutefois, dans notre exemple, les molécules du gaz avant et après la compression ne présentent aucune différence. Leur nombre reste le même, et elles s'agitent avec ni plus ni moins d'énergie qu'auparavant. Nous n'observons aucune différence au niveau moléculaire. Alors où est passé ce travail ? Nous avons bien dû fournir du travail pour comprimer le gaz, et la conservation de l'énergie stipule que celui-ci doit forcément se retrouver quelque part. En fait, il a bel et bien été converti en chaleur interne du gaz, mais celle-ci s'est rapidement dissipée dans le bain thermique maintenant le gaz à température constante. Voilà ce que nous entendons par une compression *isotherme* : nous effectuons la compression tout doucement, ce qui nous garanti qu'à chaque instant, le gaz et le milieu ambiant restent à l'équilibre thermique.

Du point de vue thermodynamique, nous avons effectué un « changement d'état », depuis un gaz occupant le volume V_1 jusqu'à un gaz occupant le volume V_2. Au cours de cette transition, l'énergie totale du gaz, notons-la U, est la somme des énergies de ses constituants et ne varie pas. Pour décrire ce type de transformation, nous choisissons parmi les grandeurs thermodynamiques l'*énergie libre* F et l'*entropie* S, lesquelles sont reliées par l'équation :

$$F = U - TS. \tag{5.5}$$

Le concept d'énergie libre fut inventé dans le but de nous permettre d'étudier les différences entre deux états, même s'ils ne présentent aucune différence mécanique. Pour nous en faire une idée plus précise, regardons comment l'expression (5.5) relie de petites variations à température constante :

$$\delta F = \delta U - T\,\delta S. \tag{5.6}$$

Pour la transformation qui nous occupe, l'énergie totale du gaz reste constante, si bien que $\delta U = 0$ et $\delta F = -T\delta S$. La variation d'énergie libre δF est simplement l'énergie calorifique « manquante » dissipée dans le bain thermique : $NkT \log(V_1/V_2)$. Cela nous permet de réécrire (5.6) comme une variation d'entropie :

$$\Delta S = NK \log \frac{V_1}{V_2}. \tag{5.7}$$

Notons que, la transformation considérée étant finie, nous avons remplacé le δ infinitésimal par un Δ fini.

L'entropie est une grandeur relativement étrange et peu intuitive... personnellement, je ne sais jamais s'il vaut mieux choisir l'entropie ou l'énergie libre ! À l'intention de ceux qui ont quelques connaissances en thermodynamique, je signale que l'équation générale $\delta S = -\delta F/T$ est une variante de la formule habituelle $\delta S = \delta Q/T$ donnant la variation infinitésimale de l'entropie lors d'un changement d'état réversible au cours duquel une quantité de chaleur δQ pénètre ou quitte le système à chaque étape, à la température absolue T. Pour un processus irréversible, l'égalité devient une inégalité, afin de garantir que l'entropie d'un système isolé ne puisse que croître ou rester constante — en vertu de la seconde loi de la thermodynamique. Je reviendrai sur l'entropie dans un moment.

Considérons à présent le cas d'un gaz composé d'*une seule* molécule. C'est un changement de point de vue assez radical et qui n'est rien moins qu'évident, mais il se trouve que nous pouvons poser simplement $N = 1$ dans nos équations. Il devient difficile, avec une seule molécule, de cerner la signification de concepts tels que la température, la pression et le volume, sans parler de l'énergie libre et de l'entropie ! Et pourtant, ces concepts ont toujours un sens pourvu que nous considérions leur moyenne dans le temps, ce qui atténue les irrégularités inhérentes à cette particule unique qui rebondit de-ci de-là. Il se trouve que nos équations fonctionnent très bien avec $N = 1$, sous cette condition. Et c'est aussi plus rigolo !

Supposons que nous ayons diminué de moitié le volume occupé par la molécule : $V_2 = V_1/2$. Nous trouvons alors que les variations d'énergie libre et d'entropie de notre particule valent respectivement :

$$+kT \log 2 \qquad \text{et} \qquad -k \log 2, \tag{5.8}$$

Qu'est-ce que cela signifie ? Graphiquement, la situation de la molécule passe de :

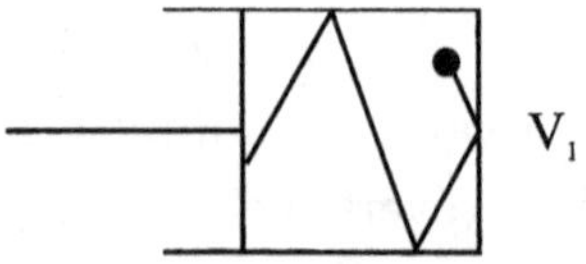

à :

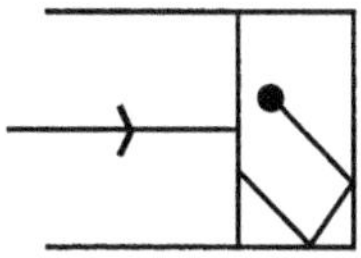

L'état physique de la molécule avant et après la compression a l'air d'être le même (son énergie cinétique n'a pas changé, par exemple), et pourtant, les grandeurs F et S sont différentes. Ce qui s'est passé, et c'est un point assez subtil, c'est que *ma connaissance des positions possibles de la molécule a changé.* Dans l'état initial, la particule pouvait se cacher en tout point du volume V_1 ; après la compression, elle ne peut se trouver que dans le volume V_2. Autrement dit, elle a accès à moins de positions.

Ce concept de « connaissance », extrêmement important, réside au cœur du concept de l'entropie et, pour cette raison, je m'y attarderai un petit moment. Il provient de la nature fondamentalement statistique de la thermodynamique. Lorsque nous étudions mathématiquement un grand nombre de particules composant un gaz, nous ne pouvons pas suivre la trajectoire et la quantité de mouvement de chaque molécule du gaz. Aussi devons-nous nécessairement adopter la théorie probabiliste. Les concepts tels que la température et la pression d'un gaz sont essentiellement définis comme des moyennes statistiques. Nous attribuons certaines propriétés physiques à chaque particule, les décrivons par des distributions particulières, et calculons la moyenne pondérée : tant de particules se déplacent à telle vitesse, correspondant à telle température ; tant de particules se déplacent à telle autre vitesse, donnant telle autre température ; et nous faisons la moyenne sur tout cela. L'entropie d'un gaz est définie de manière statistique. C'est bien là sa définition fondamentale, mais elle s'articule différemment que pour des grandeurs telles que la température ou l'énergie. Contrairement à celles-ci, l'entropie n'est pas une propriété macroscopique obtenue comme une somme de propriétés microscopiques. Elle est directement reliée à la *probabilité que le gaz se trouve dans la configuration observée.* Par « configuration » j'entends une répartition particulière des positions et des impulsions de chacune des N particules (ou, pour faire chic, un point ou une région particulière de « l'espace des phases »). L'existence d'une telle probabilité ne devrait pas nous surprendre : lorsque nous observons un gaz quel qu'il soit, nous avons finalement beaucoup moins de chances de trouver des molécules allant toutes dans la même direction, ou dansant deux par deux, que de les voir filer dans tous les sens à l'aveuglette. Et c'est cela que quantifie l'entropie. Grosso modo, en notant W la probabilité associée à une configuration donnée du gaz, nous avons :

$$S \approx k \log W. \tag{5.9}$$

À plus grand W, plus grande entropie et, comme toutes les probabilités, les W s'ajoutent, ce qui nous permet de calculer directement les chances de trouver le gaz dans une certaine palette de configurations. Un gaz dont les molécules iraient toutes dans la même direction aurait un W très inférieur à celui d'un gaz présentant une structure plus aléatoire — plus *désordonnée* — et son entropie serait donc inférieure. Quel est le rapport de tout cela avec notre connaissance d'un système ? Tout simplement, moins nous en savons sur la configuration d'un gaz, plus nombreux sont les états dans lesquels il peut se trouver, et plus important sera le W global : plus grande sera l'entropie. Cela nous donne une idée joliment intuitive de ce qui se passe lorsque nous comprimons un gaz. Si la transformation reste isotherme, les impulsions des molécules à l'intérieur du récipient restent les mêmes ($\delta U = 0$), mais après la réduction de volume, chaque molécule a accès à un moins de positions spatiales possible. Le gaz ayant adopté une configuration correspondant à un W plus petit, son entropie a diminué. Signalons au passage que la seconde loi de la thermodynamique stipule que pour tout système isolé :

$$\delta S \approx k\,\delta W/W \geq 0, \tag{5.10}$$

c'est-à-dire que l'entropie ne diminue jamais. Le fait que l'entropie de notre gaz comprimé ait chuté est un indice que le système n'est pas isolé : il y a des échanges de chaleur avec le bain thermique. La chaleur dissipée dans le bain thermique augmente son entropie, ce qui confirme la seconde loi. De manière générale, *moins nous détenons d'information sur un état donné, plus son entropie est élevée.*

La définition de l'entropie étant essentiellement statistique, nous pouvons tout à fait la définir pour un gaz à une seule molécule comme celui que nous avons considéré plus haut, mais il y a toutefois quelques subtilités (que nous esquiverons). Nous voyons qu'en réduisant le volume d'un facteur deux, nous diminuons de moitié le nombre de positions spatiales disponibles et donc le nombre de configurations accessibles à la molécule. Au départ, celle-ci pouvait occuper l'une ou l'autre moitié du récipient ; maintenant, elle n'a plus accès qu'à une moitié de celui-ci. Voyez comment, dans notre description probabiliste, cela conduit à une diminution de l'entropie valant :

$$\delta S = k\,\log 2. \tag{5.11}$$

C'est la même variation que celle que nous avions obtenue en raisonnant sur le travail et l'énergie libre.

Revenons à présent à la question de l'information et voyons comment ces bizarreries physiques y trouvent leur place. Reprenons la bande atomique introduite au début de cette leçon, dans laquelle la position de chaque atome dans sa cellule représentait un des bits du message binaire. Pour message quelconque, nous n'aurons aucune connaissance préalable pour certains de ses bits, tandis que d'autres nous seront connus — soit parce que nous les connaissions à l'avance, soit parce que nous pouvons les déduire des corrélations avec les bits précédents que nous avons déjà regardés. Nous *définirons* l'information contenue dans le message comme étant *proportionnelle à la quantité d'énergie libre nécessaire pour remettre toute la bande à zéro.* Par « remettre à zéro », j'entends comprimer chaque cellule de la bande afin de garantir que l'atome qui l'occupe se trouve dans la position « zéro ».

Nous remarquons aussitôt un point qui pourrait apparaître comme un problème flagrant de cette définition, à savoir le fait qu'elle introduit une asymétrie entre 0 et 1. Pour un atome qui se trouve déjà dans la partie zéro de sa cellule, évidemment, l'opération de remise à zéro revient à ne rien faire, ce qui ne coûte aucune énergie libre. En revanche, pour un atome situé dans la position « un » de sa cellule, nous devrons fournir un certain travail pour le déplacer dans la position zéro ! Tout cela a-t-il un sens ? Nous voudrions être en mesure de donner une autre définition de l'information pour laquelle la bande serait « remise à un » — dans l'idée d'avoir alors le même résultat si le message contient un nombre égal de un et de zéros ! Mais il y a une subtilité. Nous ne dépensons d'énergie libre *que* si nous ne connaissons *pas* la position de l'atome dans sa cellule. Ce n'est que dans ce cas que l'espace des phases de l'atome est diminué de moitié, et l'entropie plus élevée. Si nous connaissons la position de l'atome, alors nous ne dépensons *aucune* énergie en remettant la bande à zéro, quelle qu'ait pu être la position initiale de l'atome. En d'autres termes, comme nous l'espérions, l'information contenue dans le message réside dans les « bits-surprise ». La question mérite d'être approfondie, afin de bien la comprendre, car elle s'appuie sur un raisonnement qui se rencontre souvent dans le monde du calcul réversible. D'aucuns pourraient trouver qu'il est contraire à l'intuition d'avancer que l'énergie requise pour remettre un 1 à 0 est la même que pour laisser un zéro tel qu'il est — c'est-à-dire rien.

Pour clarifier ce point, j'insisterai tout d'abord sur la nature idéalisée de la situation considérée. Bien que j'aie parlé sans détour d'atomes dans des « boîtes », ces boîtes ne sont pas de vraies boîtes cartonnées, ficelées les unes aux autres et dotées chacune d'une masse et d'énergies cinétique et potentielle. En outre, lorsque je parle d'« énergie », il est clair qu'il ne s'agit pas de celle de la bande ! Tout ce qui nous intéresse, c'est le contenu du message, lequel est donné par la position des atomes dans leur cellule. Prenons un des bits du message que nous savons être égal à un (l'atome est du côté droit), et que nous représentons donc ainsi :

Il existe plusieurs façons de montrer que la remise à zéro de ce bit ne coûte aucune énergie. L'une d'elles, plutôt abstraite, consiste à glisser un petit séparateur pour maintenir l'atome à sa place. Et il ne reste plus qu'à *retourner la boîte*. Le résultat, c'est que nous avons maintenant un zéro du côté droit (figure 5.3) :

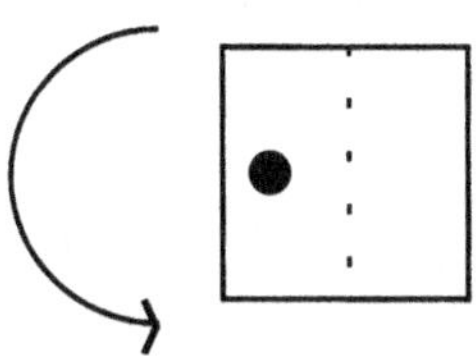

FIG. 5.3 – *Une procédure simple de remise à zéro.*

Cette méthode est abstraite car il peut paraître étrange de pouvoir insérer une paroi et tourner la boîte sans dépenser d'énergie. Évidemment, dans la réalité c'est impossible... mais ce sont des abstractions que nous manipulons ici et, comme je l'ai signalé plus haut, nous ne considérons pas l'énergie cinétique ou le poids des « boîtes ». Avec nos hypothèses, il est donc possible de procéder de cette manière, mais l'inconvénient, c'est qu'il nous faudrait une éternité pour le faire ! (Nous reviendrons sur ce type d'argument à la section 5.2). Une autre méthode, peut-être moins abstraite, serait d'introduire deux pistons, un de chaque côté de la boîte, et de pousser l'atome avec l'un d'eux, l'autre coulissant dans le même sens (figure 5.4) :

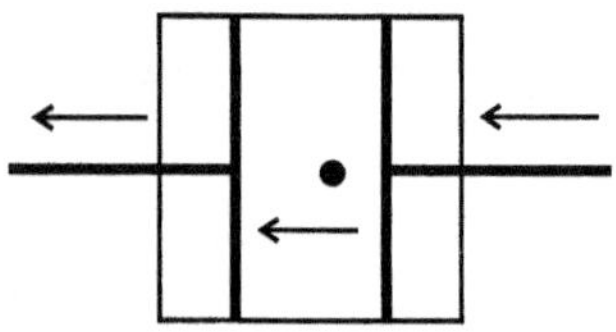

FIG. 5.4 – *Une remise à zéro plus « réaliste ».*

La poussée exercée par la gauche est égale à celle de droite, si bien que le travail fourni d'un côté est récupéré de l'autre. Nous pourrions même imaginer de relier les pistons par un fil passant au-dessus de la boîte afin que la moindre pichenette sur l'un des pistons envoie tout le dispositif dans la position désirée. Ainsi, pourvu que nous opérions suffisamment lentement — de manière « infinitésimale » — cela ne coûte aucun travail. La remise à zéro de la bande est nécessaire lorsque nous ne savons pas de quel côté se trouve l'atome. Nous devons alors effectuer une compression et, comme nous l'avons vu précédemment, cela consomme de l'énergie libre, car nous réduisons alors notre ignorance de la position de l'atome.

Charles H. Bennett proposa une autre manière de procéder. Celle-ci consiste à voir la bande du message comme du *carburant* et de relier l'information contenue à la *valeur* du carburant (c'est-à-dire à la quantité d'énergie que nous pouvons en retirer). Son idée, ingénieuse, est la suivante. Imaginons une machine, en contact avec une sorte de bain thermique, qui avale les bandes d'un côté et les rejette de l'autre. Pour commencer, nous supposerons que la bande est vierge, c'est-à-dire que tous ses atomes sont dans l'état zéro. Nous montrerons comment utiliser cette bande pour fournir un véritable travail, utilisable pour faire fonctionner notre machine.

Nous incorporons un piston dans le système. À mesure que chaque cellule entre dans la machine, nous y amenons le piston jusqu'à mi-course (figure 5.5) :

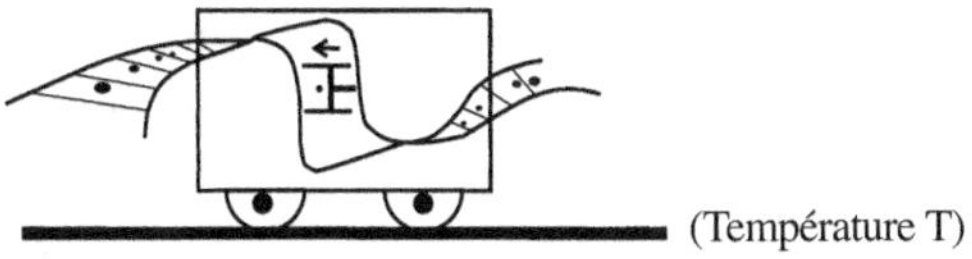

FIG. 5.5 – *Un moteur à information.*

Nous laissons ensuite le bain thermique réchauffer la cellule, si bien que l'atome qu'elle contient rebondira contre le piston, le poussant ainsi vers l'extérieur de manière isotherme, comme dessiné sur la figure 5.6 :

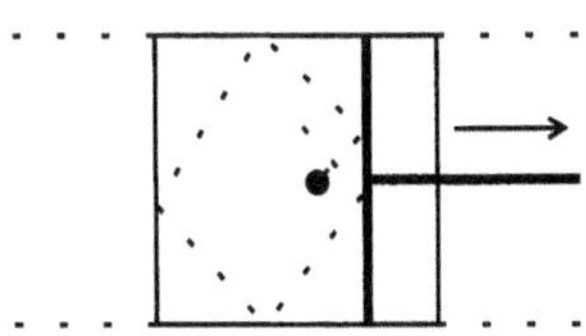

FIG. 5.6 – *Mécanisme de création de travail dans le moteur à information.*

Ce processus est tout bonnement l'opposé de la compression que nous avons étudiée au début de cette leçon. Le résultat final est qu'un travail est effectué sur le piston, que nous pouvons extraire par la suite. Autrement dit, la bande peut nous fournir du travail.

Vous parviendrez certainement à vous convaincre que pour une bande de n bits, ce travail vaut $nkT \log 2$, l'énergie libre, T étant la température du bain thermique. Une conséquence importante de cette méthode est que la bande recrachée par la machine a été rendue *aléatoire* : après avoir poussé le piston, l'atome responsable peut se trouver n'importe où dans sa cellule, et nous n'avons aucun moyen de savoir où, à moins de faire des mesures.

Généralisons ce raisonnement en considérant un piston que nous puissions manipuler. Cela nous permet d'extraire du travail pour des bandes qui contiennent un 1. Lorsqu'un 1 se présente, nous décalons le piston de l'autre côté de la cellule, du côté de la position 1, et nous opérons comme précédemment. Ici encore, nous en retirons la quantité de travail utile $kT \log 2$ et, à nouveau, la bande qui ressort de la machine est aléatoire. L'essentiel, c'est que nous *savons* quel bit s'apprête à entrer dans la machine. Et c'est cela qui nous permet de préparer le piston de façon à ce que la bande travaille pour nous. Évidemment, si nous laissons le piston dans la position 0 lorsqu'un 1 se présente, c'est nous qui aurons à fournir du travail pour décaler l'atome du côté 0 de la cellule et, une fois l'atome libre de disposer de tout le volume de sa cellule, nous récupérons le travail fourni — autrement dit, nous n'en retirons aucun travail utile. De toute évidence, *une bande aléatoire est un carburant de valeur nulle.* Si nous ne connaissons pas l'état du bit que la machine s'apprête à avaler, nous ne savons pas comment disposer le piston. Aussi le laisserions-nous à sa place, puis nous le poussons en croisant les doigts, nous poussons et croisons les doigts, et boum, et boum. Parfois nous aurons la chance de trouver un atome qui repousse notre piston, fournissant ainsi du travail; mais nous avons autant de chances, pour un message véritablement aléatoire, d'avoir à effectuer un travail sur l'atome. Au final, le résultat est que notre moteur ne récupère aucun travail.

Il est clair que la machine de Bennett semble opérer à l'inverse de notre procédé de remise à zéro. Il utilise une bande message pour en retirer du travail, et se retrouve avec une bande aléatoire. En revanche, nous partions d'une bande aléatoire et fournissons un certain travail, pour finir avec une bande remplie de zéros. Cette relation en inverses se retrouve dans la définition de l'information émanant de la méthode de Bennett. Prenons une bande de N bits. Nous *définissons* l'information I contenue dans la bande par la formule :

$$\text{Valeur en carburant de la bande} = (N - I) \cdot kT \log 2. \qquad (5.12)$$

Nous voyons sur cette formule que la bande qui remplit le réservoir (c'est-à-dire qui fournit $kT \log 2$ par bit) ne véhicule aucune information. Nous pouvions nous y attendre, puisque le contenu d'une telle bande doit être entièrement prédictible. La symétrie physique entre ces deux approches est assez jolie. Si nous glissons une bande message dans la machine, nous pouvons en extraire une certaine quantité d'énergie E : cette énergie E sera précisément celle dont nous aurions besoin pour remettre la bande devenue aléatoire à sa valeur initiale. Bien sûr, à chacun de choisir son point de vue favori pour réfléchir à ces choses-là. Personnellement, je préfère la remise à zéro, notamment parce qu'elle m'évite d'avoir à soustraire une valeur à N pour en tirer mon information !

Voici deux problèmes sur les machines du professeur Bennett :

Problème 5.1 Prenons deux bandes : une bande aléatoire à N bits et une copie de celle-ci. Il est possible de montrer que la valeur en carburant des deux bandes combinées est $NkT \log 2$. Tentez de concevoir une machine capable d'extraire de ces deux bandes une telle valeur de l'énergie. (Un indice : il faut développer l'une des bandes « relativement » à l'autre.)

Problème 5.2 Nous disposons d'une bande constituée d'une succession de répétitions des trois mêmes bits, par exemple :

$$110110110110\cdots.$$

Pour une bande à $3N$ bits, quelle est la valeur en carburant ? Comment l'extraire ?

5.1.1 Démon de Maxwell et thermodynamique de la mesure

Ceux d'entre vous qui souhaiteraient étudier plus avant la physique de l'information seront comblés par les nombreux écrits sur un paradoxe du XIXe siècle mis en avant par le physicien écossais James Clerk Maxwell. Le fameux « démon de Maxwell » provoqua au sein de la communauté des physiciens une controverse qui fit rage pendant un siècle, et qui n'a été résolue que récemment. En fait, le démon de Maxwell qui fut en partie à l'origine des travaux de certains chercheurs, tels Charles Bennett ou Rolf Landauer, sur la réversibilité et l'énergie du calcul informatique et sur le rapport entre information et entropie. Fait important, ces recherches ont également fait la lumière sur le rôle de la *mesure*. Je ne présenterai pas le sujet en grand détail, mais je vous offrirai suffisamment de friandises pour attiser votre curiosité. Vous trouverez un exposé complet sur le démon et les tentatives de le comprendre dans l'ouvrage de Harvey S. Leff et Andrew F. Rex, *Maxwell's Demon : Entropy, Information, Computing* (Adam Hilger, 1990).

À la manière de Maxwell, imaginons qu'un petit démon soit installé sur le sommet d'une boîte séparée en deux parties, chaque moitié étant remplie d'un gaz de molécules avec une distribution aléatoire en vitesse et en position (figure 5.7) :

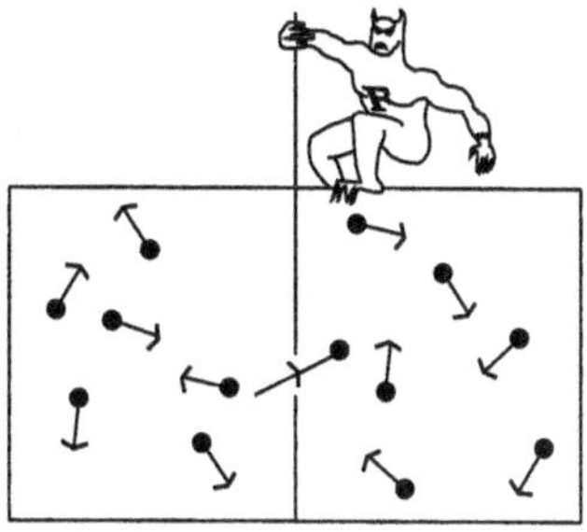

FIG. 5.7 – *Le démon de Maxwell en action.*

La tâche impartie au démon est toute simple. Les deux moitiés de la boîte sont séparées par une cloison mobile qu'il peut ouvrir et fermer à sa guise. Il observe l'un des côtés de la boîte (disons la moitié gauche) et guette les molécules arrivant à grande vitesse vers la paroi. Dès qu'il en repère une, il lève la paroi, laisse passer la molécule du côté droit et rabaisse aussitôt la cloison. De même, dès qu'il aperçoit une molécule lente se rapprocher de la paroi depuis la partie droite, il la laisse passer du côté d'où venait la molécule rapide. Après un certain temps, notre ami aura trié les molécules rapides et les molécules lentes en les répartissant de part et d'autre de la cloison. En d'autres termes, il aura séparé le chaud du froid et donc créé une différence de température entre les deux parties de la boîte. Et cela implique que l'entropie du système a diminué, ce qui est en contradiction directe avec la seconde loi de la thermodynamique !

Comme je l'ai dit plus haut, ce paradoxe apparent a créé d'importantes controverses parmi les physiciens. La seconde loi de la thermodynamique est un principe physique reconnu et si le démon de Maxwell semble le contredire, c'est que ce démon a quelque chose de louche. Depuis que Maxwell a soulevé la question en 1867, beaucoup de gens ont tenté de déceler la faille de son raisonnement. D'une manière ou d'une autre, le fait de trier les molécules d'un type donné en les faisant passer de l'autre côté de la cloison devrait produire une certaine quantité d'entropie.

Jusqu'à récemment, l'explication la plus répandue était que cette entropie provenait de la *mesure* que faisait le démon de la position des molécules. Cela semblait raisonnable. Par exemple, l'un des moyens par lequel le démon peut détecter les molécules rapides serait de les éclairer de sa torche démoniaque ; mais il libérerait alors au moins un photon, ce qui coûte de l'énergie. Plus généralement, avant d'observer une molécule donnée, le démon n'a aucun moyen de savoir si elle se déplace vers la droite ou vers la gauche. Après l'avoir observée, quel que soit le moyen choisi, cette incertitude, et donc l'entropie, serait réduite de moitié, ce qui s'accompagnerait certainement d'un gain d'entropie correspondant pour le milieu environnant.

Étonnement, Charles Bennett a démontré que le démon de Maxwell pouvait faire ses mesures sans aucune dépense d'énergie, pourvu qu'il adopte certaines règles pour enregistrer et effacer l'information obtenue. Le démon doit se trouver dans un certain état avant de procéder à ses mesures ; nous le noterons S : c'est l'état d'incertitude. Après avoir mesuré la direction du mouvement d'une particule, il passe dans un état parmi deux : disons G pour un mouvement vers la gauche, ou D pour un mouvement vers la droite. Il remplace le S par l'état approprié. Bennett a démontré que cette procédure peut être effectuée sans aucun coût énergétique. Seule l'étape suivante a un coût, celle-ci consistant à *effacer* le G ou le D pour remettre le démon dans l'état S, en vue de sa prochaine mesure. Cette découverte, le fait que ce soit l'effacement de l'information et non pas la mesure qui est source de création d'entropie dans le processus calculatoire, fut une étape majeure pour la question de la réversibilité.

5.1.2 Énergie et théorème de Shannon

Avant de quitter le domaine de la physique et de l'information, j'aimerais revenir sur un point que nous avons étudié à la leçon précédente, à savoir les limitations à la transmission d'information. Sans doute ne serez-vous pas surpris d'apprendre que le théorème de Shannon peut être réexaminé à la lumière de nos outils physiques ! Combinons l'étude que nous avons faite de la physique de l'information avec nos précédents travaux concernant les erreurs. Une question intéressante se pose : comment l'occurrence d'une erreur dans un message affecte-t-elle l'information qu'il contient ? Prenons tout pour commencer un message dont nous connaîtrions parfaitement les M bits, qui comporterait une quantité d'information N et que nous voudrions envoyer. Imaginons que nous le transmettions sur un canal affublé de beaucoup de bruit : l'effet en est que, durant la transmission, chaque bit du message a une probabilité q d'arriver erroné. Nous posons alors la question habituelle : quel est le nombre minimum de bits à envoyer pour transmettre l'information contenue dans les M bits de départ ? Il faudra coder le message, et à la lumière de nos travaux antérieurs sur la question, nous dirions que le message codé sera de taille M_C. Il s'agit là du nombre de bits que nous enverrons. Or, nous avons vu que pour effacer une bande dont nous ne connaîtrions rien de son contenu, il nous faut dépenser la quantité d'énergie :

$$M_C\, kT\, \log 2. \tag{5.13}$$

Cela étant, une partie de cette énergie est utilisée à nettoyer les erreurs, qui s'élève, comme nous l'avons vu précédemment, à :

$$\begin{aligned} M_C\, kT\, \log 2\, [-q\, \log_2 q - (1-q)\, \log_2(1-q)] \\ = [1 - f(q)]\, M_C\, kT\, \log 2. \end{aligned} \tag{5.14}$$

Nous considérons que cette énergie est perdue. Aussi nous faut-il consommer l'énergie libre :

$$M_C\, kT\, \log 2 - [1 - f(q)]\, M_C\, kT\, \log 2 = f(q)\, M_C\, kT\, \log 2 \quad (5.15)$$

pour effacer le message. L'énergie étant conservée, nous déduisons de notre relation entre énergie libre et information que la quantité maximale d'information pouvant être transmise par cette voie sera :

$$M_C\, [q \log_2(1/q) + (1-q) \log_2(1/1-q)]. \quad (5.16)$$

Vous voyez comment ce type de raisonnement physique nous conduit au résultat de Shannon.

5.2 Réversibilité et thermodynamique du calcul informatique

Il a toujours été admis que toute étape d'un calcul informatique requiert de l'énergie[2]. La première proposition, qui fit l'unanimité pendant des années, était qu'il existait un minimum d'énergie nécessaire pour chaque étape logique effectuée par une machine. Fort de ce que nous avons vu jusqu'à présent, vous devriez parvenir à en saisir le raisonnement. L'idée est que chaque état logique d'un composant quel qu'il soit correspond à un état physique dudit composant et, dès lors que celui-ci doit opter, pour son signal de sortie, entre 0 et 1 (comme par exemple un transistor dans une porte AND) cela s'accompagne nécessairement d'une compression de l'espace des phases disponible : il passe de deux options à une seule, ce qui diminue de moitié le volume de

[2]Vous trouverez un compte-rendu détaillé de l'histoire de ce sujet dans les articles de R. Landauer, « Zig-zag Path to Understanding », *Proceedings of the Workshop on Physics and Computation, Physcomp'94* et C. H. Bennett, *IBM J. Res. Dev.* 32 (1), (1988), p. 16-23. [Note des éditeurs américains.]

l'espace des phases. Ainsi chaque étape logique nécessiterait-elle au minimum $kT \log 2$ d'énergie libre[3]. Il y eut d'autres propositions. L'une d'elles s'intéressait à la fiabilité de chaque étape d'un calcul informatique. Elle faisait intervenir la probabilité qu'une erreur survienne, notons-la q, et le minimum d'énergie était estimé à $kT \log q$. Mais la question fut finalement résolue une bonne fois pour toutes : l'énergie nécessaire à chaque étape est inférieure à $kT \log q$, inférieure à $kT \log 2$ et en fait inférieure à toute autre valeur imaginable — pourvu que le calcul soit mené avec soin et suffisamment lentement. Idéalement, le calcul peut se faire *sans* perte d'énergie. Une bonne analogie est celle des frottements : en pratique, il y a toujours des frottements, et nous pourrions vérifier qu'un vrai moteur dissipe de l'énergie sous forme de chaleur à tout va, car les différentes parties en mouvement frottent les unes contre les autres. Cette perte énergétique est généralement assez élevée. Et pourtant, les physiciens aiment à considérer certains types de moteurs idéalisés, appelés « moteurs de Carnot », dans lesquels la chaleur dissipée est convertie en travail, lequel est réutilisé pour faire fonctionner le moteur et ainsi de suite, si bien que nous pouvons calculer une valeur maximum du rendement de l'opération. Ces moteurs fonctionnent suivant un cycle fermé *réversible* : ils sont initialement dans un état donné et se retrouvent dans ce même état après un cycle complet d'opérations. La seconde loi de la thermodynamique stipule que cela ne peut pas se faire avec un coût énergétique nul, mais il est possible, en théorie, d'élaborer de telles machines de façon à ce qu'elles aient le meilleur rendement possible, en diminuant autant que possible les pertes dues aux frottements, par exemple. Malheureusement, pour y parvenir, elles doivent opérer à un rythme infinitésimal !

[3] Il s'agit en fait d'une limite inférieure, très en deçà de tout ce que nous pouvons réaliser en pratique. L'énergie dissipée à chaque étape par un transistor ordinaire est de l'ordre de $10^8 kT$!

Nous pourrions par exemple chercher à transmettre de la chaleur depuis le moteur vers un réservoir environnant afin de maintenir le tout à l'équilibre thermique. Mais si la machine fonctionne trop rapidement, nous ne pourrons pas faire cela de manière continue et nous perdrons donc de la chaleur par dissipation dans certaines parties du moteur. Cependant, l'idée est que de telles machines pourraient, en principe, être fabriquées et, en les étudiant, les physiciens ont appris beaucoup de choses en thermodynamique. La condition *sine qua non* est la réversibilité. Or, il se trouve qu'il existe une idée du même acabit pour les ordinateurs. Si votre ordinateur est réversible, et je préciserai le sens de cette affirmation dans un moment, alors la perte d'énergie peut être rendue aussi petite que possible, pourvu que nous travaillions soigneusement et lentement — à un rythme infinitésimal. Comme c'était le cas pour les moteurs de Carnot, si nous opérons trop vite, nous dissipons de l'énergie. Vous comprenez à présent pourquoi je considère ce sujet comme académique. Vous pourriez même trouver la question un peu bébête (après tout, comme je l'ai précisé plus haut, les transistors modernes dissipent à peu près $10^8 kT$ à chaque coup) mais au même titre que notre discussion sur les limites de ce qui est calculable, ces questions se révèlent dignes d'intérêt. Dans un futur lointain, lorsque nous nous attellerons à la conception de l'Ordinateur suprême, dont les « transistors » pourront atteindre la taille d'un atome, nous aurons besoin de connaître les limites posées par la physique fondamentale. À des échelles aussi minuscules, il devient indispensable de s'interroger sur les énergies mises en jeu dans un calcul, et la réponse est qu'il n'y a aucune raison physique de ne pas pouvoir opérer en deçà de kT. Nous aborderons plus tard les problèmes plus immédiats, comme celui de réduire la dissipation d'énergie dans les ordinateurs modernes utilisant les transistors d'aujourd'hui.

5.2.1 Les ordinateurs réversibles

Revenons à la question du « calcul réversible ». Considérons le type de calcul particulier ci-dessous, que nous représentons en dessinant une boîte noire affublée d'une série de câbles en entrée et en sortie (figure 5.8) :

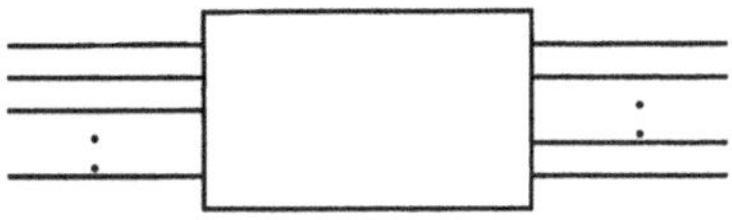

FIG. 5.8 – *Un calcul réversible.*

Imaginons qu'à chaque câble en entrée correspond un, et un seul, câble en sortie et que celui-ci est déterminé par la donnée d'entrée. (Dans les cas les plus simplistes, les signaux traversent simplement la boîte, sans être modifiés.) Dans ces circonstances, la sortie ne véhicule pas plus d'information que l'entrée : si nous connaissons les données d'entrée, nous pouvons en déduire le résultat à la sortie et, de plus, le calcul est « réversible ». Voilà qui contraste nettement avec les portes logiques conventionnelles comme le AND, par exemple (figure 5.9) :

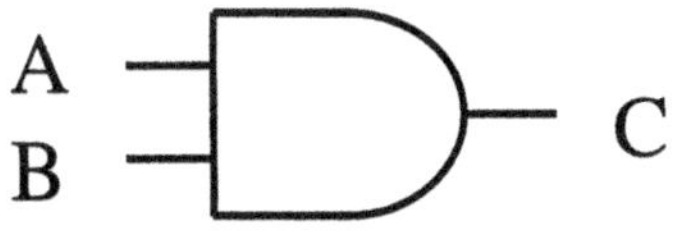

FIG. 5.9 – *La porte AND.*

Dans ce cas, nous avons deux lignes entrantes mais une seule sortante. Si la sortie vaut zéro par exemple, alors un état parmi les trois possibilités en entrée peut être à l'origine de ce résultat. J'ai donc perdu une certaine quantité d'information concernant l'entrée et cette perte d'information est irrémédiable : la porte

AND est irréversible. Il en va de même de la porte OR (mais pas le NOT !). En d'autres termes, l'espace des phases des entrées a été réduit à celui de la sortie, ce qui s'accompagne inévitablement d'une diminution d'entropie. Cela doit être compensé quelque part par création de chaleur. L'erreur commise au sujet de la dissipation de l'énergie dans les ordinateurs provenait de l'hypothèse que les étapes logiques étaient nécessairement semblables aux AND et aux OR — irréversibles. Ce que montra Bennett et quelques autres, c'est que ce n'est pas forcément le cas. Le fait que nous ne gagnions aucune information dans notre « calcul » abstrait représenté plus haut est le premier indice qu'il n'y a peut-être pas de perte d'entropie dans un calcul réversible. Et en effet, les ordinateurs réversibles sont à comparer aux moteurs de Carnot, dont les plus efficaces sont les machines réversibles. Nous verrons que la seule perte d'entropie dans le fonctionnement de notre machine abstraite provient de sa remise à zéro en vue de chaque opération.

Considérons un type d'ordinateur plus « noble », qui serait réversible de manière plus directe : il donne en sortie le résultat du calcul plus le signal d'entrée. Disons par exemple qu'il inscrit sur la bande les données d'entrée après les données de sortie. C'est la manière la plus directe de rendre un calcul réversible. Nous montrerons plus loin qu'en principe, un calcul de ce type peut être effectué avec un coût énergétique nul. Seule la remise à zéro de la machine en vue d'un prochain calcul coûte de l'énergie, et l'avantage, c'est que cela ne dépend pas de la complexité du calcul mais seulement du nombre de bits de la réponse. Et même si des milliards de composants ronronnent au cœur de la machine, pourvu que la réponse obtenue n'ait qu'un bit, alors $kT \log 2$ suffit à faire tourner la manivelle.

Il se trouve que nous avons déjà rencontré des portes réversibles dans les leçons précédentes. NOT en est une, comme je l'ai déjà dit. Nous avions étudié un exemple plus compliqué avec la porte de Fredkin CONTROLLED CONTROLLED NOT (figure 5.10) :

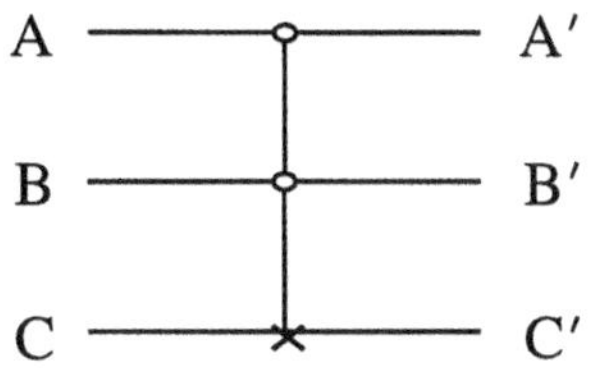

FIG. 5.10 – *La porte CCN.*

Ici, les lignes A et B opèrent comme des lignes de contrôle laissant C inchangée à moins qu'elles ne valent toutes deux 1, auquel cas C devient NOT C. Tout cela est réversible en ce sens que nous pouvons retrouver nos données d'entrée en injectant la sortie dans une autre porte CCN (voir la partie 2.3).

J'aimerais maintenant regarder en détail certains calculs réversibles afin de montrer qu'il n'y a pas d'énergie minimum à considérer. Je commencerai avec un calcul que vous pourriez à première vue ne pas considérer comme tel : le fait de dupliquer des données (souvenons-nous de notre analyse de la machine à copier de Turing, §3.5). Ce calcul peut paraître un peu idiot puisque nous n'obtenons rien de nouveau, mais il permet toutefois d'introduire certaines des idées sous-jacentes à la question de la dissipation d'énergie. Il n'est pas du tout évident *a priori* que nous puissions copier de l'information d'un endroit à un autre sans dépenser un peu d'énergie, même en principe. Et pourtant, nous devinons facilement pourquoi cela peut se faire sans coût en énergie. Nous pouvons considérer des données et leur copie comme deux messages inscrits sur une bande, tous deux identiques. De deux choses l'une : soit nous connaissons le contenu du message original, soit nous ne le connaissons pas. Dans le premier cas, nous ne dépensons aucune énergie libre pour remettre la bande initiale à zéro, ni pour la bande copie : il suffit de retourner les bits quand c'est nécessaire, comme nous l'avons vu précédemment. Dans le second cas, il nous faudra dépenser une certaine quantité d'énergie libre pour remettre la bande originale à zéro, mais pas pour la copie : ayant découvert le contenu de la première bande, nous utilisons cette information pour remettre à zéro la copie en retournant à nouveau les mêmes bits. Tout simplement, il n'y a pas plus d'information dans l'ensemble {données plus copie} que dans les seules données initiales. Remettre le système à zéro ne devrait donc pas nécessiter plus d'énergie libre dans le premier cas que dans le second. Voilà un raisonnement typique du monde du calcul informatique réversible.

5.2.2 La duplication

Concrétisons un peu tout cela. Je présenterai dans un instant un duplicateur qui existe dans la nature : j'ai nommé la molécule d'ARN des cellules vivantes. Mais avant cela, je voudrais me pencher sur deux exemples plus artificiels de machines à copier. Notre analyse s'inspire de celle de Bennett.

Commençons par un processus de duplication tout à fait général. Nous partons d'un objet original, que nous appellerons le « modèle » et qui, de quelque manière que ce soit, contiendra un 0 ou un 1. Disons qu'il s'agit d'un certain dispositif physique bistable (c'est-à-dire ayant deux états stables). Nous voulons fabriquer un second objet, que nous appellerons le « duplicateur », qui peut lui aussi contenir un 0 ou un 1. Un exemple de dispositif bistable pourrait être modélisé par le puits de potentiel représenté ci-dessous (figure 5.11) :

FIG. 5.11 – *Un puits de potentiel.*

Je donnerai d'ici peu un exemple de sa réalisation physique. Ce que signifie ce diagramme plutôt abstrait c'est qu'une partie du dispositif, que nous représenterons par un point, peut se trouver dans l'un ou l'autre de deux états stables ; ici, il peut occuper le creux de gauche ou celui de droite, correspondant respectivement à 1 ou 0, par exemple. La courbe décrit l'énergie potentielle du point selon sa position dans le dispositif. Les creux sont les minima de cette énergie et sont des valeurs privilégiées pour le point ; de profondeur égale, tous deux ont autant de chances d'être occupés. Un bon moyen de visualiser ce qui se passe est d'imaginer une bille plutôt qu'un point, laquelle se déplace dans un puits solide plutôt que sur une simple courbe. Si nous lui donnons un peu d'énergie, elle oscillera de part et d'autre du creux qu'elle occupe ; dotée d'une énergie suffisante, elle pourra passer par-dessus la bosse, jusqu'à l'autre creux (ce qui est équivalent, pour notre modèle, à changer l'état du bit). La hauteur de la bosse, c'est-à-dire la quantité d'énergie nécessaire pour que la transition ait lieu, s'appelle la « barrière de potentiel ». Nous voudrions que les fluctuations thermiques typiques de notre point, quel qu'il soit en réalité, représente beaucoup moins que la valeur de cette barrière, afin que le dispositif soit stable. Une autre manière de visualiser cela est d'imaginer le point confiné dans une boîte séparée en deux moitiés par une cloison. La barrière de potentiel est alors l'énergie à fournir pour faire passer le point d'une moitié à l'autre.

Supposons que le modèle et le duplicateur puissent tous deux être modélisés par un potentiel de ce type, le modèle étant dans un état donné. Cet état peut être aléatoire : il n'est pas indispensable de le connaître, mais par souci de clarté, je le choisirai comme indiqué sur la figure 5.12 (où j'ai utilisé une croix pour désigner le point correspondant au modèle) :

FIG. 5.12 – *État initial du modèle.*

Quel est l'état initial du duplicateur ? Il doit se trouver dans l'un ou l'autre état possible. Cet état ne peut pas être arbitraire car la duplication implique justement que nous le placions dans un état précis, et pour ce faire, nous devons fournir un certain travail (disons par compression dans le cas de l'analogie de la boîte cloisonnée). Nous pouvons également raisonner dans l'espace des phases et comparer le nombre de possibilités modèle-duplicateur disponibles avant la duplication (il y en a quatre pour un modèle aléatoire) et après (il n'y en a plus que deux) : en toute logique cette étape serait donc irréversible. Disons que le duplicateur se trouve dans l'état opposé à celui du modèle (figure 5.13) :

FIG. 5.13 – *État initial du duplicateur.*

Manifestement, la duplication nécessite que nous trouvions le moyen de faire passer le point d'un creux à l'autre. Pour ce faire, nous devons être en mesure de manipuler le puits de potentiel afin de rendre l'autre creux plus favorable, au sens énergétique. Supposons qu'il existe deux paramètres associés au duplicateur que nous pouvons ajuster à notre guise : la barrière de potentiel et la profondeur relative des deux creux. Nous supposerons en outre que la profondeur des deux creux peut être modifiée par une certaine force d'interaction entre le duplicateur et le modèle. (N'ayez pas d'inquiétude si tout cela vous paraît affreusement confus et abstrait ! Tout deviendra clair dans un instant.) Nous la qualifierons de « force d'inclinaison », puisqu'elle a pour effet d'incliner le dessin. Nous combinerons ces deux opérations pour déplacer le point du duplicateur, mais de telle sorte (et c'est important) qu'il y ait toujours *un seul* minimum possible pour le point, à chaque instant.

Nous procédons de la manière suivante. Disposons tout d'abord le modèle à une certaine distance du duplicateur. Même à distance, celui-ci exercera une légère force d'inclinaison sur le duplicateur. Nous considérons que cette force a pour conséquence d'augmenter la profondeur de celui des deux creux du duplicateur correspondant à celui qu'occupe le modèle. Le potentiel du duplicateur sera donc légèrement déformé, comme sur la figure 5.14 :

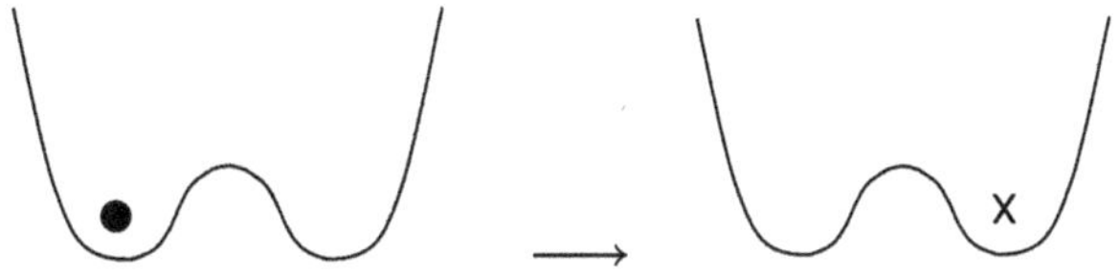

FIG. 5.14 – *Déformation initiale du duplicateur.*

La première étape du processus de duplication consistera à abaisser doucement la barrière de potentiel du duplicateur afin d'éliminer l'obstacle qui empêche le point de passer d'une position à l'autre. Il pourra alors glisser jusqu'à l'autre état. Qu'est-ce qui nous permet de faire cela ? C'est là qu'intervient l'« inclinaison » du modèle. À l'étape deux, nous rapprochons le modèle du duplicateur si bien que la force d'inclinaison s'intensifie. Cela déforme de plus en plus le potentiel du duplicateur, tout en abaissant l'énergie du creux correspondant à l'état du modèle, comme sur la figure 5.15 :

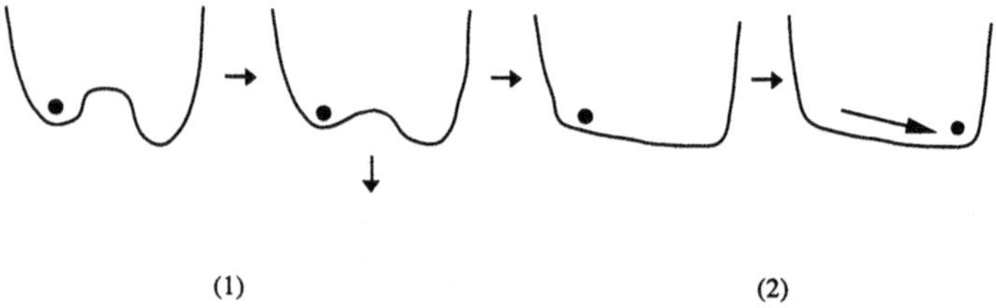

FIG. 5.15 – *Diminution de la barrière de potentiel et inclinaison.*

Le point peut alors glisser tout doucement le long de la courbe de potentiel, et occuper le nouveau minimum, énergétiquement plus favorable. À l'étape trois, nous replaçons la barrière de potentiel afin de maintenir le point dans sa nouvelle position et, pour finir, à l'étape quatre, nous éloignons le modèle de façon à ce que le potentiel du duplicateur retrouve sa forme (figure 5.16) :

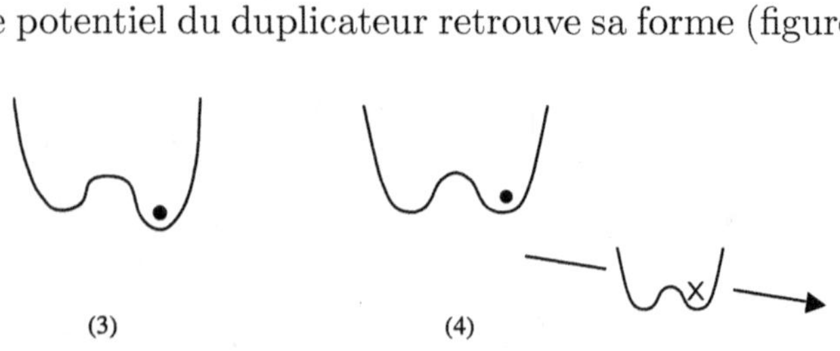

FIG. 5.16 – *État final du système.*

Voilà les grandes lignes de cette machine à copier. Nous pouvons nous amuser davantage avec ce modèle. Par exemple, pour des systèmes physiques adaptés, nous pouvons envisager d'approcher le modèle du duplicateur à l'étape un de telle sorte que la force d'inclinaison abaisse l'état dans lequel se trouve déjà le point, afin de maintenir le point en place pendant que nous abaissons la barrière de potentiel, si tant est que cela soit utile. Nous déplaçons ensuite le modèle de l'autre côté pour une nouvelle inclinaison. C'est une variante possible, qui toutefois ne modifie pas fondamentalement l'idée principale.

Le plus important, dans ce processus, c'est qu'il soit effectué lentement et avec soin. Il n'y a pas de changements brusques. Le moyen le plus facile pour faire passer le point d'un creux à l'autre serait d'approcher rapidement le modèle pour déformer les creux de la manière choisie, puis d'enlever la barrière de potentiel. Le point roulerait alors jusqu'au nouveau creux. Tout cela est bien joli, et bien rapide, mais entraînerait forcément, dans un système réel, une dissipation d'énergie. Cependant, si le processus est suffisamment harmonieux, l'abaissement de la barrière, l'inclinaison et la duplication pourront être exécutés sans dépense d'énergie. Essentiellement, cela vient du fait que les grandeurs physiques contribuant à la dissipation d'énergie (comme l'énergie cinétique du point qui se déplace vers son nouvel état, ou le travail fournit pour baisser et relever la barrière de potentiel) sont négligeables dans ces circonstances. Soit dit en passant, vous devriez pouvoir vous convaincre que cette procédure fonctionne même si nous ne connaissons pas l'état initial du modèle.

Lorsque Charles Bennett a découvert tout cela, personne ne savait que c'était possible, malgré le fait que la majeure partie des travaux préliminaires, que nous devons à Landauer, son collègue chez IBM, remontaient à 1961. Il y avait beaucoup d'idées préconçues à contrecarrer. Personnellement, je ne vois rien de faux dans son raisonnement. Carver Mead, de Cal Tech, m'a demandé un jour d'étudier la consommation énergétique des ordinateurs, alors je me suis penché sur tout cela et, petit à petit, j'en ai conclu qu'il n'y avait pas d'énergie minimum. Ce fut une sacrée surprise pour moi ! À l'époque, les résultats de Bennett étaient connus depuis quatre ans déjà, et pourtant certains chercheurs s'y opposaient encore farouchement. Voilà aussi pourquoi il est agréable de retrouver ce genre de chose par soi-même : comme je le disais à la première leçon, tant pis si vous n'êtes pas le premier à le faire, ce qui compte, c'est d'avoir compris !

5.2.3 Une réalisation physique

Revenons à l'exemple précédent pour en donner une illustration physique et, qui plus est, amusante ! Nous avons besoin d'un quelconque dispositif physique bistable ? En voici un : deux boussoles, c'est-à-dire simplement deux dipôles magnétiques pouvant chacun tourner autour d'un axe. À un bout, le nord, à l'autre le sud et, comme chacun sait, le nord attire le sud et vice versa, tandis que les pôles identiques se repoussent. Supposons que le modèle, comme le duplicateur soient composés de cette paire de boussoles. Pour simplifier, j'insiste sur le fait que chaque membre d'une même paire est lié à l'autre de telle sorte que tous deux doivent pointer dans la même direction. Cela implique que nous pouvons analyser chaque système en fonction d'une seule variable, à savoir l'angle ϕ entre les aiguilles et l'horizontale. Les situations autorisées et interdites sont donc celles représentées ci-dessous :

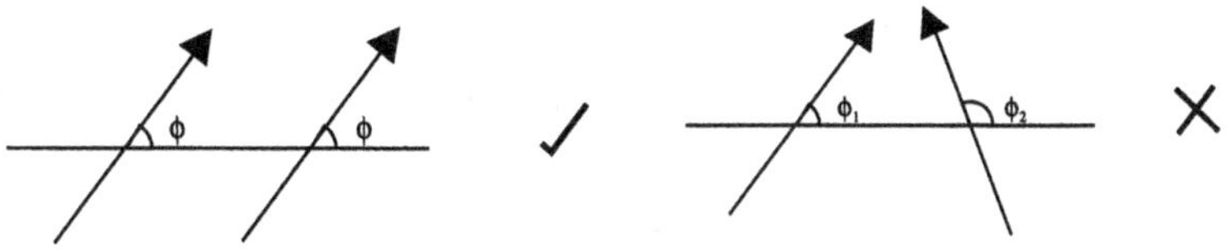

(a) *Configuration autorisée.* (b) *Configuration interdite.*

FIG. 5.17 – *Configurations angulaires.*

De toute évidence, la configuration interdite serait instable. Cela étant, les alignements des aiguilles des boussoles au sein d'une même paire n'ont pas tous la même énergie potentielle. Nous le voyons clairement en comparant les états représentés sur la figure 5.18 :

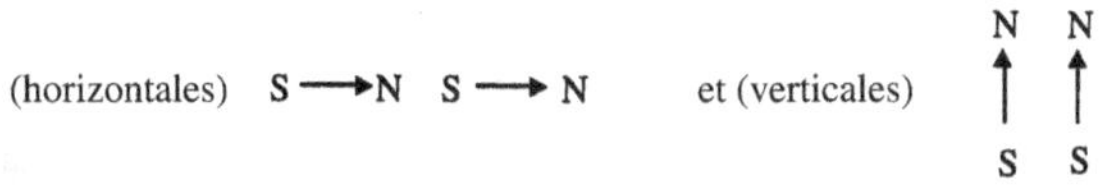

FIG. 5.18 – *États stable et instable.*

Le premier des deux est évidemment très stable, la pointe de la première aiguille attirant la base de l'autre. Le second état, avec les deux aiguilles à la verticale, est très instable : les pôles nord se repoussent et les aiguilles chercheront à occuper le premier état ou sa réflexion dans un miroir. Il est possible de calculer l'énergie potentielle pour un état avec un angle ϕ. Elle vaut approximativement (avec une précision suffisante en ce qui nous concerne) :

$$\text{Énergie potentielle} \approx \sin^2 \phi. \tag{5.17}$$

L'allure de cette fonction énergie potentielle ressemble au graphe de la figure 5.19 :

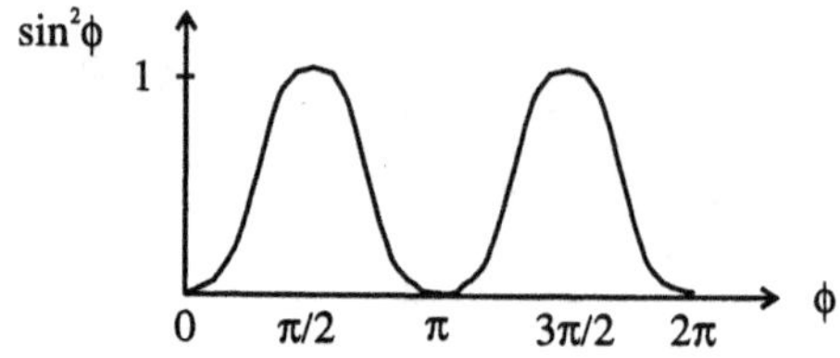

FIG. 5.19 – *L'énergie potentielle comme fonction de ϕ.*

Notons à quel point elle ressemble à notre puits de potentiel purement abstrait. Les minima sont en $\phi = 0$ et $\phi = \pi$: ils correspondent aux états stables « horizontaux » ; les maxima, quant à eux, correspondent aux états « verticaux », en $\pi/2$ et $3\pi/2$. (Souvenons-nous que le graphe se boucle sur lui-même à $\phi = 0$ et 2π.) De toute évidence, le système est bistable et nous voyons qu'une fois les aiguilles dans l'une des positions correspondant à un minima, il nous faudrait dépenser de l'énergie pour les faire passer dans l'autre position d'équilibre.

Pour modifier cette barrière de potentiel, nous introduisons un champ magnétique vertical B. Il est possible de montrer que cela ajoute un terme

$$-B \sin \phi \tag{5.18}$$

à l'énergie potentielle. En augmentant B, nous abaissons la barrière entre les états 0 et π, comme sur la figure 5.20 :

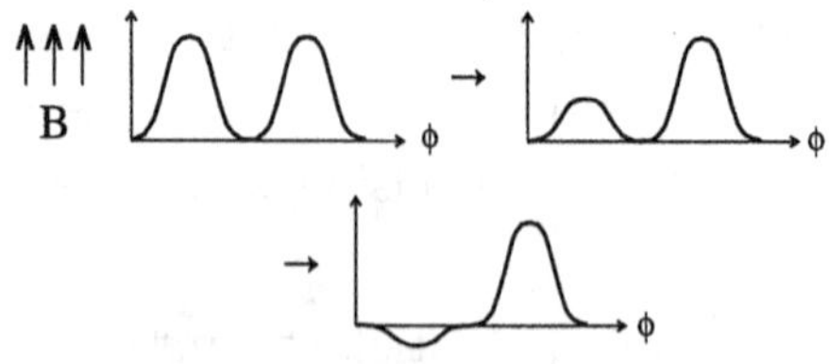

FIG. 5.20 – *Modification de la barrière de potentiel du dipôle duplicateur.*

(Vous pourrez vous amuser à essayer diverses valeurs numériques pour voir précisément l'effet obtenu.) La force d'inclinaison, comme précédemment, provient du fait que nous rapprochons le modèle du duplicateur. Dans le cas présent, nous voyons ce qui, dans le modèle, produit cette force : il s'agit du champ magnétique du bit de donnée. La force est perpendiculaire à B et s'exerce dans la direction des boussoles du modèle. Notons-la b ; elle contribue à l'énergie potentielle par :

$$-b\cos\phi. \tag{5.19}$$

De toute évidence, cela gomme la symétrie entre $\pi/2$ et $3\pi/2$ et correspond à une inclinaison. Nous voyons alors comment s'opère la duplication : nous commençons avec le duplicateur dans un état stable — choisissons l'état $\phi = 0$ ($\rightarrow\ \rightarrow$). Nous augmentons délicatement le champ B (ou nous déplaçons le duplicateur d'une région où règne un faible champ à une région de fort B) jusqu'à ce que la barrière soit abaissée. À ce stade, le dipôle est en position verticale (figure 5.21) :

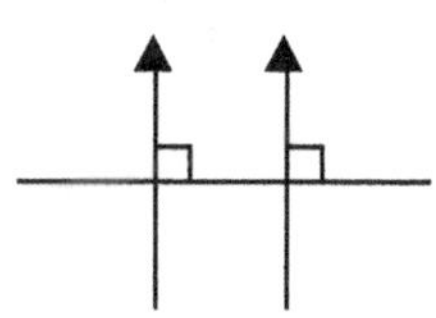

FIG. 5.21 – *État initial (instable) du duplicateur.*

Nous apportons alors le modèle. Cela suffit déjà à perturber légèrement la paire du duplicateur, mais pas suffisamment pour que les effets soient discernables. Puis, à mesure que nous les rapprochons, le champ du modèle fait basculer les aiguilles du duplicateur (mais pas d'un seul coup !) jusqu'à un nouvel état. (Tout cela à condition qu'il y ait bien un nouvel état accessible : si l'état initial du duplicateur coïncide avec celui du modèle, les aiguilles reviendront simplement à leur position de départ.) Nous ôtons ensuite le modèle, sortons le duplicateur du champ B et la copie est terminée !

Ici encore, vous pourrez vérifier que cette méthode de duplication fonctionne même si nous ne connaissons pas l'état du modèle. En outre, nous voyons aisément qu'en l'effectuant lentement, elle ne coûte pas d'énergie — ni courant ni rien. La partie précédente avait pour but de vous montrer le principe, mais peut-être cet exemple précis est-il plus facile à comprendre.

5.2.4 Un ordinateur vivant

Cet exemple des deux dipôles a beau s'appuyer sur des considérations physiques, il reste somme toute assez artificiel. Mais il existe une procédure de duplication qui existe réellement dans la nature, et qui fait intervenir des forces thermodynamiques plutôt que mécaniques[4]. Il s'agit de l'une des étapes de la synthèse de protéines dans une cellule vivante. Vous savez probablement ce que sont les protéines (de longues chaînes moléculaires d'acides aminés, comme le tryptophane ou l'alanine) et peut-être connaissez-vous aussi leur importance eu égard à la structure et le fonctionnement des êtres vivants. Et pourtant, comprendre réellement toute la complexité du bazar qu'implique leur fabrication nécessiterait que nous étudiions des domaines de la biochimie qui dépassent de loin la portée de ces leçons ! Je ne m'attellerai pas à tout cela ici, et je tenterai simplement de vous fournir suffisamment d'éléments pour vous permettre de vous faire une idée du comportement de la « machine » à copier que j'ai en tête.

Tout être vivant contient un nombre considérable de protéines de différentes sortes, chacune étant définie de manière unique par une combinaison particulière de certains acides aminés. Puisque

---

[4]Pour en savoir plus sur ce sujet, je vous invite à consulter l'article de C. Bennett, *Int. J. Theor. Phys.* 21 (1982), p. 905-940.

les cellules fabriquent ces molécules, il doit manifestement exister quelque part un ensemble de « règles de construction » pour chaque type de protéine. Cette information se trouve en fait dans la molécule d'ADN (l'acide désoxyribonucléique), la fameuse « double-hélice » contenue dans le noyau des cellules. L'ADN est constitué d'une double chaîne, et chaque brin se compose d'une alternance de phosphate et de glucides du groupe des pentoses. À chaque groupe de glucides est attachée l'une des quatre bases azotées que sont l'adénine (A), la thymine (T), la cytosine (C) et la guanine (G) (l'association phosphate-pentose-base s'appelle un nucléotide). Le code pour la synthèse de protéines procède d'un certain agencement des bases.

Le processus de synthèse des protéines peut être scindé en deux étapes. La première — c'est elle qui nous intéresse — implique la formation d'un autre brin phosphate-glucide-base, appelé l'ARN messager (ou ARN-m). Le code de l'ADN est recopié sur le brin d'ARN base par base (suivant des règles de correspondance bien précises, que je vais détailler sous peu) et l'ARN-m, une fois terminé, quitte le noyau de la cellule et se déplace là où il pourra contribuer à la synthèse d'une protéine. La machine qui effectue la duplication est une enzyme appelée « polymérase ». Voici ce qui se passe : l'ADN et l'enzyme flottent dans une soupe biologique incroyable contenant, entre autres, beaucoup de triphosphates (comme l'ATP, l'adénosine triphosphate, le CRP, le GTP et l'UTP — l'uracile U est une autre base). Ces molécules sont essentiellement des nucléotides attachés à deux phosphates supplémentaires. La polymérase se fixe à l'endroit du brin d'ADN devant être dupliqué puis se déplace le long de celui-ci en fabriquant la copie — l'ARN — avec l'un des nucléotides de la soupe. (Un point essentiel est que l'ARN est constitué des quatre bases A, G, C et U (pas T) et que le brin d'ARN doit être le complémentaire du brin d'ADN. Les relations de complémentarités sont les suivantes : le A de l'ADN donne un U sur l'ARN, le T un A, le C un G et le G un C). Les nucléotides provenant de la soupe sont contenus dans des triphosphates et lorsque l'un d'eux est ajouté au brin en fabrication, les deux phosphates supplémentaires sont libérés dans la soupe, tout en restant liés entre eux (et donc sous forme de pyrophosphate). Le nucléotide doit être bien choisi, c'est-à-dire qu'il doit être le complémentaire de la base du brin d'ADN qui est sur le point d'être dupliquée. Supposons par exemple que l'enzyme, en glissant le long du brin d'ADN, rencontre une base C. À cette étape précise de son travail, il se trouve que la liaison entre la polymérase et une molécule GTP (triphosphate avec une base G attachée) de la soupe est moins coûteuse en énergie qu'une liaison avec un UTP ou un ATP : la complémentarité est donc induite par des considérations énergétiques. Le choix se porte donc sur une molécule GTP. L'enzyme libère alors un pyrophosphate dans la soupe ambiante et glisse ensuite le long du brin d'ADN jusqu'au prochain nucléotide.

Schématiquement, cela se résume de la manière suivante (figure 5.22) :

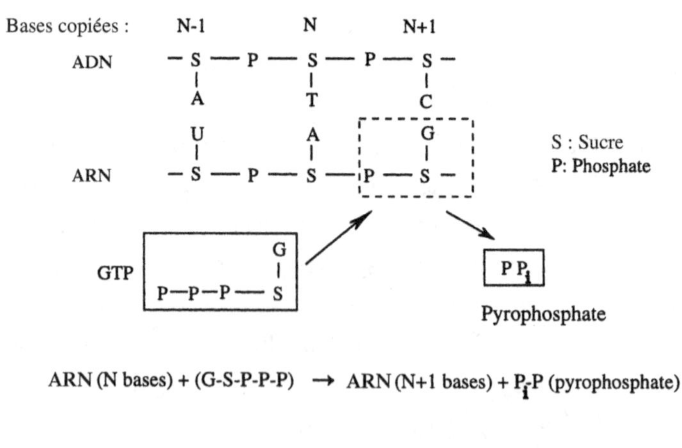

FIG. 5.22 – *Formation de l'ARN-m.*

Dans les processus biochimiques, les enzymes jouent le rôle d'un catalyseur : elles influencent le rythme des réactions mais leur direction. Or, les réactions chimiques sont réversibles, et la réaction induite par la polymérase pourrait tout à fait se poursuivre dans l'autre sens (c'est-à-dire que l'enzyme déferait la chaîne d'ARN-m qu'elle était en train de synthétiser). Dans ce cas, elle attache un pyrophosphate de la soupe ambiante à l'une des bases de l'ARN-m et relâche le triphosphate ainsi formé dans le milieu environnant. Ainsi, l'enzyme pourrait-elle tout à fait se déplacer dans le mauvais sens, croquer un G, continuer, croquer un C, continuer, et ainsi de suite, en défaisant tout son bel ouvrage[5]. La direction de la réaction dépend des concentrations relatives de pyrophosphates et de triphosphates. Si les ATP, les GTP et les autres sont en très grand nombre et qu'il y a relativement peu de pyrophosphates, alors l'enzyme ne pourra défaire la chaîne qu'à un rythme très diminué, car elle ne trouvera pas suffisamment de pyrophosphates pour extraire les nucléotides de l'ARN-m. À l'inverse, si les pyrophosphates libres sont majoritaires face aux triphosphates, la réaction aura tendance à se faire dans le mauvais sens, défaisant ainsi toute la copie.

Ces concentrations relatives peuvent s'interpréter en fonction du nombre d'états disponibles au système à chaque étape de l'opération. Si le milieu grouille de triphosphates, alors un grand nombre d'états vers l'avant sont disponibles, contre peu d'états vers l'arrière : la polymérase aura plutôt tendance à choisir l'un des premiers états, diminuant ainsi son entropie. La différence des énergies libres, mesurée par la différence des concentrations, détermine donc le sens dans lequel l'enzyme procède. Avec des

---

[5]Bennett a joliment qualifié ces machines d'« ordinateurs browniens », résumant par là le fait que leur comportement est essentiellement aléatoire, mais qu'elles progressent néanmoins en dérivant dans une direction privilégiée imposée à leur besogne.

concentrations bien choisies, le duplicateur pourrait aussi osciller continuellement, sans jamais parvenir à terminer une copie. Dans une véritable cellule, la concentration en pyrophosphates est maintenue assez basse par hydrolyse, ce qui garantit que seul le processus de duplication peut avoir lieu, et non son inverse. L'ensemble ARN polymérase affiche un rendement relativement médiocre eu égard à la consommation d'énergie : elle dissipe environ $100kT$ par bit. Il y aurait moins de pertes si l'enzyme se déplaçait plus lentement (or, le rythme des réactions varie bien sûr avec le gradient de concentration), mais il faut maintenir un certain rythme pour garder un organisme en vie ! Bon, $100kT$ par bit, c'est tout de même autrement plus efficace que les 10^8kT perdus dans un quelconque transistor !

Pour résumer, disons que la morale de cette section est qu'aucune quantité d'énergie minimum absolue n'est nécessaire pour dupliquer des données. Mais il existe bel et bien une limite si nous voulons copier à une certaine vitesse.

5.3 Calcul informatique : vitesse et coût énergétique

La vitesse est une question importante et j'aimerais parvenir à écrire une formule donnant la quantité d'énergie libre nécessaire pour mener un calcul en un temps fini. Au moins, cela rendra notre étude plus concrète. Le calcul réversible n'a pas vraiment sa place dans le monde de l'informatique contemporaine, en dépit du fait que nous pourrions en imaginer des applications plus utiles que la simple réduction de 10^8kT à moins de kT. (Nous pouvons en fait atteindre 2 ou $3kT$ avec des calculs irréversibles, mais pas moins.) Par exemple, nous pouvons étudier le problème des erreurs survenant dans des architectures parallèles où des milliers de processeurs travaillent de concert. La question de la correction d'erreurs par codage dans ce type de situation s'est présentée, mais n'a pas été résolue. J'estime que les dispositifs résidant au cœur des machines pourraient tout à fait être rendus réversibles, et que cela nous permettrait de déceler les erreurs au fur et à mesure. Mais quel serait le coût de ces dispositifs réversibles ? Peut-être trouverons-nous bientôt des applications à ces choses-là. Cela rendrait mon exposé plus concret et puisque l'informatique se résume à de l'ingénierie, vous pourriez en mesurer toute la valeur ! Quoi qu'il en soit, je ne chercherai plus, désormais, à me faire pardonner ma curiosité académique débridée...

Nous avons vu un exemple de calcul réversible dans le processus biologique de duplication de l'ADN. Celui-ci faisait intervenir une machine (admettons) progressant par à-coups, avançant un petit peu, puis reculant, mais qui avance plus qu'elle ne recule grâce à une certaine force, si bien qu'au final elle accomplit bel et bien quelque chose (une duplication, dans ce cas-là). Nous pouvons en faire un modèle pour des considérations plus générales et utiliser le concept « brownien » pour obtenir une formule donnant la dissipation d'énergie de ce genre de processus. Nous n'obtiendrons pas de formule universelle donnant la dissipation d'énergie pour un calcul général, mais nous nous forgerons au moins une idée de la manière de procéder pour calculer ces choses-là. Nous prendrons toutefois un peu d'avance sur la discussion car nous présenterons dès à présent la formule générale[6], si bien que nous verrons la suite comme l'une de ses possibles illustrations.

Imaginons un ordinateur réversible. En général, l'énergie libre dépensée lorsqu'il fonctionne de manière réversible sera nulle, pourvu qu'il opère suffisamment lentement (à une vitesse infinitésimale). Supposons toutefois que nous accélérions les opérations

[6]Cette règle est assez générale, mais elle connaît néanmoins des exceptions nécessitant de petites corrections. Nous en verrons un exemple avec l'ordinateur « balistique » du paragraphe 5.5.

jusqu'à un rythme r. En d'autres termes, à chaque étape, il y a r fois plus de chances d'effectuer une étape du calcul vers l'avant que vers l'arrière. Le résultat est alors que la quantité minimum d'énergie dépensée à chaque étape d'un calcul vaut :

$$kT \log r. \qquad (5.20)$$

Notons que l'énergie est d'autant plus faible que r est petit.

Illustrons cette règle en étudiant un ordinateur de type brownien. Imaginons un système, ou un dispositif, se trouvant dans un état particulier associé à une énergie particulière. Il peut avancer ou reculer vers un nouvel état, chaque transition revenant à faire un calcul (progression vers l'avant) ou à le défaire (vers l'arrière). Nous pouvons modéliser cela à l'aide des niveaux d'énergie de la figure 5.23 :

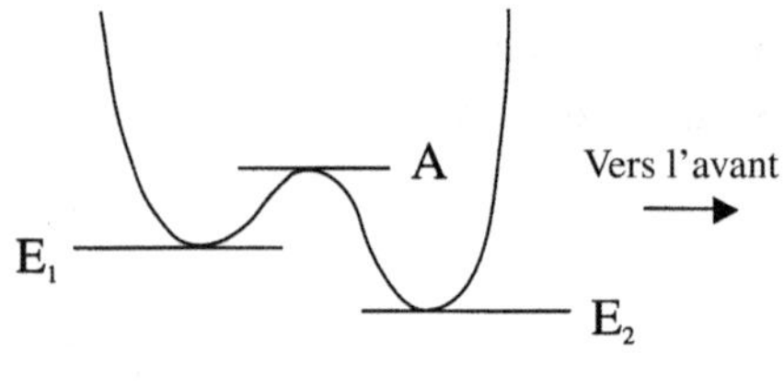

FIG. 5.23 – *Une transition générique.*

Nous supposons notre ordinateur dans l'un des deux états qui lui sont accessibles, d'énergie E_1 ou E_2. En général ces énergies ne seront pas égales. Notre dispositif peut passer de E_1 à E_2, vers l'avant (l'idée étant que les énergies sont inférieures dans la direction correspondant à l'exécution du calcul) ou de E_2 à E_1, vers l'arrière. Il peut arriver que les énergies de ces deux états soient égales, l'une des deux étant alors diminuée par l'action d'une force extérieure. Nous avons introduit dans ce diagramme l'« énergie d'activation », A, qui est l'énergie devant être fournie au système pour qu'une transition puisse avoir lieu, dans un sens ou dans l'autre. Nous nous intéresserons aux effets des fluctuations thermiques, lesquelles feront passer l'ordinateur, de manière aléatoire, d'un état à un autre, dès lors que l'énergie de ces fluctuations dépasse A. Ces fluctuations pourront diriger le dispositif dans un sens ou dans l'autre, et nous pouvons calculer les taux de transition dans chaque cas. Ces taux ne seront pas égaux. Grosso modo, la probabilité que le système passe dans l'état d'énergie E_i correspond à la probabilité qu'il reçoive, par accident, suffisamment d'énergie pour franchir la barrière (c'est-à-dire A) vers E_i. De toute évidence, l'énergie nécessaire pour passer de E_1 à E_2 (un pas vers l'avant) vaut $(A - E_1)$ tandis que pour passer de E_2 à E_1, elle vaut $(A - E_2)$. Un résultat classique de mécanique statistique stipule que la probabilité d'une transition d'un état vers un autre dont l'écart (positif) en énergie vaut δE s'écrit :

$$C \exp(-\delta E/kT), \tag{5.21}$$

le facteur C résumant les informations concernant les fluctuations thermiques du milieu environnant. Nous pouvons le calculer dans l'espace des phases (par une analyse de l'entropie), en examinant les probabilités de l'ensemble des transitions entre les différents états. Cependant, ce sont les taux de chaque transition entre états qui nous intéressent, et ceux-ci seront donnés par une formule du même genre. Il suffit d'inclure un autre facteur, notons-le X, ce qui nous donne :

$$\text{taux vers l'avant} = CX \exp[-(A - E_1)/kT] \tag{5.22}$$

et

$$\text{taux vers l'arrière} = CX \exp[-(A - E_2)/kT]. \tag{5.23}$$

Le facteur X dépend de diverses propriétés moléculaires de la substance considérée (du libre parcours moyen, de la vitesse moyenne, etc.), mais la propriété qui nous intéresse est qu'il ne dépend pas de E (considérez les taux de transition dans le cas $E_1 = E_2$). Nous pouvons donc en déduire le rapport des taux vers l'avant et vers l'arrière :

$$\exp[(E_1 - E_2)/kT]. \tag{5.24}$$

Ce rapport ne dépend que de la différence d'énergie entre les états successifs et nous donne donc une idée du rythme auquel notre calcul (la réaction) progresse et de la différence d'énergie nécessaire entre chaque étape pour le mener à bien. Plus grande sera la différence d'énergie $(E_1 - E_2)$, plus vite la machine passera-t-elle de E_1 à E_2 et plus rapide sera le calcul.

Nous pouvons relier ce résultat à notre formule générale précédente en posant le taux obtenu ci-dessus égal à r. Nous obtenons alors, pour l'énergie dépensée à chaque étape :

$$kT \log r = E_1 - E_2, \tag{5.25}$$

ce qui paraît raisonnable.

Permettez-moi de vous proposer une seconde illustration de la manière dont nous pouvons diriger un ordinateur dans une direction choisie. Nous considérerons cette fois des états calculatoires qui diffèrent non pas par leur énergie, mais par leur disponibilité. Autrement dit, notre ordinateur choisit son prochain état non pas sur la base de l'énergie de celui-ci, mais en fonction du nombre d'états équivalents accessibles. Notre duplicateur d'ADN en est un exemple. Dans ce cas, une étape du calcul était l'ajout par l'enzyme d'une base à la chaîne d'ARN, ce qui s'accompagnait de la libération de pyrophosphates dans le milieu environnant. L'étape inverse consistait à prélever des phosphates de la solution moléculaire et de détacher les bases. Chaque étape est équivalente du point de vue énergétique, mais l'une peut être plus favorable que l'autre selon les concentrations relatives des molécules dans la soupe. Supposons qu'il y ait pénurie de phosphates et abondance de bases disponibles. Dans ce cas, le nombre d'états (vers l'avant) pour lesquels une base s'attache au brin d'ARN et un pyrophosphate se libère — tous ces états étant considérés équivalents — est supérieur au nombre d'états (vers l'arrière) pour lesquels un phosphate est happé et une base détachée (ici encore, tous ces états seront considérés comme identiques). Nous pouvons donc envisager un ordinateur conçu pour progresser par diffusion, en ce sens qu'il aura plus de chances de passer dans un état de plus haute (plutôt que plus basse) disponibilité. Schématiquement, la situation est celle de la figure 5.24, n_i désignant le nombre d'états disponibles.

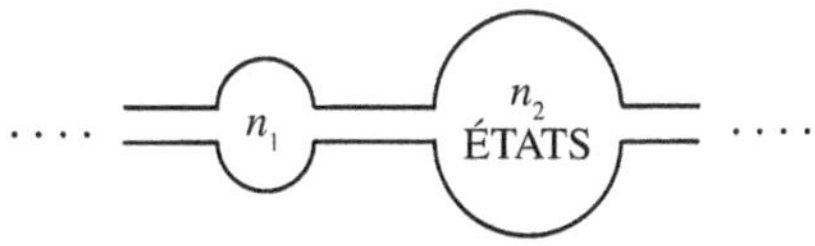

FIG. 5.24 – *Disponibilité des états.*

Il est possible de montrer (mais ça n'est pas évident) que dans ce cas, le rapport du taux de transition vers l'avant sur le taux de transition vers l'arrière s'écrit :

$$r = n_2/n_1. \tag{5.26}$$

Souvenons-nous que nous avions défini l'entropie d'une configuration donnée d'un système par :

$$S \approx k \log W, \tag{5.27}$$

W étant la probabilité de trouver le système dans cette configuration particulière. Nous pouvons donc écrire :

$$kT \log r = kT\,(\log n_2 - \log n_1) = (S_2 - S_1)T, \tag{5.28}$$

après annulation d'un certain nombre de constantes en facteur. En d'autres termes, pour ce processus, la perte d'énergie à chaque étape est égale à l'entropie créée à l'étape considérée, à un facteur près qui est la température, comme toujours. Ici encore, cela paraît raisonnable.

Ainsi voyons-nous que notre formule générale se réduit bien aux formules particulières obtenues pour les différentes situations envisagées. Se pose alors une question intéressante : dans une situation réaliste, pouvons-nous minimiser l'énergie utilisée pour une étape d'un calcul ? Nous savons qu'un ordinateur véritablement réversible a autant de chances d'aller vers l'avant que vers l'arrière et qu'il n'y a donc pas de perte d'énergie. Le prix à payer est qu'un tel calcul s'exécute en un temps infini. Nous ne saurons jamais quand nous aurons fini. Donc, comme je l'ai déjà dit, pour arriver à quelque chose, nous devons donner un petit coup de pouce : diminuer l'énergie des états vers l'avant, les rendre plus disponibles, ou autre. Supposons que le taux vers l'avant, f, soit légèrement supérieur au taux vers l'arrière, b, suffisamment pour que le calcul puisse progresser. Nous écrivons :

$$f = b + \Theta, \tag{5.29}$$

avec Θ petit. Notre formule générale donne donc :

$$\text{énergie par étape} = kT \log[1 + (\Theta/b)] \approx kT\,\Theta/b = kT(f - b)/b, \tag{5.30}$$

Θ étant petit. Nous pouvons donner une interprétation physique assez élégante de cette expression, mais en sacrifiant toutefois la rigueur mathématique. Nous remplaçons la formule ci-dessus par une formule presque identique :

$$\text{énergie par étape} \approx kT\frac{(f - b)}{(f + b)/2}. \tag{5.31}$$

La différence avec la première formule provient des termes d'ordre Θ^2. Or, le numérateur de cette fraction est le rythme auquel le calcul avance. C'est un peu comme une vitesse, en ce sens qu'il représente le taux de progression de l'ordinateur, mesuré en nombre d'étapes par seconde. Le dénominateur représente le taux de transition moyen (c'est une mesure du rythme auquel notre ordinateur oscille d'avant en arrière). Nous pouvons l'interpréter grossièrement comme la vitesse la plus élevée à laquelle l'ordinateur pourrait aller, vers l'avant ou vers l'arrière, si celui-ci effectuait une succession d'étapes dans une seule direction, sans revenir sur ses pas : c'est la vitesse maximale. Nous pouvons donc écrire, approximativement :

$$\text{perte d'énergie par étape} \approx kT\frac{\nu_{\text{calc}}}{\nu_{\text{max}}}. \tag{5.32}$$

Autrement, nous pouvons également choisir le temps comme variable, ce qui nous donne :

$$\text{perte d'énergie/étape} \approx kT\ \frac{\text{temps minimum/étape}}{\text{temps/étape réellement écoulé}}. \tag{5.33}$$

Tournons-nous à présent vers des aspects plus généraux de la réversibilité du calcul informatique.

5.4 L'ordinateur réversible

Nous avons affirmé à plusieurs reprises que pour rendre un calcul réversible, nous devons mémoriser une grande quantité d'information (que nous aurions autrement laissée se perdre ou s'effacer) afin de pouvoir l'utiliser ultérieurement pour défaire quelque chose. Les portes logiques d'une telle machine ne nous donnent pas seulement le résultat du calcul logique exécuté, mais tout un tas d'autres bits. Une illustration simple, par une porte réaliste, en est l'additionneur simple composé de portes réversibles. Au paragraphe 2.3, je vous avais proposé un problème consistant à construire un additionneur à trois bits à partir de portes réversibles — des portes CN et CCN (ou juste des CCN, puisque nous pouvons les utiliser pour construire toutes les autres portes). Un exemple plus simple, l'additionneur à deux bits, est construit comme suit :

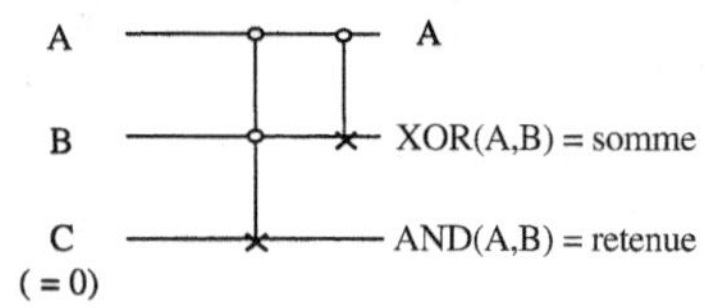

FIG. 5.25 – *Additionneur à deux bits avec portes réversibles.*

L'entrée C est maintenue à zéro (l'additionneur à trois bits nécessite une quatrième ligne, elle aussi maintenue à zéro). Outre la somme et la retenue de $A+B$, nous voyons que cette porte transmet le signal A. Ce bit est nécessaire car il permet de retrouver les données d'entrée (A, B) à partir du résultat obtenu en sortie. Si nous considérons l'additionneur à trois bits, nous trouvons deux bits supplémentaires en sortie. De manière générale, nous aurons toujours besoin d'un bric-à-brac de bits superflus pour retracer l'histoire de l'opération logique considérée. La principale contrainte inhérente aux portes réversibles peut être résumée en disant que, si l'ordinateur progresse dans le calcul, il ne doit y avoir aucune ambiguïté dans les étapes à venir (à la commande « aller à », il faut savoir exactement *où* aller). Avec une machine réversible, il ne doit pas non plus y avoir d'ambiguïté dans les étapes *précédentes*. Nous ne devrions jamais nous trouver dans une situation dans laquelle nous ne savons pas d'où nous venons. Et c'est ce dernier point qui fait que le calcul réversible est radicalement différent du calcul ordinaire, irréversible.

À la manière de Bennett, considérons le processus calculatoire le plus général, et en profiter pour répondre à une critique communément formulée à l'encontre des partisans du calcul réversible. Imaginons un système d'unités logiques (réversibles) reliées entre elles ; nous y injectons des données en entrée ainsi qu'une série de zéros « étalons », dont nous maintenons la valeur dans le but de contrôler les portes réversibles. (Si nous voulons des « uns étalons » plutôt que des zéros, il nous suffit de prendre le NOT du zéro puisqu'il s'agit bien entendu d'une opération réversible !) L'unité logique fera ce qu'elle a à faire — bip, bip, bip — et nous récupérons au final des données en sortie : la réponse que nous cherchions, plus tout un tas de bits supplémentaires permettant de retracer l'historique du calcul. Tout cela est représenté ci-dessous (figure 5.26) :

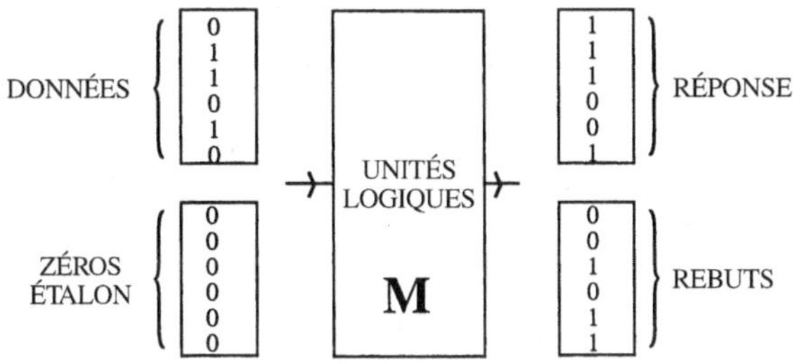

FIG. 5.26 – *Un calcul réversible générique.*

Ce dessin donne l'impression que nous partons d'une bande vierge (ou programmée) pour finir avec un terrible fatras. Et bien évidemment, tout le monde pensait que c'est là qu'allait l'entropie : « C'est ce remue-ménage aléatoire de zéros (dans la version de Bennett) qui alimente votre machine. Comment pouvez-vous rendre votre calcul réversible en conservant tout ce fouillis ? C'est comme si vous prétendiez rendre réversible un moteur thermodynamique irréversible en gardant toute l'eau dans laquelle s'est dissipée la chaleur. Certes, si vous ne jetez pas cette eau, vous aurez toute l'information que vous voulez sur l'histoire du système, mais ce n'est pas pour autant que le moteur pourra fonctionner dans l'autre sens, et inverser le mouvement des molécules d'eau ! » En effet, dans le cas des moteurs thermodynamiques, ce serait ridicule. Mais pas en informatique. En ajoutant une bande supplémentaire à notre système, dont les résultats seront envoyés en entrée d'une autre machine, nous pouvons contourner cet écueil (figure 5.27) :

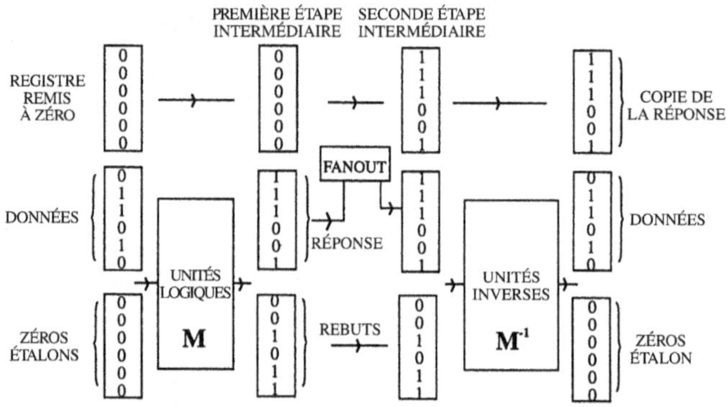

FIG. 5.27 – *Un ordinateur réversible sans déperdition d'entropie.*

Tentons de déchiffrer tout cela ! La nouvelle unité logique est l'inverse de la précédente (c'est pourquoi nous l'avons baptisée $\mathbf{M}^{-1}$) et elle est réversible, elle aussi. $\mathbf{M}^{-1}$ est telle que si nous lui injectons les données de sortie de **M**, elle défait tout le travail accompli et nous redonne les données que nous avions en entrée de **M**. La nouvelle bande est un registre vierge que nous utilisons pour copier le résultat de notre calcul. Nous commençons, comme précédemment, par injecter les données d'entrée en **M** ainsi que les bits de contrôle. **M** donne en sortie le résultat, plus la bande contenant l'historique (les rebuts du diagramme précédent). Cette dernière est directement ré-injectée en entrée de $\mathbf{M}^{-1}$, à laquelle nous fournissons également la bande contenant les données de sortie, après les avoir copiées dans le registre vierge. Nous avons représenté cette opération comme un

FANOUT, mais il s'agit en fait d'une duplication (qui est évidemment une opération réversible).

La machine inverse $\mathbf{M}^{-1}$ défait tout ce qu'a accompli $\mathbf{M}$ et produit donc en sortie les bits étalons plus les données d'entrée originales. À la fin de tout le processus, nous récoltons donc le résultat du calcul, plus une copie des données initiales. Notre machine grandiose a donc exécuté un calcul sans aucune perte d'entropie (idéalement — en pratique, il nous faudrait aider un peu le système comme nous l'avons expliqué plus haut) et ce calcul réversible représente véritablement une économie de travail. Bien évidemment, nous devrons tout de même fournir de l'énergie pour effacer nos bandes en vue d'un autre calcul.

Le calcul réversible est un concept bien étrange pour qui a l'habitude de penser en termes booléens classiques, aussi vous proposé-je quelques problèmes pour vous entraîner et vous habituer à ces idées.

Problème 5.3 Imaginons qu'un ordinateur réversible, au beau milieu d'un calcul, ait besoin d'exécuter un sous-programme. Il se retrouve donc déporté en un autre endroit pour exécuter un ensemble d'instructions. Or, ces instructions doivent être réversibles, comme tous les éléments du calcul, et nous devons donc envisager la possibilité qu'une fois dans le sous-programme, nous nous retrouvions à progresser dans le mauvais sens. Nous pourrions même revenir jusqu'au début du sous-programme — et donc avoir à reprendre le programme principal là où nous l'avions laissé ! Voici la question : sachant que ce sous-programme peut être appelé plusieurs fois durant l'exécution du calcul, comment la machine sait-elle où reprendre en cas de retour en arrière ? Prenez le temps d'y réfléchir. Il faut trouver le moyen de réserver de l'espace mémoire pour y garder la trace de l'endroit où revenir pour retrouver le sous-programme, mais aussi pour savoir où reprendre le calcul dans le cas d'un retour en arrière. Votre premier problème dans le domaine du calcul réversible consiste donc à comprendre comment gérer les sous-programmes.

Problème 5.4 Un problème en rapport avec le précédent consiste à savoir comment faire fonctionner des conditions « si ». Que se passe-t-il lorsque, après avoir exécuté une commande « si... alors », la machine repart vers l'arrière ? Comment la machine retourne-t-elle à la condition initiale qui a orienté l'issue de la commande « si... » ? Bien sûr, un ensemble donné de conditions initiales peut conduire à un même résultat (par exemple « si x=2, 3, 4 ou $6,159$ alors $F = d$ »), aussi cette condition initiale n'est-elle pas forcément spécifiée de manière unique. Voici une manière élégante de procéder : ajoutez simplement une nouvelle variable à chaque embranchement, en lui attribuant une valeur unique pour chaque choix possible. Vous pourrez vous amuser à donner tous les détails.

Problème 5.5 Une question simple concernant les ordinateurs réversibles est la suivante : quelle est la taille de la bande contenant l'historique ? Les portes considérées jusqu'à présent avaient le même nombre de données de sortie que de données d'entrée. Est-ce une condition nécessaire à la réversibilité ? Autant que je sache, les théoriciens n'ont jamais abordé la question. Voyez si vous pouvez y répondre. Très certainement, la taille minimum sera en rapport avec le nombre de données d'entrées que les données de sortie pourront représenter et nous aurons besoin d'un certain nombre de bits pour garder une trace de tout cela (en plus du résultat obtenu en sortie). Les questions sont donc : premièrement, quel est le minimum de bits nécessaire pour maintenir une porte réversible, en principe, et deuxièmement, pouvons-nous réellement mettre cela en pratique ?

5.5 L'ordinateur balistique, ou l'ordinateur à boules de billard

Pour vous montrer qu'un ordinateur réversible peut réellement effectuer des calculs, je voudrais maintenant vous présenter une machine simple, inventée par Edward Fredkin, Tommaso Toffoli et quelques autres. Dans ce dispositif, le mouvement de boules de billard sur un plan simulent le mouvement de signaux électroniques (de bits) à travers des portes logiques. Nous envoyons des boules dans la machine pour représenter l'entrée, et la distribution des boules qui en ressortent nous donne la sortie. Les boules se déplacent toutes en diagonale sur un plan quadrillé et obéissent aux lois de la mécanique classique idéalisée (c'est-à-dire sans frottements et avec des collisions supposées parfaitement élastiques). Le diagramme de la figure 5.28 en présente les idées élémentaires :

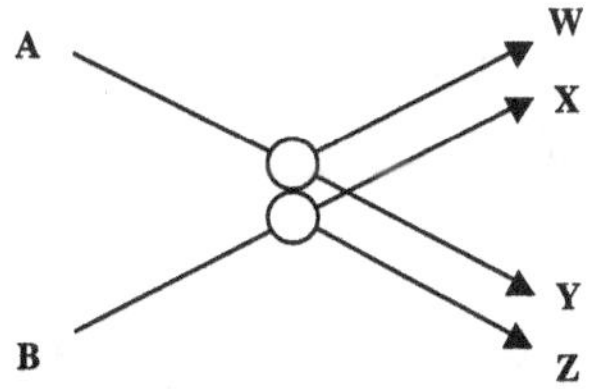

FIG. 5.28 – *Calcul élémentaire modélisé par une collision à deux boules.*

Ce diagramme montre comment une collision à deux boules décrit une fonction logique ayant deux bits en entrée et quatre bits en sortie. Les données sont représentées par la présence d'une boule à une position donnée (1) ou par son absence (0). Par exemple, la porte a deux voies d'entrées, A et B. Si nous envoyons une boule en A, alors l'entrée en A correspondra au 1 binaire. En l'absence de boule, cela donne 0. Même chose pour B. Si une boule ressort en X, alors la sortie X vaut 1, et ainsi de suite. Il y a quatre états possibles en entrée et, pour chacun d'eux, nous calculons les configurations des boules sortant du dispositif à l'aide des lois de la mécanique. Quatre sorties sont possibles, dont deux correspondent au cas de figure pour lequel l'une des deux boules d'entrée est absente tandis que l'autre file en ligne droite ; les deux autres configurations correspondant à une collision.

Supposons qu'il n'y ait pas de boule en A. S'il y en a une en B, celle-ci traversera la « machine » pour ressortir en X. Nous voyons que nous n'obtenons une boule en X que s'il n'y a pas de boule en A *et* qu'il y a une boule en B. Dans le langage de la logique, cela revient à dire que X vaut 1 si et seulement si B vaut 1 et A vaut 0. Nous avons donc :

$$X = B \text{ AND NOT } A. \tag{5.34}$$

De même, nous trouvons que :

$$Y = A \text{ AND NOT } B. \tag{5.35}$$

La sortie W est un peu plus compliquée. Nous y trouverons une boule si et seulement si une boule était présente aussi bien en A qu'en B. De même pour la sortie Z. Ainsi, W et Z décrivent la même fonction AND :

$$W, Z = A \text{ AND } B. \tag{5.36}$$

Résumons tout cela par des notations sophistiquées (figure 5.29) :

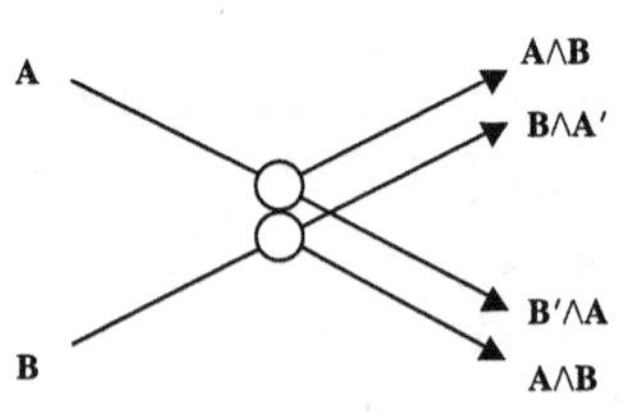

FIG. 5.29 – *Structure logique du calcul élémentaire modélisé par une collision à deux boules.*

Voilà la collision fondamentale de cet ordinateur à boules de billard ; voyez avec quelle élégance les éléments de logique disparaissent. Outre le AND, nous pouvons fabriquer d'autres fonctions à l'aide de cette porte. Par exemple, nous pouvons l'utiliser pour réaliser un FANOUT. En posant $A = 1$ (l'équivalent en boules de billard d'une ligne de contrôle maintenue à 1), si nous recueillons en sortie W et Z, alors l'effet est le même que si nous branchons notre entrée B : une boule en B produit un 1 en W et en Z ; pas de boule en B laisse les deux sorties à zéro. Nous pouvons également fabriquer une porte CN avec cet élément (essayez !). Toutefois, en soi, la porte à collision élémentaire ne suffit pas à construire un ordinateur (nous n'avons que deux boules se déplaçant en lignes droites et pour lesquelles nous ne pouvons rien changer !). Comment dévier les boules ? Nous introduirons deux dispositifs mécaniques. J'appellerai le premier de ces dispositifs fondamentaux une « porte à collision ». Un logicien qui se respecte n'aurait jamais eu l'idée d'inventer un truc pareil, parce que c'est vraiment une drôle d'idée : ce dispositif a deux boules incidentes mais il en ressort quatre (figure 5.30) :

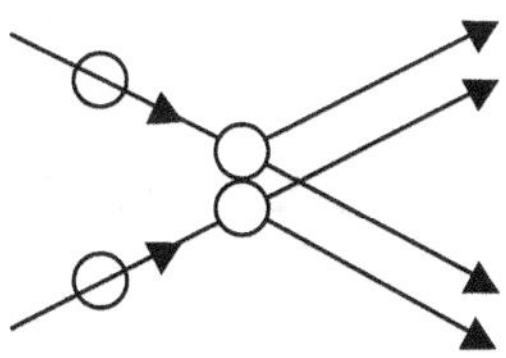

FIG. 5.30 – *La porte à collision.*

C'est une sorte de « double FANOUT » avec tous les éléments intégrés, obtenu comme la collision de deux boules entrantes avec deux boules stationnaires. (Peut-être apprécierez-vous l'exercice consistant à étudier l'énergie et l'impulsion mises en jeu dans cette porte.) Le second dispositif, le plus important des deux, est une « porte à déviation ». C'est comme un miroir sur lequel se réfléchissent les boules. Nous pouvons l'orienter à notre guise, en se restreignant toutefois aux quatre possibilités représentées ci-dessous (figure 5.31) :

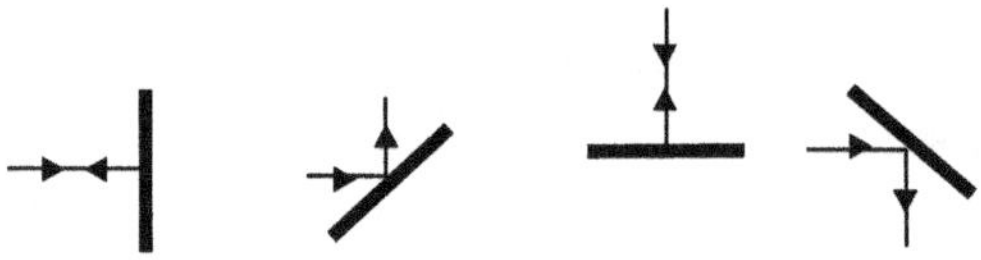

FIG. 5.31 – *Les quatre portes à déviation.*

Ces miroirs nous permettent de faire toutes sortes de choses. Par exemple, nous pouvons les utiliser pour construire une unité de « croisement » (figure 5.32) :

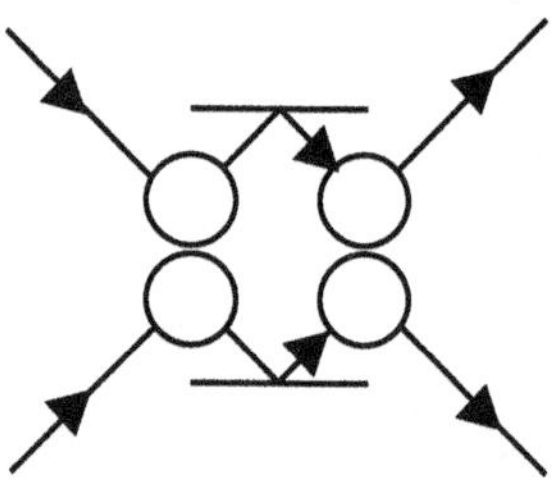

FIG. 5.32 – *Unité de croisement.*

Soit dit en passant, ce dispositif nous apprend quelque chose d'important concernant les boules : celles-ci sont indiscernables. Nous ne pouvons pas les distinguer l'une de l'autre, aussi ne nous intéresserons-nous qu'à leur présence ou leur absence. Il se trouve que le dispositif de croisement représenté ci-dessus intervertit les boules incidentes, mais comme nous ne pouvons les distinguer, tout se passe comme si elles se croisaient simplement. Notons que si l'une des deux boules incidentes venait à manquer, l'autre traverserait sans encombre.

Pour vous montrer le genre de chose que nous pouvons construire avec ces trois structures de base, je commencerais par vous présenter une unité qui opère à la manière d'un aiguillage :

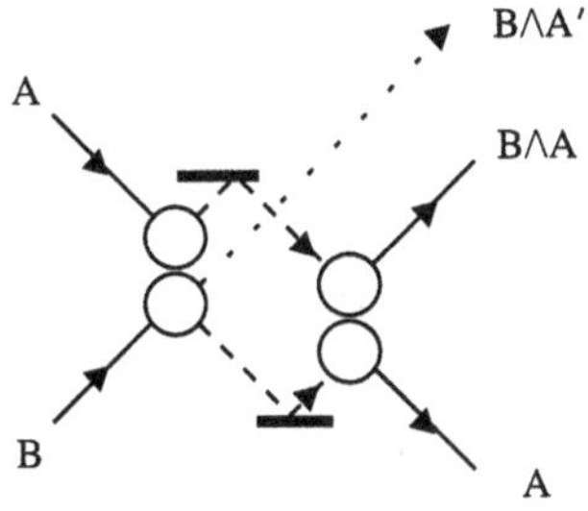

FIG. 5.33 – *Aiguillage.*

C'est une sorte de croisement en biais. Qu'il y ait ou non une boule à l'entrée B, notez que la sortie en bas à droite est toujours identique à A. C'est un bit de « rebut », correspondant à la ligne de contrôle de cette porte. Nous commençons à avoir l'habitude de ce genre de bits, à présent.

Si vous avez suivi le fil directeur de cette leçon, vous pourriez me dire : « D'accord, montrez-moi comment faire des portes réversibles avec toutes ces boules et tous ces miroirs ! » Plus précisément, pouvons-nous construire, mettons... une porte CN ? La réponse est oui, et nous pouvons même faire une porte CCN si l'envie nous prend. Mais il est plus instructif de construire une porte de Fredkin, ou une porte d'échange sous contrôle. La raison en est simplement que nous pouvons construire tout ce que nous voulons à l'aide des seules portes de Fredkin ! Je vous rappelle que cette porte est la suivante (figure 5.34) :

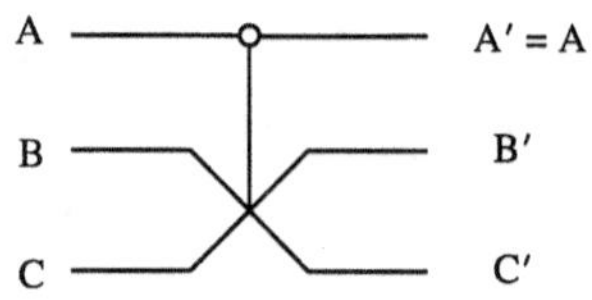

FIG. 5.34 – *La porte de Fredkin.*

La ligne A traverse sans subir de modification. C'est également le cas de B et C pourvu que $A = 0$; mais si $A = 1$, B et C sont intervertis. Je ne vous donnerai pas comme exercice de construire la porte de Fredkin : elle est fabriquée à l'aide de quatre dispositifs d'aiguillage comme celui de la figure 5.33, agencés avec beaucoup d'astuce (figure 5.35) :

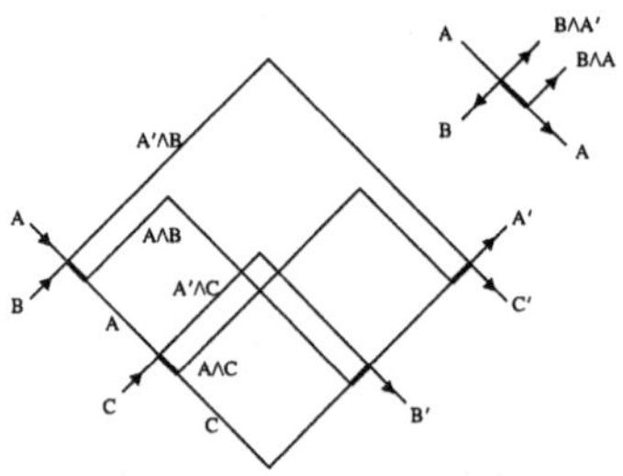

FIG. 5.35 – *La porte de Fredkin construite à l'aide de portes balistiques.*

Manifestement, construire un tel ordinateur n'aurait pas grand intérêt, sauf peut-être pour le plaisir. Et pourtant, tout cela montre à quel point la structure fondamentale de ces machines peut être extrêmement simple.

Quiconque a déjà joué avec une balle rebondissante sait qu'un écart minuscule peut être rapidement décuplé. Imaginons que nous ayons placé une telle balle sur une table et que nous lâchions une seconde balle dans sa direction, exactement à la verticale de la première. Nous penserions a priori : « Oh, elle va tomber tout droit, puis rebondir vers le haut et ainsi de suite. » Nous avons tous une certaine intuition de ce genre de choses, mais si vous avez déjà eu le loisir de jouer avec de telles balles, vous savez sans doute qu'il est impossible de faire rebondir une balle sur une autre. Ça ne marche pas ! Ce qui se passe, c'est que si la balle rate son rebond ne serait-ce que d'un tout petit chouïa, le rebond suivant dévie davantage et la balle retombe encore plus de travers. Au rebond suivant, elle est encore plus décalée et heurte la première balle selon une oblique encore plus inclinée. Le coup d'après, il y a de grandes chances que les balles se ratent complètement.

Les raisons de tout cela n'ont rien d'impénétrable. Certes, au niveau macroscopique, les balles ont toutes les apparences d'un solide bien stable, mais au niveau microscopique, elles ne sont qu'une masse bouillonnante de molécules en constante agitation. Les oscillations thermiques, les fluctuations statistiques et tout ce qui s'ensuit contribuent à modifier la version naïve de la collision de deux balles idéales. Même les effets ténus de la mécanique quantique entrent dans la danse. En vertu du principe d'incertitude, il est impossible de connaître à la fois la position et l'impulsion de la balle, si bien que nous ne pouvons pas la lâcher exactement à la verticale. Prenons deux balles idéalisées d'un centimètre de diamètre ; nous lâchons la première sur la seconde depuis une hauteur de dix centimètres. Combien de rebonds pourrons-nous obtenir avant que cela tourne mal, si l'on en croit le principe d'incertitude ? Le calcul est faisable et le résultat donne environ dix-sept rebonds. Évidemment, dans la réalité, les perturbations provenant de phénomènes classiques sont beaucoup plus importants et nous sommes bien loin de cette limite quantique. Ne l'oubliez pas : même votre propre main est agitée de mouvements browniens !

Alors l'idée de la machine à boules de billard est-elle tout bonnement dénuée de sens ? Certes, nous ne lâchons pas les balles à la verticale, mais nous créons des collisions et pouvons donc nous attendre à des erreurs tout aussi inévitables. Alors comment pourrions-nous prétendre réaliser physiquement un ordinateur réversible ? Après tout, il vous suffit de me donner une valeur de la probabilité d'erreur par collision, et je vous dirai au bout de combien de temps la machine finira par se détraquer. 10^{-3} ? Cinq minutes. 10^{-6} ? Très bien... dix minutes ! C'est sans espoir ! Pour que ce système fonctionne, il faut trouver le moyen de maintenir les boules sur des trajectoires rectilignes. Peut-être pourrions-nous les placer dans des rigoles, qui agiraient en quelque sorte comme des guides. Mais dans une rigole, les boules oscilleront de part et d'autre, et de plus en plus fort, à moins qu'il n'y ait des pertes (absorption, résistance, dissipation). Même si nous concevons nos guides en tenant compte de ces difficultés, il y aura nécessairement des pertes d'énergie du fait des frottements sur les parois de la rigole. Il faudrait pousser les boules pour alimenter la machine. Et même si nous ne les aidions qu'un petit peu, nous trouverions que l'énergie à fournir vaut, au minimum :

$$kT\,\frac{\text{temps nécessaire pour une collision}}{\text{vitesse à laquelle elle a lieu}}. \tag{5.37}$$

Cette expression n'a jamais été analysée en détail pour la machine à boules de billard.

5.6 Calcul quantique

L'ordinateur balistique opère essentiellement suivant les lois de la mécanique classique. Toutefois, inspirés par les questions qu'il soulève, certains m'ont demandé (et d'autres y avaient déjà réfléchi[7]) : « Que se passerait-il si notre ordinateur opérait suivant les lois de la mécanique *quantique* ? » Imaginons que nous voulions construire des ordinateurs extrêmement petits, disons de la taille de quelques atomes. Alors devrions-nous utiliser les lois de la mécanique quantique, et non pas celles de la mécanique classique. Mais le principe d'incertitude ne va-t-il pas tout perturber ? Pas forcément. Je vais clore cette leçon en présentant rapidement ce que pourraient être les ordinateurs du futur : des ordinateurs quantiques.

Nous posons une nouvelle question concernant les limites absolues ! Cette fois-ci, la question est : « jusqu'à quel point pouvons-nous réduire la taille d'un ordinateur ? » C'est un domaine auquel je pense avoir apporté une réelle contribution. Contrairement à un avion, par exemple, il se trouve que nous pouvons construire des ordinateurs quasiment aussi petits que nous voulons. Il y aura certainement quelques détails techniques à prendre en compte — pour le câblage[8] par exemple — et il faudra trouver le moyen d'amplifier les données de sortie et le reste, mais nous posons là une question de principe, pas une question pratique. Nous ne pouvons pas envisager une taille inférieure à celle d'un atome[9] car il nous faudra toujours un support sur lequel inscrire des données, mais il se trouve que nous n'aurons besoin que de bits qui communiquent. Un atome ou un noyau feront l'affaire, car ce

[7]En particulier le physicien Paul Benioff (consultez par exemple l'article « Quantum Mechanical Models of Turing Machines that Dissipate No Energy », *Phys. Rev. Lett.* 48 (1982), p. 1581-1585). [Note des éditeurs américains.]

[8]Il est intéressant de signaler que la plupart des informaticiens théoriciens considèrent les câbles comme des fils idéalisés, extrêmement fins, et qui ne prennent pas de place. Et pourtant, les informaticiens ingénieurs, quant à eux, se trouvent fréquemment dans l'incapacité de faire rentrer tous les câbles nécessaires ! (Nous reviendrons à cette question dans la leçon 7.)

[9]Je n'envisage pas la possibilité qu'un petit malin parvienne à construire un ordinateur à partir de particules plus fondamentales !

sont des « systèmes à spin » naturels, c'est-à-dire qu'ils sont dotés d'attributs physiques mesurables auxquels nous pouvons associer des nombres, chaque nombre pouvant être considéré comme représentant un état. Nous pouvons fabriquer des aimants de la taille d'un atome. (Voilà qui mettrait un certain nombre de chimistes au chômage, mais c'est aussi cela le progrès.) Ce qui est important, c'est qu'il n'y a pas d'autres limitations en taille que celles qu'impose la mécanique quantique, bien en deçà de celles émanant des mécaniques statistique et classique.

Je n'entrerai pas trop dans les détails : je reparlerai de ce sujet et de son élégant formalisme dans la prochaine leçon. Pour l'instant, je me contenterai de résumer les idées essentielles. Commençons avec un système quantique idéalisé (n'importe quoi qui soit tout petit) et supposons que celui-ci puisse se trouver dans un état parmi deux : disons « haut », correspondant à un état excité et « bas » correspondant à un état désexcité. Autrement, ces deux états peuvent également correspondre au spin du système quantique (le spin n'est qu'une analogie classique grossière). Il peut également avoir accès à d'autres états, mais pour ce qui nous occupe, nous n'aurons besoin que de deux états pour représenter un nombre binaire : « haut » vaut 1, « bas » vaut 0. J'appellerai ce système quantique un atome, afin que vous puissiez vous faire une idée de sa nature fondamentale, mais gardez néanmoins à l'esprit qu'il peut s'agir de quelque chose de plus compliqué, ou de plus simple — comme un électron (lequel a deux états de spin). L'idée est de construire notre dispositif à partir de ces atomes en les confinant d'une certaine manière. Nous commençons avec une partie du système ou sa totalité (une chaîne d'atomes chacun l'un ou l'autre de leurs deux états) représentant un nombre, notre donnée d'entrée. Nous laissons alors le système évoluer suivant les lois de la mécanique quantique et interagir avec lui-même (les atomes changent d'états, les uns et les zéros se déplacent) jusqu'à ce qu'à un certain point, nous ayons un petit groupe d'atomes quelque part qui représenteront notre résultat.

Nous pourrions mettre en marche la machine avec un seul bit d'entrée (en bombardant notre système par un atome, par exemple) et la concevoir de telle sorte qu'elle nous indique elle-même la fin du calcul, par exemple en expulsant un atome du système. Rien ne serait fiable tant que notre bit de sortie ne vaudrait pas 1. Nous pourrions mesurer ce bit, puis le faire passer à 0 et figer le résultat pour l'analyser. Signalons au passage que l'introduction ou l'extraction de l'information n'est pas un processus particulièrement quantique — c'est une question d'amplification. Fait intéressant, il est impossible de prédire le temps qui sera nécessaire à l'ordinateur pour venir à bout de son calcul. Il se trouve qu'il est balistique, comme celui de Fredkin, mais au bout du compte, nous ne récupérons qu'un paquet d'onde indiquant l'arrivée du résultat. Nous vérifions si le résultat est dans la machine ou pas. Dans le cas de la machine simple que j'ai imaginée (voir leçon suivante), il existe plusieurs « amplitudes » quantiques (certaines propriétés physiques du système) qui, lorsque nous les mesurons, nous indiquent à quel point du calcul nous sommes parvenus, mais en définitive, nous devons attendre que la machine nous fasse savoir qu'elle a terminé.

Donc, en 2050 ou plus tôt, aurons-nous peut-être des ordinateurs tellement minuscules que nous ne pourrons même pas les voir ! Je reviendrai sur ces drôles de bestioles dès la prochaine leçon.

LEÇON 6

Ordinateurs quantiques

6.1 Introduction

Dans cette leçon[1], je présente ma contribution à l'analyse des limitations qu'imposent aux ordinateurs les lois de la physique[2]. Par exemple, Charles Bennett[1]* a étudié avec soin la dissipation d'énergie libre accompagnant tout calcul informatique et a trouvé qu'elle est pratiquement nulle. Il m'a incité à m'interroger sur les limitations dues à la mécanique quantique et au principe d'incertitude. J'ai trouvé, outre les limitations évidentes liées à la taille si les composants sont des atomes, que ces aspects n'imposent pas non plus de limite fondamentale. Nous étudions ici des machines idéalisées ; les conséquences de petites imperfections seront considérées plus tard. Il s'agit d'une étude de principe ; le

[1]Reproduite après autorisation à partir de la revue *Optics News*, février 1985, p. 11-20, © Optical Society of America. De bonnes connaissances en mécanique quantique élémentaire sont nécessaires pour comprendre cette leçon. [Note des éditeurs américains.]

[2]Bien que certaines des notations et des conventions de cette leçon diffèrent de celles des autres leçons de cet ouvrage, nous avons choisi de les garder telles quelles dans l'idée de préserver la teneur de la publication originale de Feynman. Il y a également quelques redites de certains points présentés dans les leçons précédentes. [Note des éditeurs américains.]

*Les appels de note entre crochets se reportent à la bibliographie de cette leçon, page 284 (NdT).

but est de parvenir à écrire un hamiltonien pour un système qui pourrait servir d'ordinateur. Nous ne posons pas la question de savoir si notre système est le plus efficace imaginable, ni si nous pourrions le mettre en pratique.

Puisque les lois de la physique quantique sont réversibles dans le temps, nous pourrons considérer des moteurs de calcul obéissant aux lois de la réversibilité. Bennett[1] et Fredkin et Toffoli[2] se sont déjà penchés sur la question, et ce problème a déjà consommé beaucoup de matière grise. Peut-être tout cela ne vous est-il pas familier, aussi résumerai-je ces travaux et, ce faisant, en profiterai pour présenter très brièvement les conclusions de Bennett[3], que nous confirmerons toutes lorsque nous étudierons notre système quantique.

Un résultat en informatique stipule qu'il est possible de construire un ordinateur universel à partir d'un réseau compliqué d'éléments rudimentaires reliés les uns aux autres. Suivant l'analyse classique habituelle, nous pouvons imaginer les interconnections comme des câbles idéalisés, transportant un ou deux signaux de référence, représentant le 0 et le 1. Nous pouvons ne choisir que deux composants élémentaires, NOT et AND par exemple. (En fait, NAND = NOT AND suffirait à lui tout seul car, si l'une des entrées est fixée à 1, la sortie est le NOT de l'autre entrée.) Ces composants sont représentés sur la figure 6.1, avec les valeurs logiques correspondant aux différentes combinaisons des câbles d'entrée.

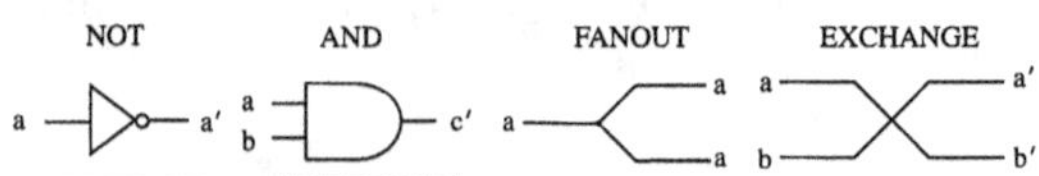

a	a'
0	1
1	0

a	b	c'
0	0	0
0	1	0
1	0	0
1	1	1

a	b	a'	b'
0	0	0	0
0	1	1	0
1	0	0	1
1	1	1	1

FIG. 6.1 – *Composants élémentaires.*

Du point de vue de la logique, nous devons prendre en compte la question du câblage en détail, car pour d'autres systèmes, et en particulier pour notre système quantique, il est possible que nous n'ayons pas de câbles. Nous voyons que nous obtenons deux autres composants logiques élémentaires : le FANOUT si nous câblons deux fils pour n'en faire qu'un et l'EXCHANGE si nous croisons deux câbles. Dans un ordinateur ordinaire, les éléments NOT et NAND sont composés de transistors, par exemple comme illustré sur la figure 6.2 :

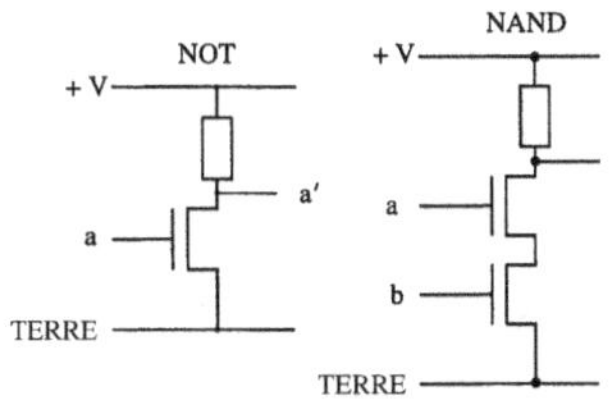

FIG. 6.2 – *Circuits de transistors de NOT et NAND.*

Quel est le minimum d'énergie libre à fournir pour faire fonctionner un ordinateur idéal construit à partir de ces éléments ? Pour le AND par exemple, la sortie c' étant déterminée par une valeur parmi deux indépendamment de ce qu'elle valait avant, l'entropie change de $\log 2$ unités. Cela représente une quantité de chaleur $kT \log 2$ à la température T. Des années durant, on pensait que cette valeur représentait un minimum absolu à la quantité de chaleur dissipée à chaque étape élémentaire d'un calcul.

De nos jours, la question reste purement théorique. Dans les machines actuelles, la question de la dissipation de chaleur revêt une grande importance, mais chaque circuit de transistors dissipe environ $10^{10}kT$! Comme l'a signalé Bennett[3], il en va ainsi car nous devons, pour changer la tension dans un câble, mettre à la masse par l'intermédiaire d'une résistance ; et pour retrouver la tension initiale, nous devons fournir une certaine charge, à nouveau par l'intermédiaire d'une résistance. Cette dissipation pourrait être largement diminuée si nous pouvions accumuler de l'énergie dans une inductance, ou autre. Il semble toutefois très difficile, avec les technologies actuelles, de fabriquer des éléments inductifs sur des tranches de silicium. Même la nature, avec sa machine à dupliquer l'ADN, dissipe environ $100kT$ par bit copié. Puisque nous sommes encore bien loin de cette valeur $kT \log 2$, il peut paraître absurde d'insister sur le fait que cette valeur, aussi petite soit-elle, est déjà trop élevée et que le minimum est essentiellement zéro. Et pourtant, nous ferons quelque chose d'encore plus ridicule dans la suite, puisque nous considérerons des bits inscrits sur un seul atome plutôt que 10^{11}. Ce genre d'inepties amusent beaucoup les professeurs comme moi... j'espère que vous aussi trouverez la question intéressante et amusante.

Ce qu'a signalé Bennett, c'est que la limite ci-dessus est fausse parce qu'il n'est pas nécessaire d'utiliser des éléments irréversibles. Nous pouvons effectuer les calculs à l'aide de machines réversibles, c'est-à-dire composées uniquement d'éléments réversibles. Si nous procédons de cette manière, l'énergie libre minimum nécessaire est indépendante de la complexité ou du nombre d'étapes logiques du calcul. Au pire, elle vaut kT par bit du résultat en sortie. Mais même cette valeur, que nous pouvons considérer comme l'énergie libre nécessaire pour remettre à zéro l'ordinateur en vue d'un prochain calcul, pourrait être considérée comme faisant partie de ce que nous ferons du résultat (l'information contenue dans le résultat, si nous décidons de la transmettre ailleurs.) C'est la limite idéale atteinte si nous exécutons les calculs avec un ordinateur réversible, à une vitesse infinitésimale.

6.2 Calcul avec une machine réversible

Nous allons voir trois éléments réversibles que nous pourrons utiliser pour concevoir une machine universelle (Toffoli[4]). Le premier est l'élément NOT qui, manifestement, ne perd aucune information ; il est donc réversible et son inverse est obtenu en faisant agir NOT une seconde fois. Le symbole conventionnellement utilisé n'étant pas symétrique, nous le représenterons plutôt en dessinant un $\times$ sur le câble (figure 6.3(a)).

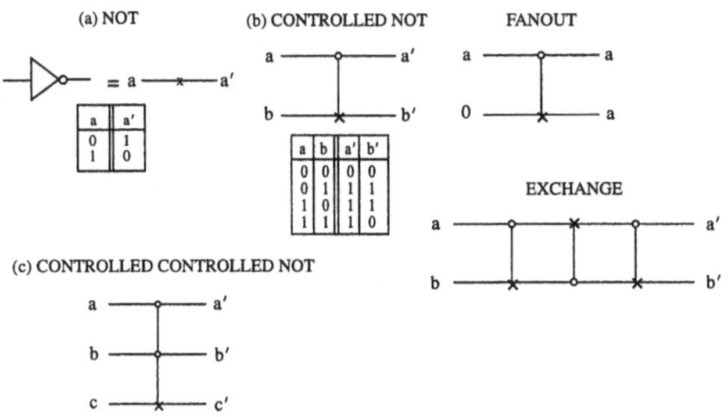

a	a'
0	1
1	0

a	b	a'	b'
0	0	0	0
0	1	1	1
1	0	1	1
1	1	1	0

FIG. 6.3 – *Éléments réversibles.*

Le suivant est ce que nous appelerons le CONTROLLED NOT (voir la figure 6.3(b)). Il possède deux câbles en entrée, a et b, et deux câbles en sortie, a' et b'. a' est toujours identique à a : c'est la ligne de contrôle. Si le contrôle est activé ($a = 1$), alors la sortie b' est le NOT de b. Dans le cas contraire, b reste inchangé : $b' = b$. La table des valeurs d'entrée et de sortie est donnée sur la figure 6.3. L'action inverse est obtenue par simple répétition. La grandeur b' est bien une fonction symétrique de a et b, appelée XOR, soit « ou exclusif » : a ou b mais pas les deux. Elle est également la somme modulo deux de a et b, que nous pouvons utiliser pour comparer a et b puisqu'elle donne 1 lorsqu'ils sont différents. Notons qu'en soi cette fonction XOR n'est pas réversible. Par exemple, si elle vaut zéro, nous ne pouvons pas savoir si elle vient de $(a, b) = (0, 0)$ ou de $(a, b) = (1, 1)$, aussi conservons-nous la ligne $a = a'$ pour lever l'ambiguïté. Nous représenterons le CONTROLLED NOT en mettant un $\circ$ sur le câble de contrôle, relié par une ligne verticale à un $\times$ sur le câble soumis au contrôle. Cet élément peut également nous fournir le FANOUT, puisque pour $b = 0$ nous voyons que a est copié en b'. Cette fonction COPIE sera importante dans la suite. Ce même élément fournit en outre l'EXCHANGE si nous en utilisons à la suite sur une même paire de câbles, en alternant le choix de la ligne de contrôle : nous intervertissons alors l'information contenue dans les deux câbles (figure 6.3(b)).

Il se trouve que les combinaisons de ces deux seuls éléments ne suffisent pas à réaliser toutes les fonctions logiques : il nous faut des éléments à trois câbles. Nous choisirons le CONTROLLED CONTROLLED NOT. Pour celui-ci (figure 6.3(c)), nous avons deux lignes de contrôle a, b, qui restent les mêmes en sortie, et qui transformeront la troisième, c, en NOT c si toutes deux sont activées ($a = 1$ et $b = 1$). Dans le cas contraire, $c' = c$. Si la troisième ligne d'entrée c est à 0 alors, à l'évidence, elle ne deviendra 1 ($c' = 1$) que si a et b sont tous deux égaux à 1, ce qui nous donne donc une fonction AND (consultez le tableau 6.3 présenté un peu plus loin). Trois combinaisons différentes pour (a, b), plus précisément (0,0), (0,1), (1,0), donnent la même valeur 0 à la fonction AND(a, b) si bien qu'il faut deux bits supplémentaires pour lever cette ambiguïté. Ces deux bits sont réservés en sortie des lignes a et b de façon à ce que la fonction puisse être inversée (par elle-même, d'ailleurs). La fonction AND donne le bit de retenue dans la somme a plus b.

Nous savons qu'il est possible d'assembler n'importe quel circuit logique en combinant ces trois éléments et un résultat connu en informatique stipule même qu'il est possible de fabriquer une machine universelle. Nous en donnerons un petit exemple à titre d'illustration. Pour commencer, nous voyons sur la figure 6.4 que nous pouvons évidemment fabriquer un additionneur en utilisant le CCN puis le CN pour produire, à partir des entrées a, b et 0, le a original sur une première ligne, la somme des deux sur une seconde et la retenue sur la troisième :

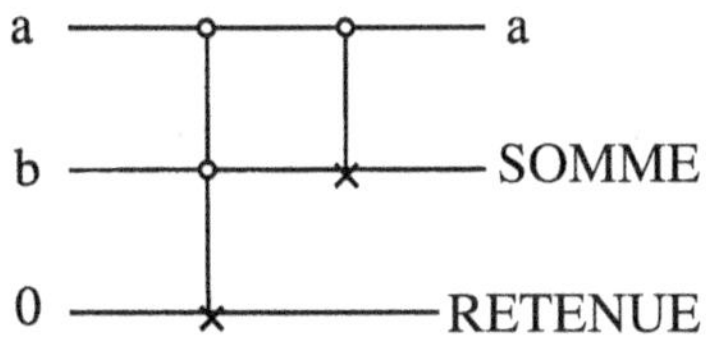

FIG. 6.4 – *Un additionneur.*

Considérons le circuit plus élaboré qu'est l'additionneur complet (figure 6.5) : celui-ci prend une retenue c (provenant d'une addition précédente) et l'ajoute aux deux lignes a et b, avec une ligne supplémentaire d mise à 0 en entrée. Il est fabriqué à l'aide de quatre de nos éléments. Outre cette somme globale, le total des trois lignes a, b, c, et la retenue, nous obtenons sur les deux autres lignes deux informations supplémentaires : l'une d'elles est le a initial et la seconde est une grandeur intermédiaire calculée en cours de route :

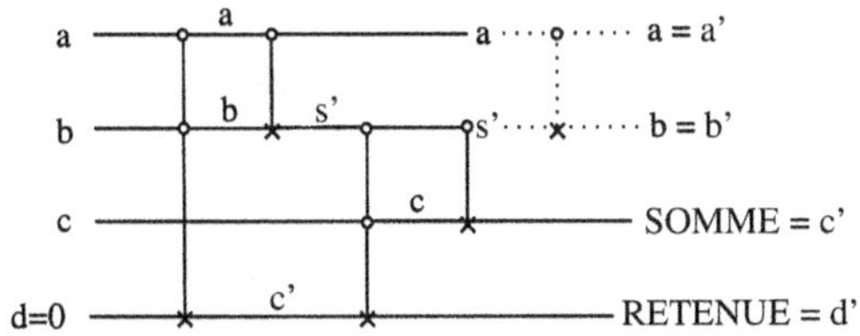

FIG. 6.5 – *Un additionneur complet.*

Ces exemples sont typiques des systèmes réversibles : non seulement produisent-ils en sortie le résultat recherché, mais aussi un certain nombre de rebuts. Dans ce cas particulier, comme dans beaucoup d'autres, nous pouvons nous arranger pour que les rebuts donnent précisément ce que nous avions en entrée. Il suffirait d'ajouter un CONTROLLED NOT sur les deux premières lignes, comme l'indiquent les lignes en pointillé sur la figure 6.5, pour voir que les rebuts donnent a et b, qui étaient les données d'entrée d'au moins deux lignes sur les quatre. (Certes, ce circuit peut être simplifié, mais nous le construisons ainsi pour mieux illustrer nos propos.)

Ainsi pouvons-nous, à l'aide de diverses combinaisons, produire une unité logique plus générale qui transforme n bits en n autres bits de manière réversible. Si le problème que nous voulons résoudre est réversible, alors il peut n'y avoir aucun rebut, mais en général, nous aurons besoin de lignes supplémentaires pour garder l'information nécessaire à l'opération inverse. Autrement dit, nous pouvons exécuter les mêmes fonctions qu'un système ordinaire, mais avec des rebuts en plus. Ceux-ci renferment l'information nécessaire pour inverser le processus. Quelle est la quantité de rebuts ? En général, si le résultat recherché a k bits, il se trouve qu'il est possible, en partant des données d'entrée plus k bits valant 0, de produire au final les données d'entrée et le résultat en sortie, sans aucun bit de rebut. Et cela est réversible car si nous connaissons l'entrée et la sortie, nous pouvons évidemment tout défaire. Cette proposition est toujours réversible. Le raisonnement sous-jacent est représenté sur la figure 6.6.

Commençons avec une machine **M** qui, à partir de l'entrée et d'un certain nombre de 0, produit la sortie voulue, plus un certain nombre de données supplémentaires que nous appelons les rebuts. Nous avons vu que la duplication peut être effectuée par une série de portes CN si bien que nous pouvons copier le résultat des pérégrinations de **M** dans un registre initialement vierge contenant k bits (figure 6.6) :

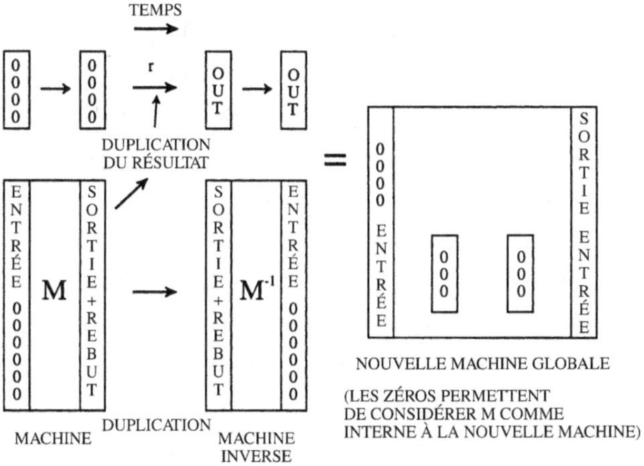

FIG. 6.6 – *Recyclage des déchets.*

Après cela, nous pouvons construire la machine inverse, qui opère à l'inverse de **M** et qui, à partir de la sortie de **M** et des rebuts, redonne l'entrée ainsi qu'une série de 0. Ainsi, en considérant la machine dans sa totalité, nous partons des k zéros du registre dédiés à la sortie et des données d'entrée, pour finir avec, comme produit final, ces k zéros occupés par les données de sortie et la reproduction des données d'entrée. Les zéros qui étaient initialement nécessaires à la machine **M** pour contenir le rebut sont remis à 0 et peuvent être considérés comme des câbles internes à la machine complète (**M**, $\mathbf{M}^{-1}$ et la copie). Donc, globalement, nous avons accompli ce que nous voulions : nous n'avons pas à considérer plus de rebuts que ce qui est nécessaire pour reproduire uniquement les données d'entrée.

6.3 Un ordinateur quantique

Continuons donc sur notre voie et regardons comment construire un tel ordinateur à l'aide des lois de la mécanique quantique. Nous écrirons l'hamiltonien pour un système contenant diverses parties en interaction et qui, utilisé comme ordinateur universel, se comportera de la même manière qu'un système de grande taille. Ce grand système obéit aux lois de la mécanique quantique, mais il est néanmoins en interaction avec des bains thermiques et d'autres choses qui pourront le rendre irréversible. Ce que nous voudrions faire, c'est fabriquer un ordinateur aussi simple et aussi petit que possible. Notre hamiltonien décrira en détail toutes les opérations internes mais évidemment pas les interactions avec l'extérieur qu'implique l'introduction des données d'entrée (la préparation de l'état initial) et la lecture des données de sortie.

Jusqu'à quel point cet ordinateur pourra-t-il être rendu petit ? Jusqu'à quel point un nombre peut-il être petit ? Évidemment, un nombre peut être représenté par des bits de 1 et de 0. Ce que nous allons faire, c'est imaginer que nous disposons de systèmes à deux états, que nous appellerons des « atomes ». Un nombre à n bits sera donc représenté par un état d'un « registre », un ensemble de n systèmes à deux états. Selon l'état dans lequel se trouve chacun des atomes, que nous noterons $|1\rangle$ ou $|0\rangle$, nous pourrons évidemment représenter n'importe quel nombre. Et nous pourrons lire un nombre contenu dans ce type de registre en déterminant, ou en mesurant, l'état dans lequel se trouve chacun des atomes à un instant donné. Ainsi un bit sera-t-il représenté par un seul atome se trouvant dans l'un ou l'autre de ces deux états notés $|1\rangle$ et $|0\rangle$.

Nous comprendrons mieux ce qui nous reste à faire en prenant un exemple : celui d'un CONTROLLED CONTROLLED NOT. Soit G un certain type d'opération exécutée sur trois atomes a, b

et c, qui transforme l'état initial de a, b, c en un nouvel état a', b', c', de telle sorte que la relation entre a', b', c' et a, b, c soit précisément celle que nous aurions si a, b, c représentaient les câbles d'entrée et a', b', c' les câbles en sortie d'un CONTROLLED CONTROLLED NOT. Notons bien que, pour l'instant, nous ne cherchons pas à déplacer les données d'un endroit à un autre, mais seulement à les modifier. Contrairement à ce qui se passe pour de véritables ordinateurs, dans lesquels les tensions dans certains câbles vont alimenter d'autres câbles, ce que nous faisons ici est finalement plus simple, puisque les trois atomes sont dans un état donné et que nous effectuons une opération qui modifie l'état pour donner les nouvelles valeurs a', b', c'. Ce que nous aurions alors, c'est que l'état, sous la forme mathématique $|a', b', c'\rangle$ est simplement le résultat de l'opération G appliquée à $|a, b, c\rangle$. En mécanique quantique, les opérateurs de changement d'état sont des opérateurs linéaires. Aussi supposerons-nous G linéaire, et le représenterons-nous par une matrice dont les éléments $G^{a',b',c',a,b,c}$ sont tous nuls à l'exception de ceux qui, dans le tableau ci-dessous, valent 1 (tableau 6.3) :

A	B	C	A'	B'	C'
0	0	0	0	0	0
0	0	1	0	0	1
0	1	0	0	1	0
0	1	1	0	1	1
1	0	0	1	0	0
1	0	1	1	0	1
1	1	0	1	1	1
1	1	1	1	1	0

TAB. 6.1 – *Les éléments de matrice non nuls de G.*

Ce tableau est le même que celui qui représente la table de

vérité du CONTROLLED CONTROLLED NOT. L'opération est manifestement réversible, ce que nous représentons en disant que $G^* G = 1$, où G^* représente l'adjoint hermitien. Cela revient à dire que G est une matrice unitaire. (En fait, G est également une matrice réelle : $G^* = G$, mais ce n'est qu'un cas particulier.) Pour être plus précis, nous désignerons par $A_{ab,c'}$ ce G particulier. Nous utiliserons la même matrice A, munie d'autres lettres en indice, pour représenter les autres éléments.

Prenons un exemple simple : le NOT, que nous désignerons par A_a, est simplement la matrice :

$$\begin{bmatrix} 0 & 1 \\ 1 & 0 \end{bmatrix}. \tag{6.1}$$

C'est une matrice 2×2 qui peut être représentée de différentes manières suivant les notations choisies. Nous utiliserons la méthode des opérateurs de création et d'annihilation. Considérons que nous n'opérons, dans ce cas, que sur une unique ligne a. Pour économiser les notations, nous appellerons :

$$\underline{a} = \begin{bmatrix} 0 & 1 \\ 0 & 0 \end{bmatrix} \tag{6.2}$$

la matrice qui annihile le 1 de l'atome a et le convertit en 0 ; $\underline{a}$ est un opérateur qui transforme l'état $|1\rangle$ en $|0\rangle$. Mais si l'état de l'atome était initialement $|0\rangle$, l'opérateur $\underline{a}$ produit le nombre 0. Autrement dit, lorsqu'il agit sur cet état, il ne le modifie pas mais produit simplement la valeur numérique 0. L'opérateur conjugué est évidemment :

$$\underline{a}^* = \begin{bmatrix} 0 & 0 \\ 1 & 0 \end{bmatrix}, \tag{6.3}$$

l'opérateur de création, puisqu'il transforme $|0\rangle$ en $|1\rangle$. Lorsqu'il agit sur l'état $|1\rangle$, puisqu'aucun autre état ne peut être créé, il donnera le nombre 0. Tout autre opérateur 2×2 pourra s'écrire en termes de ces deux opérateurs $\underline{a}$ et $\underline{a}^*$. Par exemple, leur produit donne la matrice :

$$\underline{a}^*\underline{a} = \begin{bmatrix} 1 & 0 \\ 0 & 0 \end{bmatrix}, \tag{6.4}$$

que nous pourrions appeler N_a. Elle donne 1 lorsque l'état est $|1\rangle$ et 0 lorsque l'état est $|0\rangle$, c'est-à-dire le nombre représenté par l'état de l'atome. De la même manière, le produit :

$$\underline{a}\,\underline{a}^* = \begin{bmatrix} 0 & 0 \\ 0 & 1 \end{bmatrix} \tag{6.5}$$

est $1 - N_a$ et donne 0 pour l'état haut, 1 pour l'état bas. Nous désignerons simplement par 1 la matrice diagonale :

$$\begin{bmatrix} 1 & 0 \\ 0 & 1 \end{bmatrix}. \tag{6.6}$$

En conséquence de tout cela, $\underline{a}\,\underline{a}^* + \underline{a}^*\,\underline{a} = 1$.

De toute évidence, notre matrice pour NOT (l'opérateur qui produit NOT) est $A_a = \underline{a} + \underline{a}^*$. Il est évidement réversible : $A_a{}^* A_a = 1$, et unitaire. Nous obtenons la matrice $A_{a,b}$ du CONTROLLED NOT de la même manière. L'examen de la table des valeurs du CONTROLLED NOT (figure 6.3) montre que nous pouvons l'écrire :

$$\underline{a}^*\underline{a}\;(\underline{b} + \underline{b}^*) + \underline{a}\underline{a}^*. \tag{6.7}$$

Dans le premier terme, le $\underline{a}^*\,\underline{a}$ sélectionne la condition $a = 1$ auquel cas nous faisons agir $\underline{b} + \underline{b}^*$, le NOT, sur b. Le second terme sélectionne la condition $a = 0$, auquel cas nous n'agissons pas sur b, et l'action de la matrice unité est sous-entendue comme opérateur sur b. Nous pouvons également réécrire cette expression sous la forme $1 + \underline{a}^*\,\underline{a}\,(\underline{b} + \underline{b}^* - 1)$, le premier 1 représentant le fait que toutes les lignes traversent sans modification et le second terme représente une correction à cela puisque, dans le cas où $a = 1$, nous voulons qu'un NOT opère plutôt que de laisser la ligne b inchangée. Finalement, la matrice du CONTROLLED CONTROLLED NOT s'écrit :

$$A_{ab,c} = 1 + \underline{a}^* \underline{a}\, \underline{b}^* \underline{b}\, (\underline{c} + \underline{c}^* - 1) \tag{6.8}$$

comme vous parviendrez peut-être à vous en convaincre.

Se pose alors la question de savoir quelle est la matrice correspondant à une unité logique plus générale obtenue comme une séquence de ces trois éléments. À titre d'exemple, nous étudierons le cas de l'additionneur complet présenté plus haut (figure 6.5). Dans le cas général, nous aurons quatre câbles a, b, c, d ; d ne vaut pas forcément 0 dans tous les cas et nous voudrions savoir comment l'objet opère dans le cas général (si d passe à 1, d' devient son NOT). L'additionneur produit de nouveaux nombres a', b', c', d' ; nous imaginons que notre système est formé de quatre atomes notés a, b, c, d initialement dans un état noté $|a, b, c, d\rangle$ et qu'une matrice M opère, qui modifie ces quatre atomes de telle sorte qu'ils se trouvent dans l'état $|a', b', c', d'\rangle$ correspondant à cette unité logique. C'est-à-dire que si $|\Psi_{\text{entrée}}\rangle$ représente l'état d'entrée des quatre bits, M est une matrice qui fabrique un état de sortie $|\Psi_{\text{sortie}}\rangle = M|\Psi_{\text{entrée}}\rangle$ pour les quatre bits. Par exemple, avec en entrée l'état $|1, 0, 1, 0\rangle$, l'état de sortie devra être $|1, 0, 0, 1\rangle$. Les deux premiers, a', b', doivent être 1,0 puisque les deux premières lignes traversent simplement, et les deux derniers, c', d', valent 1,0 parce qu'ils représentent la somme et la retenue des trois premiers bits a, b, c — d étant à 0. La matrice M de l'additionneur peut facilement s'écrire comme le résultat de cinq opérations primitives successives et donc comme le produit de cinq matrices représentant ces objets élémentaires :

$$M = A_{a,b}\; A_{b,c}\; A_{bc,d}\; A_{a,b}\; A_{ab,d}. \tag{6.9}$$

La première opération, correspondant à la matrice à l'extrême droite, est $A_{ab,d}$, le CONTROLLED CONTROLLED NOT dans lequel a et b sont les lignes de contrôle, le NOT apparaissant sur la ligne d. En regardant le diagramme de la figure 6.5, nous voyons immédiatement ce que représentent les autres facteurs. Le dernier, par exemple, $A_{a,b}$ représente un CONTROLLED NOT avec une ligne de contrôle sur a et une ligne NOT sur b. Cette matrice aura la propriété d'unitarité : $M^* M = 1$, puisqu'elle est un produit de A qui sont tous unitaires. Autrement dit, M est une opération réversible et M^* est son inverse.

Notre problème, au sens général, est le suivant : soit A_1, A_2, $A_3, \ldots, A_k$ une succession d'opérations dont nous souhaitons qu'elles opèrent, dans une unité logique donnée, sur n lignes. La matrice $2^n \times 2^n$, notée M, nécessaire pour atteindre ce but est un produit $A_k \ldots A_3 A_2 A_1$ où chaque A est une matrice simple. Comment fabriquer ce M de manière physiquement cohérente en admettant que nous sachions fabriquer les éléments plus simples ?

De manière générale, en mécanique quantique, l'état de sortie au temps t est $e^{iHt}\Psi_{\text{entrée}}$, où $\Psi_{\text{entrée}}$ est l'état d'entrée d'un système dont l'hamiltonien est H. Il se trouve qu'il est extrêmement difficile, pour un temps t donné, de déduire des propriétés simples des matrices le hamiltonien H qui donnera $M = e^{iHt}$ lorsque M est un produit de matrices non commutatives.

Nous réalisons toutefois que, pour n'importe quel t, si nous développons e^{iHt} (en $1 + iHt - H^2t^2/2 \ldots$), nous trouvons que l'opérateur H agit un nombre arbitrairement élevé de fois : une fois, deux fois, trois fois et ainsi de suite, si bien que l'état total est obtenu comme une superposition de toutes ces possibilités. Cela suggère que nous tentions de résoudre le problème de la composition des A de la manière suivante. Ajoutons aux n atomes contenus dans notre registre un tout nouvel ensemble de $k + 1$ atomes, que nous appellerons les « sites du compteur ordinal ». Notons q_i et q_i^* les opérateurs d'annihilation et de création du site i pour $i = 0$ à k. Un bon exemple pour illustrer ceci, est celui d'un électron se déplaçant d'un site libre à un autre. Si le site est occupé par l'électron, son état est $|1\rangle$ tandis que si le site est vide, son état est $|0\rangle$.

Nous écrirons, pour l'hamiltonien :

$$\begin{aligned} H = \sum_{i=0}^{k-1} q_{i+1}^* \, q_i \, A_{i+1} &+ \text{conjugué complexe} \\ = q_1^* \, q_0 \, A_1 + q_2^* \, q_1 \, A_2 + q_3^* \, q_2 \, A_3 + \dots \\ + q_0^* \, q_1 \, A_1^* + q_1^* \, q_2 \, A_2^* + q_2^* \, q_3 \, A_3^* + \dots \end{aligned} \tag{6.10}$$

La première chose à remarquer, c'est que si aucun des sites du compteur n'est occupé et donc que tous les atomes du compteur sont initialement dans l'état 0, alors il ne se passe rien car chacun des termes du hamiltonien commence par un opérateur d'annihilation qui donne donc 0.

La seconde chose à remarquer, c'est que si un seul des sites est occupé (et donc dans l'état $|1\rangle$) mais pas les autres (qui sont donc tous dans l'état $|0\rangle$), alors cela restera toujours ainsi. En fait, le nombre de sites qui sont dans l'état $|1\rangle$ est une grandeur conservée. Nous supposerons que, dans le fonctionnement de la machine, soit aucun site n'est occupé (auquel cas il ne se passe rien), soit un seul site est occupé. Il n'y a jamais plus d'un site occupé durant le déroulement normal du programme.

Commençons avec un état initial pour lequel n'est occupé que le site 0, donc dans l'état $|1\rangle$, tandis que tous les autres sont vides, c'est-à-dire dans l'état $|0\rangle$. Si par la suite, après un certain temps, nous trouvons que c'est le site k qui est dans l'état $|1\rangle$ (et donc tous les autres dans l'état $|0\rangle$) alors nous considérerons que le registre à n atomes a été multiplié par la matrice M, qui vaut $A_k \dots A_2 A_1$, comme nous le voulions.

Voici comment tout cela fonctionne : supposons que le registre soit initialement dans l'état $|\Psi_{\text{entrée}}\rangle$ et que le site 0 du compteur ordinal soit occupé. Alors le seul terme du hamiltonien pouvant opérer (l'action du hamiltonien se déroulant en une succession d'étapes), est le premier terme $q_1^* \, q_0 \, A_1$. L'opérateur q_0 transforme le site numéro 0 en site libre, tandis que q_1^* transforme le site numéro 1 en site occupé. Ainsi, le terme $q_1^* \, q_0$ est un terme qui déplace simplement le site occupé de la position 0 à la position 1. Ce terme est en outre multiplié par la matrice A_1 qui, elle, n'opère que sur les n atomes du registre et donc multiplie l'état initial des n atomes du registre par A_1. Or, si le hamiltonien doit agir à nouveau, ce premier terme n'aura plus d'effet car q_0 produit 0 sur le site 0 qui est maintenant libre. Le seul terme pouvant à présent avoir un effet est le second terme, $q_2^* \, q_1 \, A_2$, puisqu'il permet de déplacer le site occupé, que je baptiserai « curseur ». Celui-ci peut se déplacer du site 1 au site 2 et la matrice A_2 opère maintenant sur le registre, si bien que celui-ci récolte maintenant la matrice $A_2 \, A_1$. Donc, si nous en croyons uniquement la première ligne du hamiltonien — s'il n'y avait qu'elle — le curseur se déplace de 0 à k à mesure des actions successives du hamiltonien, et, d'autre part, les matrices A opèrent l'une après l'autre sur les n atomes du registre, dans l'ordre dans lequel nous voulons construire la matrice totale M.

Cependant, un hamiltonien doit nécessairement être un opérateur hermitien, si bien que les conjugués complexes de tous ces opérateurs doivent apparaître. Supposons qu'à une étape donnée le curseur soit sur le site numéro 2 et que la matrice $A_2 \, A_1$ opère sur le registre. Le q_2 permettant de déplacer le curseur à une nouvelle position ne provient pas forcément de la première ligne : il peut aussi venir de la seconde. Il pourrait tout à fait provenir du terme $q_1^* \, q_2 \, A_2^*$ qui renverrait le curseur de la position 2 à la position 1. Notons que c'est alors l'opérateur A_2^* qui opère sur le registre, si bien que l'opérateur total agissant sur ce dernier est alors $A_2^* \, A_2 \, A_1$. Or, $A_2^* \, A_2$ vaut 1 et il ne reste donc plus que A_1. Nous voyons ainsi que, lorsque le curseur revient à la position 1, tout se passe comme si le seul opérateur A_1 avait eu un effet sur le registre. Ainsi, à mesure que les divers termes du hamiltonien déplacent le curseur vers l'avant ou vers l'arrière, les A s'accumulent ou au contraire s'amenuisent. À chaque étape, si le curseur se trouve, mettons, sur le site j, alors nous savons que les matrices A_1 à A_j ont opéré successivement sur le registre. Peu importe si le curseur est arrivé en j directement depuis le site 0 ou s'il a fait toutes sortes d'allers-retours entre les deux positions : tout ce qui compte, c'est qu'il soit finalement parvenu à l'état j. Par conséquent, si le curseur atteint le site k, nous avons bien comme résultat pour les n atomes du registre, que la matrice M a agi sur leur état initial comme nous le voulions.

Cela étant, comment utiliser cet ordinateur ? Nous commençons par mettre les données d'entrée dans le registre et placer le curseur à la position du site 0. Puis nous vérifions systématiquement si le site k est vide ou occupé par le curseur, par exemple en diffusant des électrons. Dès que nous trouvons le curseur au site k, nous l'enlevons afin qu'il ne reprenne pas le cours du programme dans l'autre sens et nous saurons alors que le registre contient les données de sortie. Il ne nous reste plus qu'à les mesurer comme bon nous semble. Évidemment, le fait de procéder à des mesures et de déterminer tout cela fait intervenir des éléments extérieurs à la machine, ne faisant pas partie de notre ordinateur. Il est évident qu'un ordinateur devra finalement interagir avec le monde extérieur, aussi bien pour l'acquisition des données que pour leur transmission.

Mathématiquement, il se trouve que le déplacement du curseur dans un sens et dans l'autre du déroulement du programme serait exactement le même si les opérateurs A ne faisaient pas partie du hamiltonien. En d'autres termes, il représente simplement les mêmes ondes que celles de la propagation d'électrons ou de spin à une dimension, et celles-ci sont bien connues. Ces ondes peuvent cheminer dans un sens ou dans l'autre le long de la ligne de sites et nous pourrons avoir des paquets de ces ondes, et tout le reste. Nous pourrions perfectionner notre ordinateur en le faisant fonctionner sur un mode balistique : nous ajoutons une rangée de sites en plus des précédents, que nous utilisons pour effectuer le calcul ; disons que nous ajoutons un bon nombre de sites avant et après. Un peu comme si l'indice i des q_i pouvait prendre des valeurs inférieures à 0 et des valeurs supérieures à k, pour lesquelles il n'y aurait pas de matrice A, juste une multiplication par 1. Nous aurions donc une chaîne de spin plus longue et plutôt que de positionner le curseur exactement au site 0, nous pourrions commencer avec différentes amplitudes sur différents sites représentant une onde de spin entrante, un paquet d'onde d'impulsion quasiment déterminée. Cette onde de spin traverserait alors l'ordinateur de manière balistique pour ressortir à l'autre extrémité à travers la queue ajoutée après les sites du compteur ordinal. Il serait alors plus facile de déterminer sa présence, de l'acheminer ailleurs et de récupérer le curseur. Ainsi l'unité logique peut-elle fonctionner de manière balistique.

C'est là le point essentiel, qui indique, tout du moins aux informaticiens, qu'il est tout à fait possible de concevoir un ordinateur universel, car ils savent bien que si nous pouvons concevoir n'importe quelle unité logique, alors nous pouvons concevoir un ordinateur universel. Quant à savoir si nous pouvons bel et bien fabriquer un ordinateur universel pour lequel l'agencement des divers éléments et du câblage est réalisable, ça n'est pas complètement évident, à moins d'avoir une certaine expérience, mais j'aborderai cette question plus tard.

6.4 Imperfections et perte d'énergie libre irréversible

Il subsiste un certain nombre de questions méritant que nous les étudiions plus en détail, comme par exemple celle des imperfections. Nombreuses sont les sources d'imperfections dans cette machine, et la première que nous allons considérer est la possibilité que les coefficients des couplages, le long de la ligne des sites du compteur, ne soient pas exactement égaux. La ligne de sites est si longue que, dans un calcul réaliste, de petites irrégularités produiraient de légères probabilités de dispersion, et les ondes ne pourraient plus avancer sur un mode balistique, mais avec des retours en arrière. Si par exemple le système est conçu de telle sorte que ces sites sont construits sur un substrat d'atomes ordinaires, alors les vibrations thermiques de ces atomes pourraient modifier très légèrement les couplages et ainsi provoquer des imperfections. (Nous pourrions même avoir besoin de ces perturbations car de petites imperfections comme celles-ci pourraient créer des régions permettant de piéger le curseur.) Supposons donc qu'il existe une certaine probabilité de dispersion (notons-la p) pour l'impulsion du curseur à chaque étape du calcul (c'est-à-dire à chaque étape du mouvement $i \to i+1$ du curseur), jusqu'à ce l'impulsion devienne aléatoire ($1/p$ est le libre parcours moyen). Nous supposerons la valeur de p relativement faible. Le calcul sera très long, il faudra beaucoup de temps à l'onde pour se frayer un chemin de l'entrée jusqu'à la sortie — parce qu'elle va d'avant en arrière maintes et maintes fois, du fait de cette dispersion. Ce que nous pourrions faire alors, serait de tirer le curseur le long de la ligne des sites du compteur à l'aide d'une force extérieure. Si le curseur est un électron se déplaçant d'un site libre à un autre, par exemple, il suffira d'un champ électrique pour le faire circuler le long d'un câble dont la résistance est la conséquence des imperfections ou de la probabilité de dispersion. Dans ce cas, nous pouvons calculer la quantité d'énergie que devra fournir cette force extérieure.

L'analyse peut être menée de manière très simple car elle ressemble de très près à l'étude classique d'un électron avec un libre parcours moyen. À chaque dispersion du curseur, je supposerai que celui-ci est envoyé de manière aléatoire d'avant en arrière. Afin que la machine puisse opérer, il devra évidemment se déplacer vers l'avant avec une probabilité supérieure à celle du mouvement vers l'arrière. Ainsi, en cas de dispersion, la perte d'entropie est-elle égale au logarithme de la probabilité que le curseur se déplace vers l'avant, divisée par la probabilité qu'il se déplace vers l'arrière. Le rapport {probabilité vers l'avant − probabilité vers l'arrière}/{probabilité vers l'avant + probabilité vers l'arrière} est une bonne approximation. Cela donne l'entropie perdue par dispersion. Plus intéressante encore est l'entropie perdue par étape du calcul qui, évidemment, vaut simplement p fois ce résultat. Nous réécrivons la perte d'entropie par étape du calcul sous la forme :

$$p\,\nu_{\mathrm{P}}/\nu_{\mathrm{A}}, \tag{6.11}$$

où ν_{P} est la vitesse de progression du curseur et ν_{A} sa vitesse aléatoire. Autrement, nous pouvons l'écrire comme p fois le temps minimum nécessaire à l'exécution du calcul (c'est-à-dire si toutes les étapes correspondaient à un pas vers l'avant), divisé par le temps réellement nécessaire. L'énergie libre perdue à chaque étape vaut donc $kT \times p \times$ le temps minimum que peut nécessiter l'accomplissement du calcul divisé par le temps que vous choisirez de lui impartir. Cette formule a été établie pour la première fois par Charles Bennett. Le facteur p est un facteur libre, permettant de représenter des situations dans lesquelles tous les sites n'entraînent pas forcément de dispersion aléatoire du curseur, mais sont dotés d'une petite probabilité de dispersion. Nous remarquerons avec intérêt que la quantité d'énergie dissipée à chaque étape n'est pas kT mais cette valeur divisée par deux facteurs. Le premier $(1/p)$ mesure le degré de perfection avec lequel nous pouvons construire notre machine, et le second est proportionnel à la durée qui lui est nécessaire pour effectuer le calcul. Cela ressemble beaucoup au moteur de Carnot dans lequel, pour obtenir la réversibilité, nous devons opérer très lentement. Pour la machine idéale, pour laquelle p vaut 0 ou le temps de calcul l'infini, l'énergie perdue en moyenne atteint zéro.

Le principe d'incertitude, qui relie les incertitudes en temps et en énergie, ne représente pas une limitation directe. Notre ordinateur contient un dispositif permettant d'exécuter un calcul, mais l'instant de l'arrivée du curseur et celui de la mesure du résultat sur le registre à l'autre bout (en d'autres termes, le temps nécessaire pour venir à bout du calcul) ne représentent pas un intervalle de temps prédéfini. Tout est question de probabilités, si bien que la durée du calcul est entachée d'une incertitude considérable. Or, il n'y a pas de perte associée à l'incertitude sur l'énergie du curseur ; ou, tout du moins, pas de perte qui dépende du nombre d'étapes du calcul. Bien évidemment, si nous voulons effectuer un calcul balistique sur une machine parfaite, nous devrons fournir une certaine énergie aux ondes incidentes, mais cette énergie pourra toujours être récupérée lorsque les ondes émergeront finalement à l'extrémité de la ligne des sites du compteur. Toutes les questions liées à l'incertitude des opérateurs et au caractère irréversible des mesures sont associées à des fonctions d'entrées et de sortie. Aucune limitation supplémentaire ne provient de la nature quantique de l'ordinateur ; rien en tout cas qui soit proportionnel au nombre d'étapes du calcul.

Dans une telle machine, les imperfections peuvent créer bien d'autres problèmes. Par exemple, dans les registres mémorisant les données, il pourra y avoir des problèmes d'interactions croisées entre deux atomes du même registre, ou des interactions entre les atomes de ce registre et certains événements pas vraiment attendus qui pourraient avoir lieu le long de la ligne des sites du compteur. Autrement dit, il peut y avoir dans le hamiltonien d'autres termes, d'ordre inférieur, que ceux que nous avons écrits. Tant que nous n'en aurons pas proposé une réalisation pratique complète, tout cela restera difficile à analyser. Nous pouvons dores et déjà remédier à certains de ces problèmes de la manière habituelle, c'est-à-dire avec les techniques de correction d'erreurs élaborées pour les ordinateurs ordinaires. Mais sans mise en pratique précise de cet ordinateur, je ne sais pas comment procéder pour analyser ces effets. Cet ordinateur semble très sensible et ce type d'imperfections pourrait provoquer de véritables ravages.

Le temps nécessaire pour une étape du calcul dépend de l'intensité ou de l'énergie des termes d'interaction du hamiltonien. Supposons que ces termes soient chacun de l'ordre de 0,1 électron-volts ; le temps nécessaire au curseur pour se déplacer d'un cran, s'il progresse de manière balistique, est alors de l'ordre de 6×10^{-15} seconde. Ce n'est pas une amélioration considérable : peut-être quelques ordres de grandeur seulement par rapport aux retards observés dans les transistors actuels, et à peine inférieure aux temps très courts réalisables dans certains systèmes optiques.

6.5 Comment simplifier la réalisation

Nous avons atteint l'objectif que nous nous étions fixé — celui de trouver le hamiltonien quantique d'un système apte à mener à bien des calculs — et nous n'irons pas plus loin. Mais il peut être intéressant de se pencher sur des questions concernant les simplifications que nous pourrions apporter à leur mise en pratique. Le hamiltonien obtenu plus haut contient des termes pouvant décrire un type d'interaction particulier entre cinq atomes. Par exemple, trois dans le registre pour un CONTROLLED CONTROLLED NOT et deux dans les deux sites adjacents du compteur ordinal. Cela peut être compliqué à réaliser. La question est de savoir s'il est possible de réaliser cela avec des éléments plus simples. Il se trouve que oui. Nous pouvons faire en sorte qu'il n'y ait que trois atomes dans chaque interaction. Nous aurons bien le NOT, avec en plus un simple « commutateur » (voir également l'article de Priese[5]).

Supposons que le hamiltonien H contienne un terme $q^* c p + r^* c^* p$ + son complexe conjugué — nous utiliserons les premières lettres de l'alphabet pour désigner les atomes du registre et celles de la seconde moitié de l'alphabet pour les atomes des sites du compteur (figure 6.7) :

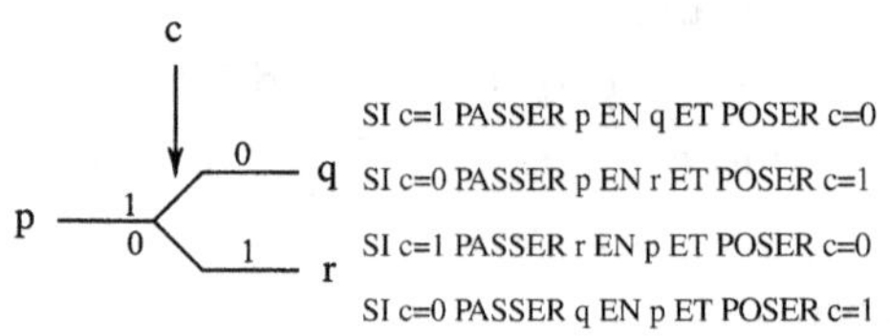

FIG. 6.7 – *Commutateur.*

Il s'agit d'un commutateur dans le sens où, si c est initialement dans l'état $|1\rangle$, un curseur en p se déplacera vers q, tandis que si c est dans l'état $|0\rangle$ le curseur en p passera en r. Dans cette opération, l'atome de contrôle c change d'état. (Nous pouvons également écrire une expression dans laquelle l'atome de contrôle ne change pas d'état, comme $q^* c^* c p + r^* c c^* p$ + son conjugué complexe, mais nous n'avons aucun avantage ni aucun inconvénient à choisir l'une ou l'autre, aussi adopterons-nous la forme la plus simple.) Le conjugué complexe opère à l'inverse. Si toutefois le curseur se trouve en q et c dans l'état $|1\rangle$ (ou le curseur en r et c dans l'état $|0\rangle$), alors H donne 0 et le curseur repart en arrière. Nous allons construire tous nos circuits et choisir les états initiaux en sorte que ce cas précis ne se présente pas dans le déroulement normal des opérations, si bien que la machine pourra fonctionner en mode balistique.

Nous pouvons réaliser tout un tas de choses avec ce commutateur : nous pouvons par exemple construire un CONTROLLED NOT comme indiqué sur la figure 6.8 :

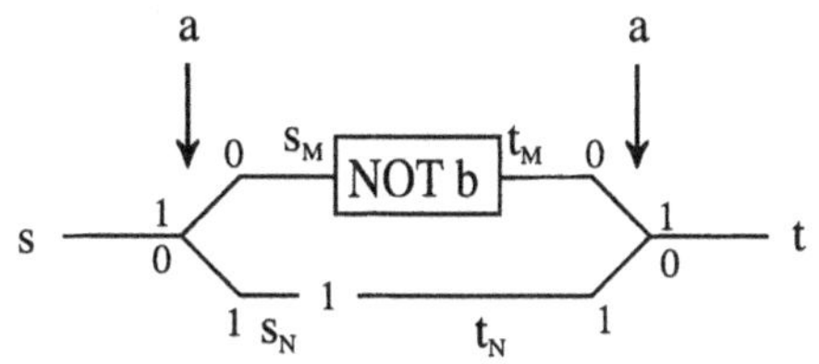

FIG. 6.8 – *porte CN réalisée à l'aide de commutateurs.*

Le commutateur a contrôle les opérations. Supposons que le curseur démarre en s. Si $a = 1$, le curseur du compteur est transporté le long de la ligne du haut, tandis que si $a = 0$, il passe sur la ligne du bas, pour finir, dans un cas comme dans l'autre, sur le site t. Dans de tels diagrammes, les lignes verticales et horizontales représenteront les atomes du programme. Les commutateurs sont représentés par des lignes diagonales et, dans les boîtes, nous rassemblons les autres matrices agissant sur les registres, comme le NOT b dans le cas ci-dessus. Plus précisément, le hamiltonien pour cette petite section de CONTROLLED NOT vue comme partant de s pour arriver à t, s'écrit de la manière suivante :

$$\begin{aligned} H_c(s,t) &= s_M^*\, a\, s + t^*\, a^*\, t_M \\ &+ t_M^*\, (b + b^*)\, s_M + s_N^*\, a^*\, s \\ &+ t^*\, a\, t_N + t_N^*\, s_N + \text{c.c.} \end{aligned} \tag{6.12}$$

(Le terme c.c. désigne le conjugué complexe de tous les termes précédents.) Bien qu'il semble y avoir ici deux voies possibles, susceptibles d'engendrer toutes sortes de complications inhérentes à la mécanique quantique, il n'en est rien. Si tout le système informatique est mis au départ dans un état prédéfini pour a, le temps que le curseur atteigne la position s, l'atome a sera toujours dans un état prédéfini (qui pourra néanmoins être différent de son état initial du fait des opérations qu'il aura subies entre-temps). Ainsi, une seule des deux voies est empruntée. L'expression peut être simplifiée en laissant de côté le terme $s_N^* t_N$ et en posant $t_n = s_n$. Nous n'avons pas, dans ce cas, à nous soucier du fait qu'une des voies est plus longue (deux sites pour le curseur) que l'autre (un seul site possible pour le curseur) car, je le répète, il n'y a pas d'interférence. Aucune dispersion n'est créée lorsque nous ajoutons, dans une chaîne de sites couplés, un morceau de chaîne supplémentaire contenant un nombre quelconque de sites avec le même couplage entre eux (ce qui revient à accorder les impédances dans les lignes de transmission).

Pour étudier ces choses-là plus avant, voyons comment assembler les différents éléments. Un élément M (figure 6.9) peut être représenté comme une unité logique constituée d'éléments en interaction, dans laquelle nous ne représentons que le premier site d'entrée du curseur, s_M, et le dernier site en sortie, à l'autre bout : t_M. Tous les autres sites du compteur compris entre s_M et t_M seront considérés comme des parties internes à M, laquelle contient en outre ses registres. Seuls les sites s_M et t_M peuvent être couplés à des éléments externes (figure 6.9) :

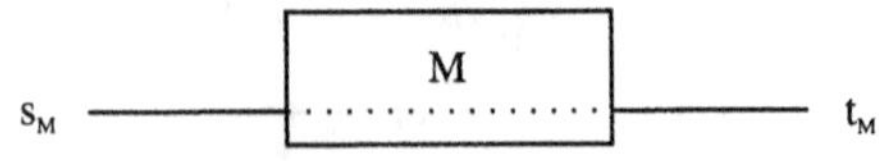

S_M = Premier site du compteur ordinal de l'élément M

t_M = Dernier site du compteur ordinale de l'élément M

FIG. 6.9 – *Un « élément ».*

Nous noterons H_M le hamiltonien de ce sous-ensemble et nous identifierons s_M et t_M aux sites d'entrée et de sortie en écrivant $H_M(s_M, t_M)$. Ainsi, H_M est-elle la partie du hamiltonien représentant tous les atomes de la boîte et leurs sites externes de début et de fin.

Un cas important, particulièrement intéressant, est celui pour lequel les données d'entrée (des atomes ordinaires) proviennent d'une unité logique, et nous voulons les transférer vers une autre (figure 6.10) :

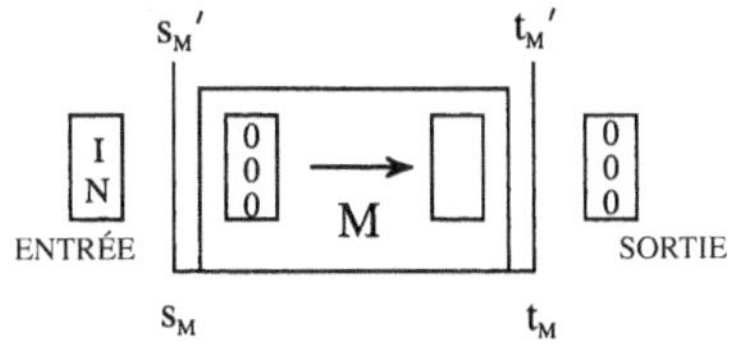

FIG. 6.10 – *Un élément avec entrée et sortie externes.*

Imaginons que la boîte M démarre avec son registre d'entrée à 0, ainsi que son registre de sortie (qui peut tout à fait être le même que le premier). Nous pouvons alors l'utiliser de la manière suivante : nous prenons une ligne de sites, disons en commençant avec s'_M dont la première tâche est d'intervertir les données entre un registre externe contenant les données d'entrée, et le registre d'entrée de M qui, pour le moment, ne contient que des 0. La première étape de notre calcul commençant à s'_M serait alors de faire l'échange avec le registre contenu dans M. Cela met à zéro les données originales du registre d'entrée et les données d'entrée à la place qui leur revient à l'intérieur de M. Le curseur se trouve maintenant en s_M. (Nous avons déjà expliqué comment faire cet échange à l'aide de portes CONTROLLED NOT.) Ensuite, à mesure que le programme avance de s_M vers t_M, nous trouvons les données de sortie à l'intérieur de M. Le registre de sortie de M

est ensuite effacé, tandis que les résultats sont inscrits dans un nouveau registre externe prévu à cet effet, celui qui ne contenait initialement que des zéros. Cela se déroule entre t_M et t'_M, à nouveau en intervertissant les données du registre de sortie intérieur à M et celles du registre de sortie externe.

Nous pouvons à présent envisager de relier de telles unités de plusieurs manières différentes. Par exemple, la plus évidente consiste à les relier en série. Si nous voulons d'abord exécuter M puis N, nous pouvons relier la fin de la première au début de la seconde comme sur la figure 6.11, afin de produire une nouvelle opération effective que nous appellerons K :

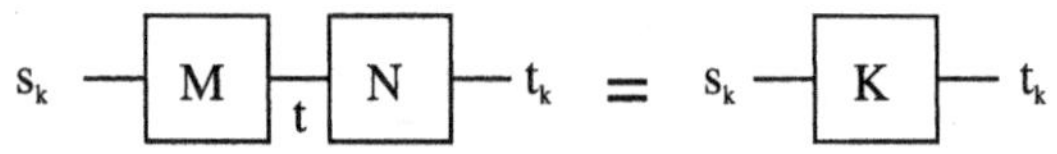

FIG. 6.11 – *Opérations exécutées en série.*

Le hamiltonien H_K s'écrit donc :

$$H_K(s_K, t_K) = H_M(s_K, t) + H_N(t, t_K). \tag{6.13}$$

L'instruction conditionnelle générale, du type « si $a = 1$, alors exécuter M, mais si $a = 0$, alors exécuter N », s'obtient en procédant comme indiqué sur la figure 6.12 :

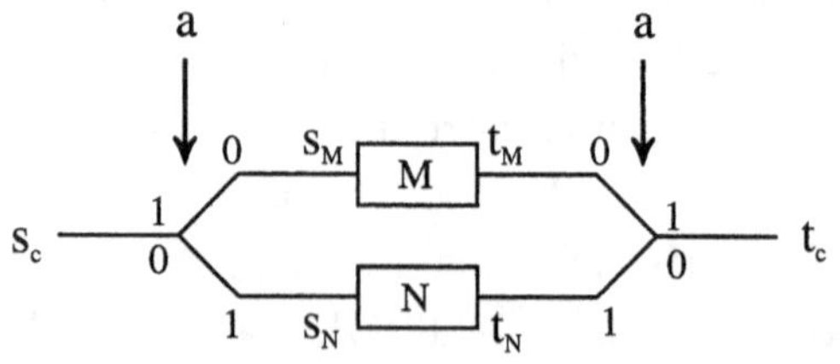

FIG. 6.12 – *Instruction « si $a = 1$ alors M, sinon N. »*

Pour celle-ci,

$$\begin{aligned} H_{\text{cond}}(s_c, t_c) = (s_M^* \, a \, s_c + t_c^* \, a^* \, t_M + s_N^* \, a^* \, s_c \\ + t_c^* \, a \, t_N + \text{c.c.}) + H_M(s_M, t_M) + H_N(s_N, t_N). \end{aligned} \tag{6.14}$$

Le CONTROLLED NOT est un cas particulier d'instruction conditionnelle avec $M = \text{NOT } b$, pour lequel H s'écrit :

$$H_{\text{NOT } b}(s,t) = s^* \, (b + b^*) \, t + \text{c.c.} \tag{6.15}$$

et avec N correspondant à l'identité $s^* \, t$.

Prenons comme autre exemple celui de la machine consistant à recycler les déchets (déjà décrite sur la figure 6.6), non pas en construisant deux machines — une première et son inverse — mais en utilisant la même machine à laquelle nous envoyons la deuxième salve de données dans le sens inverse, à l'aide de notre commutateur (figure 6.13) :

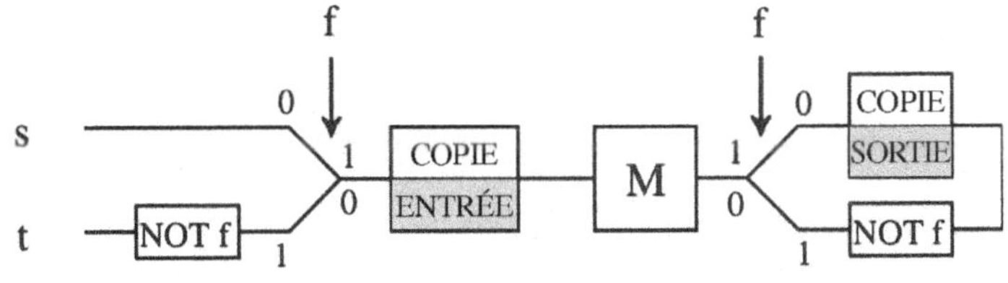

FIG. 6.13 – *Recyclage des déchets.*

Imaginons que le système comprenne un drapeau (encore appelé fanion) f initialement à zéro. Supposons en outre les données d'entrée inscrites sur un registre externe, les données de sortie recueillies dans un second registre externe vierge et tous les registres de la machine vides (ne contenant que des 0). Nous commençons à la ligne s. La première chose à faire est de copier nos données d'entrée externes dans M (à l'aide de CONTROLLED NOTs). M fait ensuite ce qu'elle a à faire et le curseur passe sur la ligne du haut de notre dessin. La sortie de M est recopiée sur le registre de sortie externe. M ne contient donc plus que des rebuts. Puis f change d'état en passant par l'unité NOT f, et les données traversent à nouveau M, cette fois dans l'autre sens, par la ligne inférieure du commutateur. M recycle ainsi les déchets et défait la copie des données d'entrée. Lorsque nous copions à nouveau les données dans le registre d'entrée externe, nous remettons à zéro le registre dans lequel nous avions placé la première copie. Après cela, le signal ressort par la ligne inférieure (puisque f a changé) qui remet f à 0 pour terminer en t. Ainsi, entre s et t se trouve un nouveau dispositif doté des propriétés suivantes : au début, les données d'entrée sont inscrites dans un registre appelé ENTRÉE. Dans un autre registre externe, appelé SORTIE, nous n'avons que des zéros. Le drapeau interne f est initialement à zéro et la boîte M vierge de toute donnée. À la fin du processus, en t, le registre d'entrée contient toujours les données d'entrée, et le registre de sortie le fruit des efforts de la machine M. Toutefois, M, quant à elle, reste vierge et le drapeau f est remis à zéro.

Un autre aspect important des programmes informatiques est la possibilité d'utiliser le même sous-programme à plusieurs reprises. Bien sûr cela pourrait être fait en réécrivant cette partie du programme autant de fois que nécessaire, mais en pratique, il vaut mieux ne construire qu'une seule fois la partie de l'ordinateur qui exécute cette opération particulière et réutiliser cette partie autant que nous le désirons. Pour vous montrer ce qu'il est possible de faire dans ce cas, supposons tout d'abord que nous souhaitions répéter la même opération deux fois de suite (figure 6.14) :

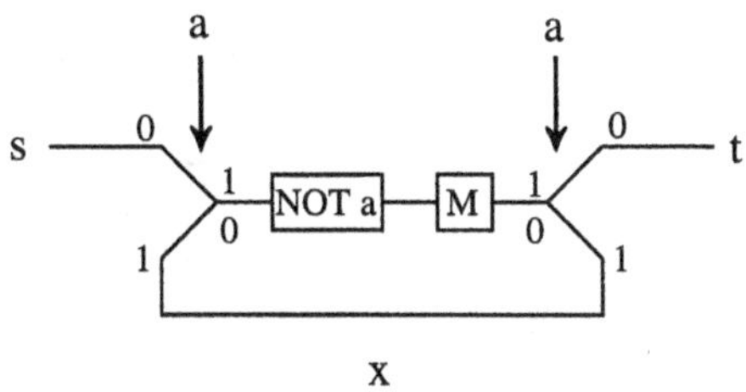

FIG. 6.14 – *L'opération « exécuter M deux fois ».*

Nous démarrons en s, le drapeau a étant à zéro, si bien que la première tâche qui se présente est celle consistant à modifier la valeur de a. Puis s'exécute l'opération M. a ayant été modifié, plutôt que de sortir par la ligne du haut, le signal emprunte celle du bas, qui revient au début du programme, là où a est transformé en NOT a, ce qui le remet cette fois à sa valeur initiale. Après avoir traversé M une seconde fois, le signal ressort par la ligne supérieure, c'est-à-dire vers l'état final t. Le hamiltonien s'écrit :

$$\begin{aligned} H_{MM}(s,t) =& (s_N^*\, a^*\, s + s_M^*\, (a^* + a)\, s_N \\ &+ x^*\, a^*\, t_M + s_N^*\, a\, x + t^*\, a\, t_M + \text{c.c.}) \\ &+ H_M(s_M, t_M). \end{aligned} \tag{6.16}$$

En utilisant ce circuit à commutateurs plusieurs fois de suite, nous pouvons bien sûr répéter cette opération autant de fois que nous le voulons. Par exemple, nous pouvons la répéter huit fois de suite en branchant trois de ces dispositifs en série comme sur la figure 6.15 :

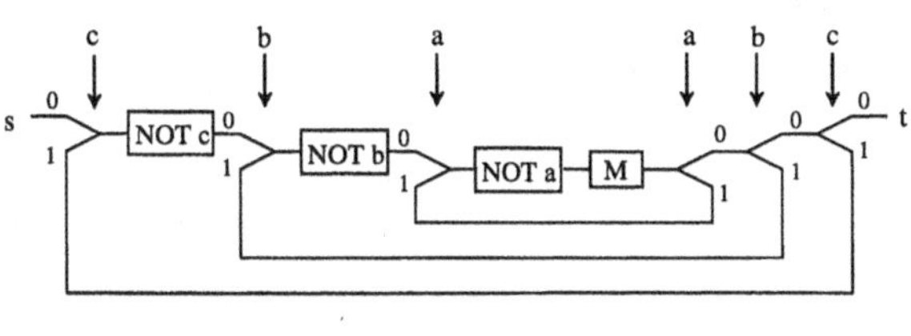

FIG. 6.15 – *L'opération « exécuter M huit fois ».*

Pour faire cela, nous avons trois drapeaux a, b, c. Ceux-ci sont indispensables si nous voulons exécuter une même opération plusieurs fois, afin de garder une trace du nombre d'exécutions déjà réalisées et de l'avancement du programme, sans quoi il ne pourra jamais être réversible. Dans un ordinateur ordinaire, un même sous-programme peut être utilisé, effacé, réutilisé et ainsi de suite autant de fois que nous le voulons, sans que soit gardée la moindre trace de ce qui a eu lieu. Mais ici, nous devons repérer (à l'aide des drapeaux) l'endroit précis où nous nous trouvons dans le cycle du sous-programme. Si le sous-programme est appelé d'un certain point et qu'il doit ensuite continuer à une autre position pour être rappelé par la suite, ses destinations initiale et finale sont différentes. Aussi devons-nous savoir (et mémoriser) d'où il vient et où il est supposé poursuivre, et ce dans tous les cas de figure, ce qui revient à conserver un plus grand nombre de données. L'utilisation répétée d'un sous-programme dans une machine réversible est à peine plus compliquée que dans une machine ordinaire. Vous retrouverez toutes ces considérations dans les articles de Fredkin, Toffoli et Bennett.

Grâce à ce commutateur et à son utilisation successive en arbres, nous pouvons manifestement orienter des données vers n'importe quel endroit de la mémoire. Celle-ci serait simplement un endroit où trouver des registres dans lesquels recopier des données avant de revenir au programme. Le curseur devra suivre les données et je suppose qu'il doit y avoir un autre ensemble de commutateurs en arbre dans le sens inverse afin de récupérer le curseur après avoir copié les données, de façon à ce que le système reste réversible.

La figure 6.16 ci-dessous montre un compteur binaire (à trois bits a, b et c, c étant le bit le plus important) qui garde une trace du nombre de fois que le curseur est passé de s à t. Ces quelques exemples devraient suffire à montrer que nous pouvons bel et bien construire toutes les fonctions informatiques avec notre commutateur et le NOT. Mais nous n'irons pas plus loin dans les détails.

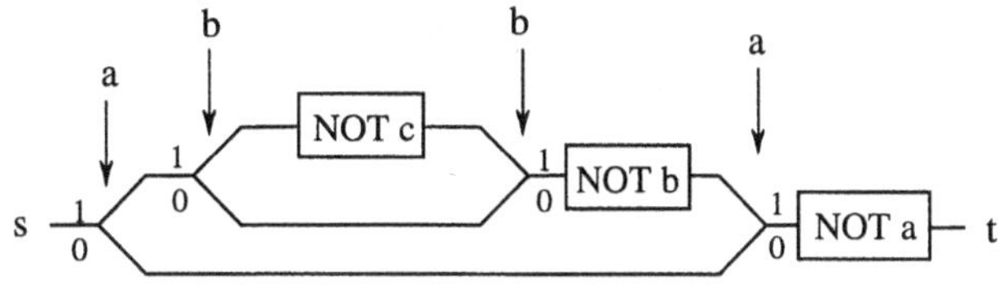

FIG. 6.16 – *Compteur binaire à trois bits.*

6.6 Conclusions

Il apparaît clairement à la lumière de ces exemples que cette machine quantique n'a pas vraiment exploité toutes les possibilités des équations différentielles de la mécanique quantique. Nous avons uniquement tenté d'imiter autant que possible l'architecture séquentielle ordinaire de nos machines numériques. Un peu comme nous utilisons les transistors dans les ordinateurs ordinaires, sans réellement exploiter toute la palette des comportements des transistors, simplement en tentant de les faire fonctionner en mode saturé afin de faciliter l'analyse logique du comportement du système. En outre, le système est résolument séquentiel (par exemple, même pour comparer deux nombres à k bits — par un XOR — nous devons examiner chaque bit l'un après l'autre). Nous n'avons pas étudié comment nous pourrions augmenter la vitesse de ces systèmes quantiques réversibles en exécutant des opérations en parallèle.

Pour diverses raisons théoriques et académiques, j'ai étudié des systèmes complets et réversibles, mais si de telles machines si minuscules pouvaient être réalisables, il n'y aurait aucune raison pour que des interactions irréversibles sources d'entropie ne puissent intervenir durant le déroulement des opérations de la machine. Par exemple, il pourrait être sage, dans un calcul relativement long, de s'assurer que le curseur a bien atteint un certain point et qu'il ne pourra pas revenir en arrière par la suite. Nous pourrions également trouver utile de relier des espaces mémoire irréversibles (pour des éléments utilisés moins fréquemment) à des registres de stockage réversibles de courte durée, et ainsi de suite. Je le répète, il n'y a aucune raison de se cantonner à des chaînes de sites couplés pour communiquer à plus grande échelle, alors que câbles ou lumière seraient plus rapides et plus faciles à mettre en œuvre. Quel que soit le rythme considéré, il semble que les lois de la physique ne s'opposent pas à la miniaturisation des ordinateurs jusqu'à des bits de la taille des atomes et jusqu'à ce que le comportement quantique devienne dominant.

Bibliographie

[1] C. H. Bennett, « Logical Reversibility of Computation », *IBM Journal of Research and Development*, 6 (1979), p. 525-532.

[2] E. Fredkin et T. Toffoli, « Conservative Logic », *Int. J. Theor. Phys.*, 21 (1982), p. 219-253.

[3] C. H. Bennett, « Thermodynamics of Computation — a review », *Int. J. Theor. Phys.*, 21 (1982), p. 905-940.

[4] T. Toffoli, « Bicontinuous Extensions of Invertible Combinatorial Functions », *Mathematical Systems Theory*, 14 (1981), p. 13-23.

[5] L. Priese, « On a Simple Combinatorial Structure Sufficient for Sublying Non-Trivial Self Reproduction », *Journal of Cybernetics*, 6 (1979), p. 101-137.

LEÇON 7

Aspects physiques de l'informatique

Avertissement des éditeurs américains

De tous les sujets abordés dans cet ouvrage, le sujet de cette leçon est le plus sensible au temps qui passe : les progrès technologiques accomplis ces dernières années sont véritablement spectaculaires. Malgré cela, nous avons jugé qu'il valait la peine de publier la vision qu'avait Feynman de ce domaine au début des années 1980, quand bien même certains des objectifs technologiques ont été considérablement modifiés depuis que Feynman s'est penché sur le sujet. En particulier, le milieu des années 1980 a vu l'adoption massive de la technologie CMOS, et la présentation de Feynman des dispositifs en termes de technologie nMOS est aujourd'hui quelque peu obsolète : nous avons donc sélectionné quelques-uns seulement de ses exemples de nMOS les plus compliqués. Cependant, sa présentation succincte des dispositifs CMOS met en lumière leurs aspects énergétiques plus favorables par comparaison aux nMOS. Les règles de conception que présente Feynman se cantonnent aux nMOS à une seule couche de métal — comme Carver Mead et Lynn Conway les présentent dans leur

ouvrage de référence de 1980 sur les systèmes VLSI. Plutôt que de tenter d'actualiser cette leçon en mettant l'accent sur les CMOS, nous avons choisi de rester fidèles à la présentation originale de Feynman, exception faite de quelques mises à jour mineures. Nous espérons ainsi préserver la manière unique qu'avait Feynman d'offrir une intuition physique de phénomènes compliqués. En outre, il faut garder à l'esprit qu'aux cours de Feynman s'ajoutaient des cours d'experts de différents domaines. Cette partie des cours de Feynman doit faire l'objet d'une publication future rassemblant ces cours de haute voltige et les articles de certains des experts ayant contribué à ses cours du début des années 1980.
Maintenant, c'est à vous : bonne lecture !

Le fil directeur de ces leçons a été de savoir ce que nous pouvons ou ne pouvons pas faire avec les ordinateurs, et pourquoi. Nous avons considéré les restrictions dues à l'organisation des composants élémentaires au sein des machines, les limitations imposées par les mathématiques fondamentales et même celles provenant des lois de la nature. Dans cette dernière leçon, nous allons aborder celui qui se révèle peut-être le plus concret des obstacles puisque nous parlerons des contraintes qu'imposent les technologies employées pour *construire* concrètement nos machines, qui proviennent à la fois des matériaux utilisés et de la manière dont nous agençons les composants élémentaires.

À ce jour, la majorité des ordinateurs est construite grâce à la technologie des *semi-conducteurs*, qui sont utilisés pour façonner les différents constituants de ces machines — diodes et transistors par exemple. Les technologies de circuits intégrés à très haute intégration, appelés VLSI (de l'anglais *Very Large Scale Integration*), autrement dit les microtechnologies utilisées pour construire et utiliser les puces en silicium (de première importance en informatique), représentent un vaste sujet, que nous ne pourrons que survoler au fil de ces pages. Les lecteurs ayant quelques connaissances en électronique auront plus de facilité à comprendre ce qui suit. J'espère toutefois que ma présentation sera également intelligible à ceux qui ne connaissent, même de loin, que l'électricité et le magnétisme; quant aux plus curieux, ils trouveront quelques références pour aller plus loin dans la partie intitulée « suggestions de lectures ».

Pour commencer, nous regarderons tout d'abord un dispositif simple : la diode. C'est un composant astucieux qui permet au courant de ne passer que dans une seule direction. Nous considérerons les phénomènes physiques qui entrent en jeu et verront comment elle fonctionne dans un transistor à effet de champ.

7.1 La physique des semi-conducteurs

Notre compréhension actuelle des propriétés électriques des métaux ou d'autres matériaux s'appuie sur ce que l'on appelle la « théorie des bandes » des solides. Pour résumer, disons que cette théorie stipule que les états physiques pouvant être occupés par les électrons dans un matériau donné, s'organisent en une série de strates (continues de manière effective) appelées des « bandes », chacune étant caractérisée par un certain intervalle de valeurs pour les niveaux d'énergie autorisés à l'électron. Ces bandes proviennent d'effets réciproques compliqués entre les électrons et leurs atomes parents répartis sur la toile atomique du matériau, et elles sont intrinsèquement des effets quantiques. Des électrons dans différents états atomiques occupent des bandes différentes. Dans une substance quelconque, nous identifions essentiellement deux types de bandes distinctes qui jouent un rôle dans la conduction du courant électrique : d'une part les « bandes de valence » et d'autre par les « bandes de conduction ». Les états appartenant à la bande de valence correspondent aux électrons liés à leur atome parent, qui sont donc confinés dans une certaine région du matériau : ils ne sont pas libres de se déplacer alentour. La conduction électrique a lieu lorsque des électrons quittent leur atome et peuvent se déplacer librement dans le conducteur. Nous disons de ce type d'électrons mobiles qu'ils occupent des états de la bande de conduction. Typiquement, il y aura une différence d'énergie *discrète* entre bandes de valence et bandes de conduction. Comme nous le verrons, c'est essentiellement la valeur de cette *bande interdite* qui déterminera si le matériau considéré doit être classé comme conducteur ou comme isolant. Examinons la structure des bandes d'énergies représentée sur la figure 7.1 :

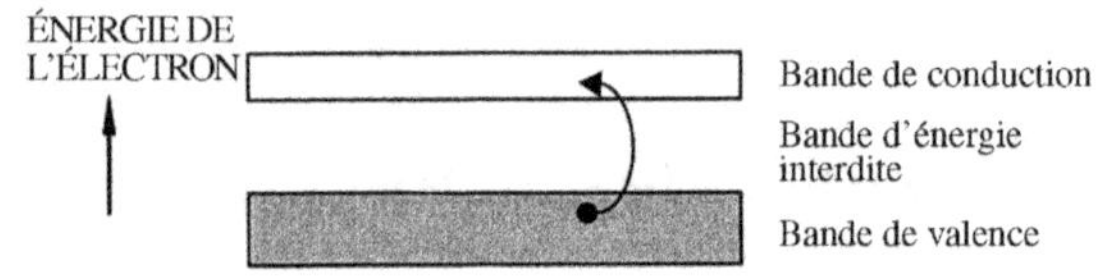

FIG. 7.1 – *Structure des bandes.*

Comme nous le voyons, les bandes de valence et de conduction sont séparées par une bande d'énergie interdite (sur la figure, l'énergie correspondant aux différentes bandes augmente vers le haut). Lorsque la bande inférieure est pleine, le matériau se comporte comme un isolant : il n'y a aucun état d'énergie disponible qui permettrait à des électrons de puiser de l'énergie dans un champ électrique extérieur pour former un courant. Pour former un courant électrique, il faut des électrons dans la bande de conduction où se trouvent tout un tas d'états vides disponibles. Pour produire ces électrons, il faut fournir suffisamment d'énergie à ceux qui occupent la bande de valence pour les aider à franchir la bande interdite et faire leur transition dans la zone de conduction. C'est cette énergie minimum à fournir qui détermine les propriétés électriques du matériau. Les bons conducteurs disposent dans des conditions normales d'une grande réserve d'électrons libres, la bande interdite étant minuscule, voire inexistante (il arrive même que les bandes de valence et de conduction se chevauchent). C'est pourquoi il n'est pas difficile de créer un courant dans ce type de matériau. Les isolants, au contraire, ont des valeurs de bandes interdites rédhibitoires — plusieurs eV (électron-volts) — et ne peuvent conduire le courant que dans des situations relativement extrêmes. Il existe toutefois une troisième classe de matériaux à considérer, qui sont une sorte d'hybride de conducteurs et d'isolants : les « semi-conducteurs », dont la bande interdite est relativement faible (de l'ordre d'un eV).

Le premier mécanisme responsable du passage des électrons de la bande de valence à la bande de conduction est l'*excitation thermique* (en négligeant l'éventualité de champs électriques externes). Les variations d'énergie dues aux fluctuations thermiques aléatoires suffisent à elles seules à fournir l'énergie nécessaire aux électrons pour faire la transition. Typiquement, l'énergie thermique est de l'ordre de 25 meV et si cette valeur est supérieure à la bande interdite, elle provoquera des transitions. C'est le cas pour les métaux mais pas pour les isolants (dont les bandes interdites élevées atteignent plusieurs eV). Pour un matériau quelconque, il est donc possible de calculer la probabilité qu'une fluctuation thermique donne un électron de conduction. Notons T la température du matériau et E l'énergie de bande interdite ; le taux auquel les électrons franchiront spontanément la bande interdite pour passer dans la bande de conduction est donné par la distribution de Boltzmann, proportionnelle à $\mathrm{e}^{-E/kT}$, où k est la constante de Boltzmann. À température ambiante ($T \approx 300$ K), nous avons $kT \approx 1/40$ électron-volt, soit 25 meV. Notons que, la formule contenant une exponentielle, ce taux de transition augmente très rapidement avec la température, mais il reste cependant négligeable, pour la plupart des isolants, jusqu'au voisinage de leur point de fusion.

Penchons-nous à présent sur les semi-conducteurs. À zéro kelvins (et aux basses températures en général), le silicium (Si, donc), semi-conducteur, se comporte effectivement comme un isolant. Sa bande interdite est de l'ordre de 1,1 eV et les transitions thermiques sont rares. Toutefois, nous pouvons créer un courant en fournissant de l'énergie aux électrons de valence et nous découvrons alors qu'il se passe quelque chose d'intéressant, un phénomène qui revêt une importance capitale pour notre étude des semi-conducteurs : lorsque nous excitons un électron qui passe alors dans la bande de conduction, non seulement celui-ci devient alors libre de se propager dans le matériau et crée donc une certaine conductivité, mais en outre il laisse derrière lui un *trou* dans la bande de valence. Ce trou correspond à une charge effective positive et, comme l'électron dans la bande de conduction, celui-ci peut se déplacer et donc véhiculer un certain courant électrique : si un électron avoisinant remplit l'espace laissé libre par l'électron excité thermiquement, il laissera derrière lui une charge positive à l'endroit de sa position initiale, et tout se passe comme si le trou s'était déplacé. Les trous ne sont pas de véritables particules ; ce ne sont que des espaces vides dans la bande de valence, qui se comportent comme des particules de charge positive. Il peut également y avoir des trous dans les isolants, mais plus rarement dans les métaux.

Nous pouvons effectuer un petit tour de passe-passe avec le Si, qui modifie ses propriétés et rend son utilisation idéale pour construire les composants des ordinateurs. Il s'agit du processus dit de « dopage ». Le dopage consiste à ajouter dans la structure cristalline du Si des atomes issus d'une autre substance (des

« impuretés »)[1]. L'élément phosphore (P), situé juste après le Si dans la table périodique des éléments, est souvent utilisé comme dopant. La valence de P vaut cinq tandis que celle du Si vaut quatre : cela signifie que sa couche externe possède cinq électrons, contre quatre pour le Si. Dans un cristal de silicium ordinaire, ces quatre électrons de valence maintiennent l'atome à sa place dans le réseau et ne sont pas libres de se déplacer dans le cristal — tous les états de la bande de valence sont occupés. Lorsque nous introduisons des impuretés tels ces atomes de P, chacun d'eux se lie à quatre atomes de Si via quatre électrons sur les cinq de la couche de valence du phosphore. Il reste donc un électron supplémentaire pour chaque atome de P, et cet électron est libre de se déplacer dans le métal, et donc de produire un courant (figure 7.2) :

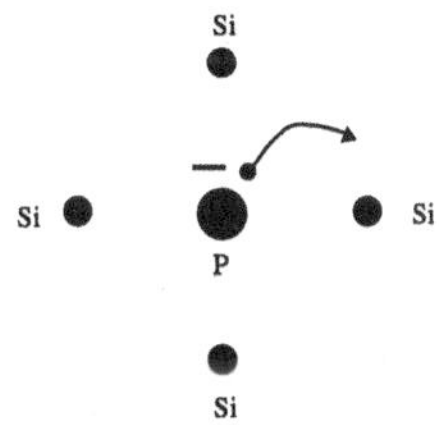

FIG. 7.2 – *Libération d'un électron de phosphore lors du dopage.*

Le matériau ainsi obtenu s'appelle un semi-conducteur « de type *n* », ou « dopé-*n* », car il contient des porteurs de charge *négative* en excès. Pour de faibles niveaux de dopage, ce type de substance conduit le courant plutôt modestement par comparaison aux métaux : ces derniers peuvent posséder jusqu'à un ou deux électrons

[1]Un semi-conducteur non dopé est généralement qualifié de semi-conducteur « intrinsèque ». Lorsqu'il est dopé, il devient « extrinsèque ». [Note des éditeurs américains.]

libres par atome du métal, tandis que le semi-conducteur dopé-n n'a qu'un électron par atome de phosphore.

Il y a très peu de trous dans un Si dopé-n, même si la température est suffisamment élevée pour déloger des électrons, car les trous créés dans la bande de valence seront aussitôt comblés par les électrons P, de manière privilégiée par rapport aux niveaux de la bande de conduction. La vénérable « loi d'action de masse » utilisée pour les réactions chimiques conduit à une relation importante entre les densités d'électrons et de trous (notées respectivement n_e et n_t). Il est intéressant de remarquer que cette relation se révèle indépendante de la proportion de dopant dans le matériau, puisque :

$$n_e \, n_t = n_i^2, \tag{7.1}$$

où n_i est la densité d'électrons et de trous du Si pur, non dopé, à la température considérée. (Cette relation est évidente pour le Si non dopé, puisque nous avons alors $n_e = n_t$). Idéalement, nous voudrions parvenir à concevoir des composants qui continuent à fonctionner lorsque les caractéristiques du matériau, comme n_i ou la température, sont modifiées très légèrement mais de manière imprévisible.

Il existe une autre forme de dopage, dans laquelle certains atomes de Si sont remplacés par des atomes du troisième groupe de la table périodique des éléments. Nous pouvons donc utiliser comme dopant l'élément bore (B), qui possède sur sa couche externe un électron de moins que le Si[2]. Avec ce dopant, nous obtiendrons de toute évidence un excès de trous et non pas d'électrons, et donc un autre type de semi-conducteur. En vertu des mystères des lois de l'électromagnétisme, les trous peuvent être

[2]En fait, dans ses cours, Feynman mentionnait l'aluminium et non pas le bore. L'aluminium se situe juste avant le Si dans la table périodique, mais cet élément n'a que rarement, voire jamais, été utilisé comme dopant de valence 3. [Note des éditeurs américains.]

vus plutôt comme des bulles de charge positive dans un champ électrique (à l'instar de bulles d'air qui, dans un liquide soumis à un champ gravitationnel, remontent à la surface un peu comme si elles avaient un « poids négatif »), si bien que, dans un champ électrique, les trous cheminent « dans le mauvais sens ». Puisqu'ils se comportent comme des charges *positives*, le Si dopé au bore est qualifié de Si « dopé-p ». Notons que la relation (7.1) reste valable.

7.1.1 Diode à jonction np et transistor npn

Regardons à présent quel est l'intérêt des semi-conducteurs pour la fabrication des composants électroniques des ordinateurs. Commençons par examiner la situation particulièrement intéressante dans laquelle nous mettons en contact des tranches de silicium dopé-p et dopé-n. Cette jonction dite pn est la base du composant connu sous le nom de « diode ». Nous en donnerons une description qualitative idéalisée, sans nous enliser dans de sombres détails. Considérons la situation représentée sur la figure 7.3 :

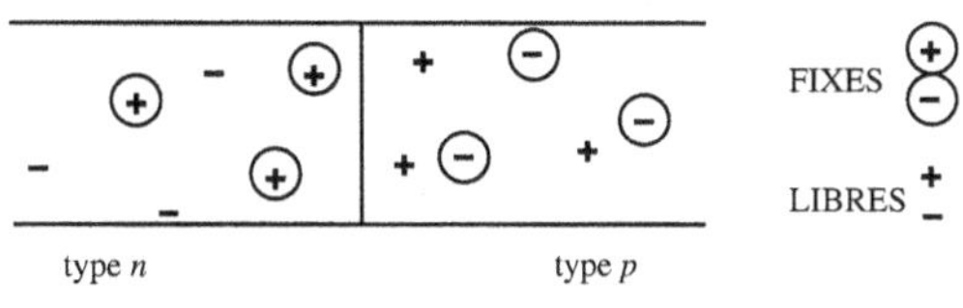

FIG. 7.3 – *Jonction* np.

Du côté gauche, nous avons le matériau dopé-n, que nous pouvons voir comme constitué d'un grand nombre de charges positives immobiles et de quelques charges négatives libres. Du côté droit, c'est l'inverse. Nous connaissons le nombre d'électrons libres et de trous libres, puisqu'ils correspondent au nombre d'atomes de B et de P ajoutés (un électron pour chaque P et un trou pour chaque B). À température ambiante, il y aura en plus d'autres porteurs dus aux fluctuations thermiques.

D'ici peu, nous brancherons ce dispositif dans un circuit pour le soumettre à une certaine tension mais, pour le moment, voyons ce qui se passe en l'absence de tout champ. Les porteurs de charge ne se déplacent pas uniquement du côté dont ils sont issus mais fileront, comme de la vapeur qui s'échappe, dans le matériau adjacent. Cette diffusion (des électrons vers le matériau dopé-p et des trous vers le matériau dopé-n) n'est toutefois pas libre de tout obstacle. Les charges positives fixes de la partie gauche créeront un champ électrique qui tendra à ramener les électrons en fuite ; ce champ est augmenté par la percolation des trous dans le matériau dopé-n. Ces trous sont eux aussi tirés vers l'arrière par les charges négatives de la partie droite et par les électrons qui ont migré de ce côté. Nous pouvons dresser la liste des quatre phénomènes qui opèrent séparément à la jonction des deux tranches :

(1) création et annihilation de paires électron-trou par fluctuations thermiques,

(2) conductivité (les porteurs sont déportés par les forces électriques),

(3) diffusion (les porteurs tendent à équilibrer la densité de charge),

(4) processus électrostatiques (dus aux charges fixes).

Après un certain temps, ce système physique compliqué atteindra un état d'équilibre affichant une certaine concentration de charges fixes d'un côté et de l'autre de la jonction (figure 7.4) :

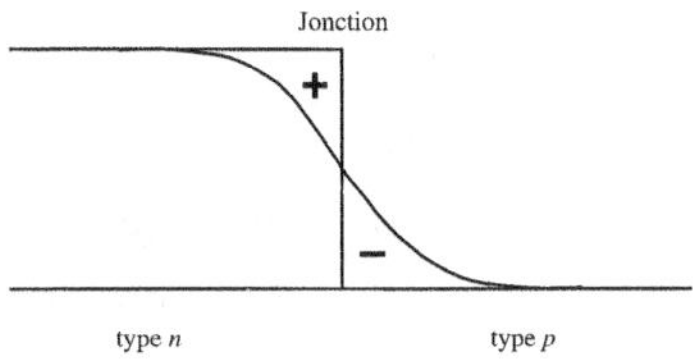

FIG. 7.4 – *Distribution des charges à l'équilibre pour une jonction* np.

La région centrale maintenant dépourvue de porteurs de charge est donc appelée la « zone de déplétion ». En réalité, la densité des charges fixes dans cette zone n'est pas exactement symétrique, car les atomes P et B ont des masses effectives différentes, mais nous les considérerons comme équivalentes. Nous pouvons additionner les densités des électrons, des trous et des charges fixes, pondérées par leur charge respective, pour obtenir la densité de charge nette du dispositif (figure 7.5) :

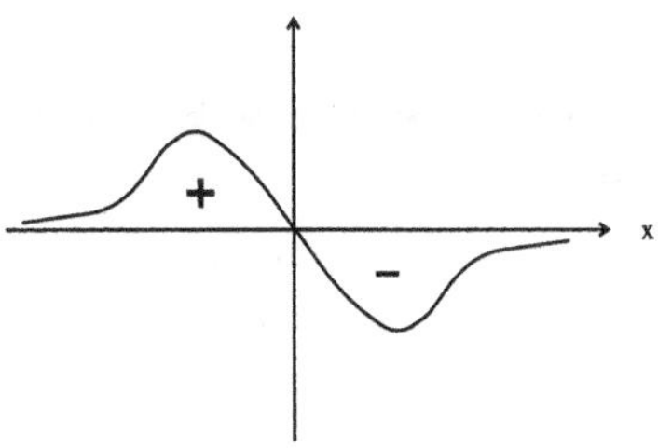

FIG. 7.5 – *Densité de charge nette.*

La situation physique à l'équilibre, cela mérite d'être souligné, n'est *pas* statique. Il y a des courants dus à la diffusion. Toutefois, à l'équilibre, le courant allant vers la droite annule celui allant vers la gauche et il n'en résulte aucun courant *net.*

Voyons ce qui se passe lorsque nous appliquons une tension à ce système. Nous avons le choix entre deux possibilités pour brancher notre générateur : nous pouvons relier le pôle plus au matériau dopé-n ou au matériau dopé-p. Branchons-le pour commencer au matériau dopé-p. En y réfléchissant, vous devriez parvenir à vous convaincre que cela aura pour effet de réduire les forces s'opposant au passage du courant, qui sont dues aux charges fixes de la zone de déplétion (le potentiel positif à droite attirera les électrons du matériau dopé-n vers le matériau dopé-p). Si nous augmentons la tension, de plus en plus d'électrons pourront traverser la jonction et, bien sûr, de plus en plus de trous iront dans l'autre direction. Pour parler sans ambages, disons qu'avec un branchement bien choisi, notre « dispositif » conduira plein pot ! (Un bémol important à ajouter à cette simple constatation est qu'il est *essentiel* pour maintenir le courant que des électrons libres venus de l'« extérieur » soient injectés dans la partie dopée-n au point de contact avec le générateur, afin d'en alimenter le flux. Et cela est nécessaire, sans quoi les porteurs « originaires » du semi-conducteur se recombineront avec leurs charges opposées juste après avoir franchi la jonction.)

Que se passe-t-il si nous branchons le générateur dans l'autre sens ? Cela devient intéressant : *le matériau ne conduit pas !* Pourquoi pas ? Eh bien, le moindre électron libre dans la partie dopée-n peut joyeusement migrer vers la gauche, loin de la zone de déplétion, et les trous libres de la partie dopée-p vont à droite, désertant le semi-conducteur pour passer dans le circuit. Mais l'application de la tension a augmenté la hauteur de la barrière de potentiel de la zone de déplétion à tel point qu'en fait, *les électrons du matériau dopé-p ne peuvent plus la traverser.* (Est-il utile de préciser qu'il en va de même pour les électrons qui pourraient provenir du point de contact avec le générateur ?) De même, les trous ne peuvent plus alimenter de courant vers la droite, si bien qu'après un petit sursaut initial, celui-ci s'évanouit. Il y a trop peu de porteurs libres disponibles aux bons endroits pour le sustenter. Nous disons que la tension « inverse » la polarisation de la jonction ; dans le sens où le courant circule, nous disons de la jonction qu'elle est « polarisée dans le sens direct ». Nous appelons ce dispositif une « diode à jonction » et celle-ci possède la propriété fondamentale de ne conduire le courant que dans un sens, pas dans l'autre.

N'y a-t-il vraiment aucun courant lorsque la jonction est ainsi alimentée ? Eh bien, ce n'est pas tout à fait exact : il y aura bel et bien un certain courant dû à la création thermique de paires électron-trou à la jonction. Si nous attendons le temps qu'il faut, une paire finira par être créée, et l'électron filera dans une direction, le trou dans l'autre. L'intensité de ce courant dépendra évidemment de la température (en fait, elle augmente de manière exponentielle avec la température) et sera indépendante de la tension appliquée. Si nous le désirons, nous pouvons également aider ce processus thermique dans une diode en polarisation inverse en créant nous-mêmes des paires électron-trou. Le courant est généralement si faible que, si nous ne créons ne serait-ce quelques paires, nous pourrons facilement les détecter sur le fond thermique. La manière de procéder pour créer de telles paires dépend de la taille de la bande interdite du semi-conducteur. Dans l'arséniure de gallium (GaAs) par exemple, nous pouvons créer des paires en utilisant des photons (en fait, ce processus est assez efficace même pour le Si). Naturellement, l'inverse est vrai également : si nous branchons la diode dans le sens direct et que le courant peut circuler librement, électrons et trous avancent l'un vers l'autre et s'annihilent, produisant ainsi des photons (dans le GaAs) ou des phonons (dans le Si). C'est ainsi que sont fabriqués les semi-conducteurs LASER et LED.

Souvenons-nous qu'électrons et trous s'annihilent avec un taux valant n_i^2. Si cette valeur était nulle, alors la polarisation en inverse ne donnerait aucun courant puisqu'en vertu de l'équation (7.1), n_e et n_t seraient nuls eux aussi ! Toutefois, dans le cas de la polarisation directe, le courant pourrait circuler en remplissant de plus en plus la partie dopée-p avec des électrons. Si la tension appliquée devait alors changer de signe, ces électrons devraient tous être laborieusement rapportés de l'autre côté et la diode ne pourrait plus empêcher le courant de circuler dans le mauvais sens (et le dispositif se comporterait alors comme un grand condensateur). L'annihilation des paires électron-trou résout ce problème en permettant aux électrons de la partie dopée-p de remplir les trous plutôt que de s'accumuler à des distances de plus en plus grandes de la jonction. Ainsi la diode ne pourrait-elle pas fonctionner sans ce processus d'annihilation.

Revenons au cas dans lequel le champ permet au courant de circuler librement. Il est possible de calculer le courant I qui circule dans la diode comme fonction de la tension V appliquée. Les mathématiques mises en jeu ne sont pas vraiment compliquées mais nous n'entrerons toutefois pas dans les détails (je vous invite à consulter les suggestions de lectures). Il se trouve que la relation n'est pas linéaire :

$$I(V) = I_0 \left[\exp(qV/kT) - 1\right], \tag{7.2}$$

où V est la différence de potentiel effective appliquée au dispositif (autrement dit la tension, déduction faite d'une tension dans le « mauvais sens » due aux charges fixes aux bords), q la valeur des charges véhiculées par les porteurs (en Coulombs) et I_0 une constante. Nous pouvons tracer le graphe de I en fonction de V (figure 7.6) :

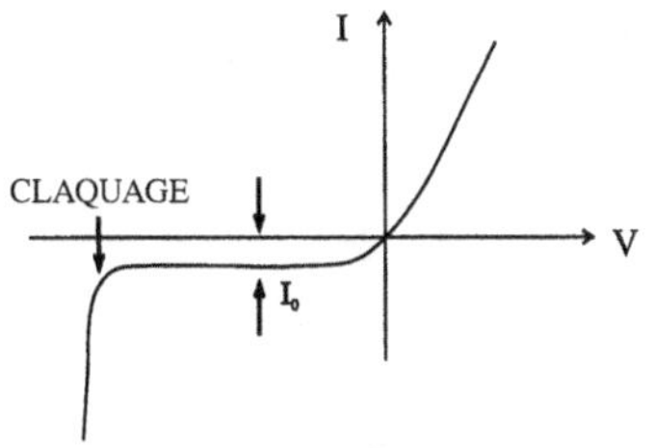

FIG. 7.6 – *Variation du courant dans la diode en fonction de la tension.*

Dans la réalité, $I(V)$ ne peut pas indéfiniment augmenter exponentiellement avec V ; d'autres phénomènes entrent en jeu et la différence de potentiel de part et d'autre de la jonction sera différente de la tension appliquée. Notons également que dans le cas du branchement de la diode en polarisation inverse, au-delà d'une certaine valeur de la tension appelée « tension de claquage », le courant minuscule augmente (négativement) de manière spectaculaire. La valeur de la tension de claquage varie entre quelques volts et quelques centaines de volts selon les diodes et peut être mise à profit, dans certains cas, pour limiter les tensions dans un circuit.

L'étape suivante consiste pour nous à étudier un autre dispositif semi-conducteur, le fameux transistor. Il en existe toutes sortes, et ceux qui sont le plus utilisés dans les puces VLSI sont assez différents de ceux qu'utilisent les amateurs férus d'électronique. À titre d'exemple, nous mentionnerons très brièvement le très respectable « transistor à jonction bipolaire *npn* », l'un des ancêtres des transistors modernes. Ce transistor est fabriqué en prenant une très fine tranche de semi-conducteur dopé-p, en sandwich entre deux tranches de matériau dopé-n (d'où l'appellation « *npn* »). Les différentes tranches sont appelées la « base », le « collecteur » et l'« émetteur » (figure 7.7) :

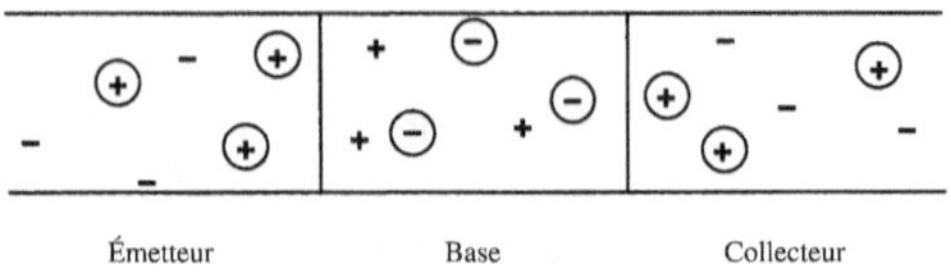

FIG. 7.7 – *Structure du transistor à jonction bipolaire* npn.

La « base » doit son nom au fait que le transistor était construit à partir de ce matériau ; les termes « émetteur » et « collecteur » proviennent tous deux des technologies préhistoriques. Notons la finesse relative de la base par comparaison aux tranches disposées de part et d'autre de celle-ci : c'est un point essentiel au bon fonctionnement du transistor. Ce dispositif, utilisé correctement, fonctionne comme un *amplificateur* : de petites variations du courant dans la base sont amplifiées à l'émetteur. Il peut également fonctionner comme un interrupteur et être utilisé dans tous les circuits à transistors mentionnés jusqu'ici. Cependant, les transistors à jonction *npn* ne sont pas les plus communément utilisés dans les puces VLSI modernes et je ne parlerai pas plus avant de son fonctionnement (compliqué) au niveau des électrons et des trous. Vous trouverez des présentations de qualité dans nombre d'ouvrages de référence (voir les suggestions de lecture). Nous regarderons plutôt le type de transistor qui est le plus communément utilisé dans les systèmes VLSI, à savoir le transistor qui se trouve dans la plupart des puces électroniques : j'ai nommé le « transistor à effet de champ MOS », ou MOSFET (de l'anglais *Metal Oxide Semiconductor Field Effet Transistor*).

7.1.2 Le transistor à effet de champ MOS (MOSFET)

Commençons par décrire la structure du MOSFET (nous verrons plus tard comment construire ce type de composant sur les puces électroniques) :

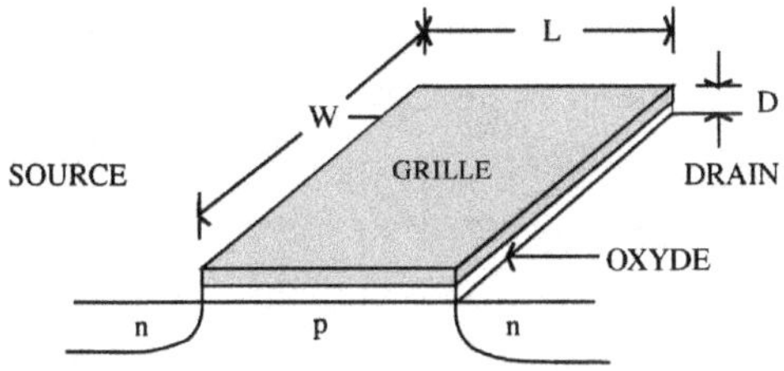

FIG. 7.8 – *Le MOSFET.*

Une puce électronique est essentiellement une tranche de silicium légèrement dopé, appelée substrat, sur laquelle sont disposés les transistors et autres composants. Dans le cas d'un dopage de type *p*, nous parlons de technologie « *n*MOS » ; pour un substrat de type *n*, il s'agit de la technologie dite « *p*MOS ». Nous nous intéresserons principalement aux *n*MOS, comme le montre la figure 7.8. Notre MOSFET contient quatre électrodes : tout d'abord, la « grille », qui est une couche conductrice de « polysilicium » (substance semblable à un métal) séparée du silicium par une fine couche d'oxyde de silicium non conducteur. De part et d'autre de la grille se trouvent deux « couches de diffusion » de type *n*, elles aussi séparées par la couche d'oxyde et qui doivent leur nom au fait que le dopage s'y diffuse (comme illustré) : nous appelons ces deux couches la « source » et le « drain » — plutôt que l'émetteur et le collecteur du transistor *npn*. Ces couches de diffusion sont également conductrices.

Le fonctionnement de ce transistor est bête comme chou. Avec ce que nous avons vu pour la diode à jonction *np*, nous pouvons nous faire une idée de ce qui se passe dans ce composant avant d'appliquer une quelconque tension. Le substrat est un matériau légèrement dopé-*p*, généralement relié à la terre. Il forme avec les couches dopées-*n* une structure de type diode (essentiellement, le MOSFET est construit en accolant deux diodes dos à dos). Comme précédemment, un état d'équilibre sera atteint dans lequel nous trouverons des zones de déplétion aux jonctions *pn*, avec une faible diffusion d'électrons et de trous. Ainsi, la source et le drain seront-ils effectivement déconnectés l'un de l'autre, et si nous appliquons une tension, aucun courant ne pourra circuler. Toutefois, si nous branchons une tension positive sur la grille, les choses se passeront différemment : l'effet de cette tension sera d'attirer les électrons sous la couche d'oxyde (ils n'iront pas vers la grille car l'oxyde est un isolant). Ces électrons proviennent essentiellement de la source et du drain (le potentiel positif ayant abaissé les barrières des couches de déplétion qui les empêchait de se mouvoir librement). Les électrons sous l'oxyde forment ce que l'on appelle une « couche d'inversion ». Si nous appliquons *maintenant* une tension à la source et au drain, *alors* nous aurons un courant (la couche d'inversion est essentiellement un passage permettant aux électrons de circuler librement entre les deux contacts). Nous avons donc un dispositif extraordinaire : un interrupteur ! Celui-ci est contrôlé par la tension grille-source V_{gs} : plus cette tension est élevée, plus il y aura de porteurs de charge sous la grille, et plus le courant sera important. Notons toutefois que, si $V_{\text{gs}} < 0$, alors le MOSFET ne conduit pas. Dans ce cas, les électrons sont repoussés de sous la grille et la couche d'inversion ne peut pas se former.

À vrai dire, cette description est un peu simpliste. $V_{\text{gs}} > 0$ ne suffit pas forcément à faire circuler le courant. Il faut en outre que V_{gs} dépasse une certaine tension minimum, la « tension de seuil » V_{min} (typiquement, V_{min} est de l'ordre de 0,2 V_{DD}, où V_{DD} est la tension d'alimentation, disons de l'ordre de 5 volts). Pour cette raison, il se révèle plus pratique de définir une tension grille-source décalée :

$$V'_{\text{gs}} = V_{\text{gs}} - V_{\text{min}}, \tag{7.3}$$

en fonction de laquelle la condition pour le passage du courant s'écrit simplement $V'_{\text{gs}} > 0$. Il se trouve que nous pouvons concevoir notre MOSFET de telle sorte que cette tension de seuil soit positive ou négative. Nous obtenons une tension de seuil négative en dopant la tranche de silicium de telle sorte qu'il y ait une fine couche conductrice de semi-conducteur dopé-n sous la grille, reliant la source et le drain. Les transistors avec $V_{\min} > 0$ comme ci-dessus sont en mode de fonctionnement dit « à enrichissement » ; si $V_{\min} < 0$, ils sont dits fonctionner en « régime d'appauvrissement ». (Les transistors en régime d'appauvrissement se révèlent très utiles pour fabriquer des résistances dans les VLSI nMOS, comme nous le verrons plus loin.)

Analysons tout cela de manière un peu plus quantitative. Supposons que nous cherchions le courant drain-source I_{ds} pour des tensions grille-source et source-drain données. Les lecteurs que ce type de détails n'intéresse pas pourront sauter cette partie, dont nous n'aurons pas besoin dans la suite (ce n'est qu'un joli petit brin de physique !). Nous pouvons considérer le sandwich grille/oxyde/silicium comme un condensateur, avec deux plaques conductrices de surface $A = PL$ (P étant la profondeur et L la distance entre la source et le drain), séparées par un matériau d'épaisseur D et de permittivité ε. Notons q_{g} la charge de ce condensateur (c'est-à-dire la charge sous la grille) à tout instant. Nous calculons la capacité C_{g} grâce à la formule bien connue pour un condensateur à plaques parallèles : $C = \varepsilon A/D$. Nous obtenons :

$$C_{\text{g}} = \varepsilon PL/D. \tag{7.4}$$

La relation habituelle entre la tension aux bornes d'un condensateur et sa charge nous donne :

$$q_{\text{g}} = C_{\text{g}} V'_{gs}. \tag{7.5}$$

Prenons tout d'abord une tension drain-source V_{ds} faible. Nous savons que le courant I_{ds} est simplement donné par la charge sous la grille divisée par le temps nécessaire aux électrons pour passer de la source au drain. Il s'agit d'un résultat classique en électricité. Quel est le temps nécessaire aux électrons ? S'inspirant des pratiques habituelles en ingénierie, nous pouvons écrire la vitesse de transit ν_{transit} en termes de la « mobilité » μ des porteurs de charges sous la forme $\nu_{\text{transit}} = \mu E$, E étant le champ électrique drain/source. Nous voyons aisément que E est donné par V_{ds}/L et nous en déduisons donc le temps de transit, que nous noterons τ :

$$\tau = L/\mu E = L^2/\mu V_{\text{ds}}. \tag{7.6}$$

En combinant cette relation avec celle de l'équation (7.5) donnant la charge q_{g}, nous obtenons que le courant (la charge divisée par le temps) est donné par :

$$I_{\text{ds}} = (\mu\varepsilon P/LD)\, V'_{\text{gs}}\, V_{\text{ds}}. \tag{7.7}$$

Nous avons quelque peu simplifié le calcul : ce résultat ne vaut que pour de *petites* valeurs de la tension source-drain V_{ds}. Nous voyons toutefois que, si V_{ds} reste assez faible, le transistor a la propriété intéressante que *le courant qui le traverse est proportionnel à la tension appliquée à ses bornes*. Autrement dit, il fonctionne comme une *résistance* (souvenons-nous de $V = RI$!), de valeur proportionnelle à $1/V'_{\text{gs}}$.

Lorsque nous augmentons la tension drain-source, tout cela se complique quelque peu. La vitesse de transit des porteurs de charge dépend du champ électrique E qui, lui-même, est déterminé à la fois par V_{ds} et V'_{gs}. Toutefois, il arrive que, si V_{ds} devient trop élevée, le courant traversant le transistor devient *indépendant* de V_{ds}, phénomène appelé « saturation » (à ce stade, le courant devient proportionnel à $(V'_{\text{gs}})^2$). Pour mieux comprendre cet étrange phénomène, prenons une analogie issue de la mécanique des fluides (décrite en détail dans l'ouvrage de Mead et

Conway). Si vous préférez l'eau et la gravitation à l'électricité, cette analogie vous plaira !

Considérons deux réservoirs d'eau, séparés par une paroi. Nous supposerons cette eau dénuée d'inertie (un peu comme du miel) si bien qu'elle s'écoule très lentement, plutôt que de tomber en cascade. Pour commencer, considérons la situation représentée sur la figure 7.9 dans laquelle l'« eau » est répartie de part et d'autre d'une paroi centrale mobile :

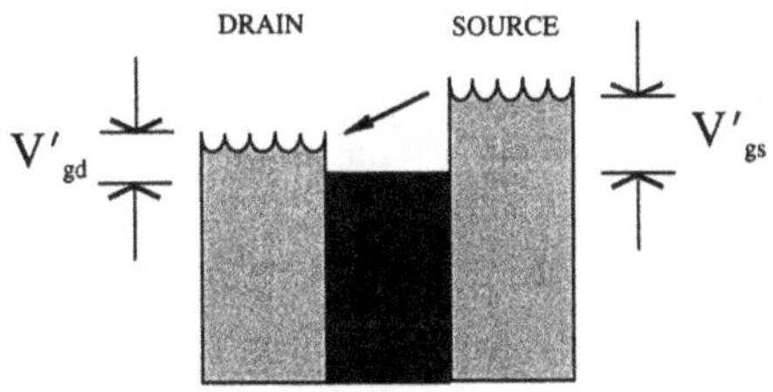

FIG. 7.9 – *Analogie fluide du MOSFET en régime d'enrichissement.*

J'ai rédigé la légende de ce dessin dans le langage de la technologie des MOSFET pour insister justement sur l'analogie. Dans ce cas, il y aura un écoulement d'eau depuis la « source » vers le « drain » : dans le transistor, cela équivaut à un courant, la séparation jouant le rôle d'une barrière de potentiel que les porteurs de charge doivent surmonter. Dans ce cas, nous disons du transistor qu'il fonctionne « en conduction ». La hauteur de la colonne d'eau au-dessus de la paroi, du côté droit, représente V_{gs} ; celle du côté gauche représente V_{gd}, et ainsi de suite. Notons que la nature précise de l'écoulement par-dessus la paroi dépendra du niveau d'« eau » dans le réservoir drain. Considérons à présent une deuxième situation illustrée sur la figure 7.10 :

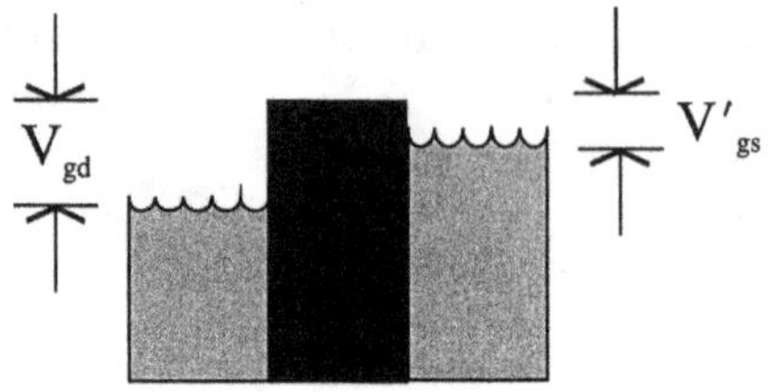

FIG. 7.10 – *Analogie fluide du MOSFET en inversion.*

Dans ce cas, il n'y aura aucun écoulement : du point de vue du MOSFET, cela correspond au fonctionnement « en inversion », pour $V_{gs} < 0$. Prenons un troisième exemple : le cas de la saturation (figure 7.11) :

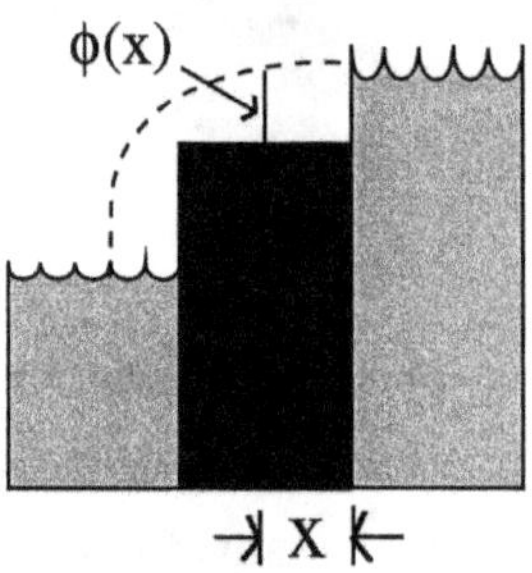

FIG. 7.11 – *Analogie fluide pour la saturation du MOSFET.*

Dans ce cas pour lequel le niveau du drain se trouve en deçà de la paroi, l'eau provenant de la source va simplement couler en cascade jusqu'au drain, à un rythme *indépendant du niveau précis de l'eau dans le drain.* Pour le MOSFET, ce comportement se présente dès lors que le « réservoir drain » et la « paroi » se trouvent à la même hauteur, c'est-à-dire lorsque $V_{ds} = V'_{gs}$. À ce stade, le courant deviendra constant, quel que soit V_{ds}.

Nous pouvons aller plus loin dans la physique de cette analogie afin de mieux comprendre ce qu'est le processus de saturation. Il s'agit d'une autre manière d'obtenir l'intensité du courant qui circule dans le MOSFET. Utilisons la figure 7.11 pour définir une tension $\phi(x)$ sous la grille qui, du fait de la structure des niveaux d'énergie du Si, se révèle proportionnelle au nombre d'électrons libres sous la grille. Or, le champ électrique sous la grille est proportionnel à la dérivée de cette tension $(d\phi/dx)$. Ainsi, puisque le courant doit dépendre de la densité d'électrons multipliée par le champ électrique (qui contrôle la vitesse de transit des électrons), nous aurons :

$$I = K\ \phi(x)\ \frac{d\phi}{dx} = (K/2)\ \frac{d}{dx}\ (\phi^2), \tag{7.8}$$

où K est une constante. En y réfléchissant, nous voyons que le courant I doit être une constante indépendante de x. Cela implique que la fonction ϕ^2 doit être linéaire en x si bien que $\phi \propto \sqrt{x}$. Nous obtenons donc l'expression générale :

$$I = (K/2L)\ \left[\phi^2(0) - \phi^2(L)\right]. \tag{7.9}$$

Cependant, à saturation, $\phi(0) = V'_{\mathrm{gs}}$ et $\phi(L) = 0$, aussi retrouvons-nous la dépendance quadratique de I en V'_{gs} annoncée plus haut. Que se passe-t-il si nous ne sommes pas à saturation ? Retrouvons-nous la formule (7.7) ? Eh bien, non. Nous obtenons beaucoup mieux : dans le cas non saturé, $\phi(L) = V'_{\mathrm{gd}}$, la tension grille-drain, et nous trouvons que :

$$I \propto (1/2)\ (V'_{\mathrm{gs}} + V'_{\mathrm{gd}})\ V_{\mathrm{ds}}, \tag{7.10}$$

où $V_{\mathrm{ds}} = V'_{\mathrm{gs}} - V'_{\mathrm{gd}}$. Quelle est l'amélioration ? Eh bien, une anomalie présente dans notre expression précédente (l'équation (7.7)) a disparu. Dans cette expression, le courant I était étrangement asymétrique entre source et drain. Intuitivement, nous aurions préféré une moyenne sur la tension grille-source et la tension grille-drain — et c'est précisément ce qui apparaît dans l'équation (7.10). Pour mémoire, vous trouverez ci-dessous les variations du courant en fonction des diverses tensions considérées ci-dessus (figure 7.12) :

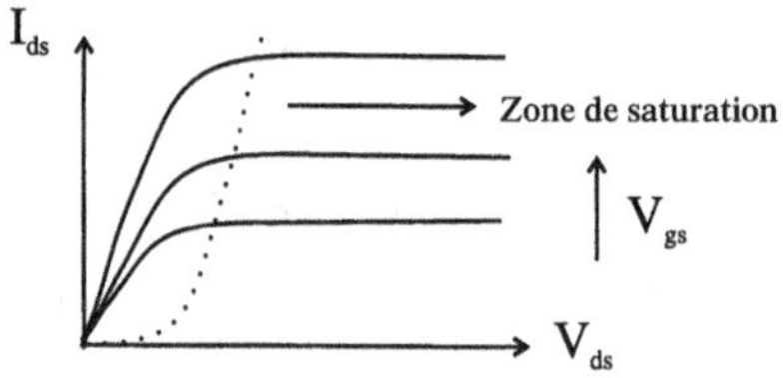

FIG. 7.12 – *Variations courant-tension du MOSFET.*

Une autre question que nous pourrions nous poser au sujet des MOSFET est la suivante : dans l'état où aucun courant ne circule, le dispositif est-il un bon isolant ? Souvenons-nous que la diode à jonction permettait qu'un faible courant d'origine thermique circule même lorsque la jonction était polarisée en inverse. Étudions rapidement cet effet dans le cas du transistor. Souvenons-nous de la figure 7.10, qui représentait l'analogie « fluide » du fonctionnement en inversion :

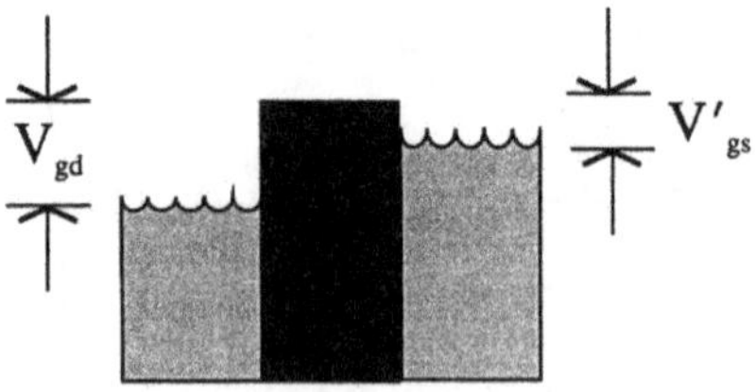

La probabilité pour qu'un électron passe de la source au drain doit être proportionnelle à la probabilité pour celui-ci d'avoir suffisamment d'énergie thermique pour surmonter la barrière de potentiel V'_{gs}, c'est-à-dire $\exp(-qV'_{gs}/kT)$. Ainsi le courant dans le sens de la conduction sera-t-il lui aussi proportionnel à ce facteur. Il y aura également un courant dans le sens inverse — et nous voyons de la même manière que celui-ci sera proportionnel à $\exp(-q[V'_{\text{gs}} + V_{\text{ds}}]/kT)$. Le courant effectif sera donc donné par :

$$I = (\text{constante}) \times \exp(-qV'_{\text{gs}}/kT)\ [1 - \exp(-qV_{\text{ds}}/kT)], \quad (7.11)$$

lorsque $V'_{\text{gs}} > 0$. Donc, si nous passons du fonctionnement en conduction au fonctionnement en inversion, le courant ne s'inversera pas instantanément (notons que la température du dispositif est susceptible d'être supérieure à la température ambiante). Cependant, avec $kT \sim 1/40$ électron-volts, le courant s'arrête rapidement aux alentours de 5 eV. Nous pouvons rectifier la figure 7.12 en incluant le courant inverse :

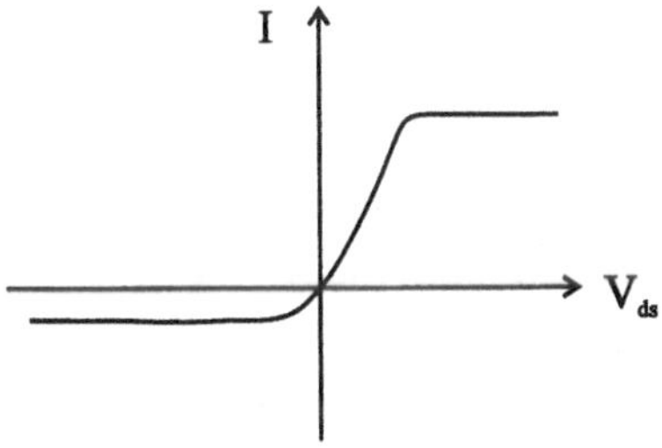

FIG. 7.13 – *Le courant dans le transistor comme fonction de la tension source-drain.*

Pour faire le point, résumons ce que nous avons appris des propriétés du MOSFET. Premièrement, plutôt que de reproduire le dessin de la figure 7.8 à chaque fois que nous étudierons le composant et de dessiner les circuits qui le contiennent, nous aurons mieux fait d'utiliser un symbole schématique. Il existe de nombreux symboles pour les différentes variétés de transistors de la technologie VLSI. La figure 7.14 représente le symbole le plus communément utilisé pour désigner le MOSFET, et c'est celui que nous adopterons :

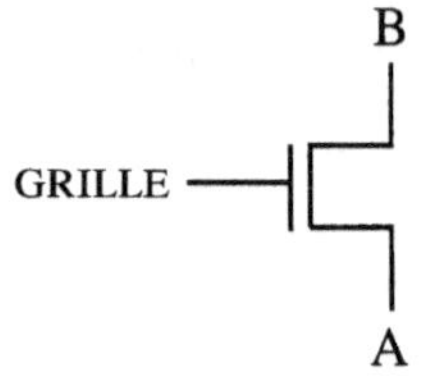

FIG. 7.14 – *Symbole conventionnel du MOSFET.*

Ce schéma peut représenter un transistor de type n ou de type p. (Nous montrerons plus tard comment le modifier pour qu'il en fasse mention — ce qui est nécessaire en technologie CMOS car les deux types de transistor sont utilisés). La règle commune aux deux est qu'ils fonctionnent comme des interrupteurs ; lorsque la tension de la grille V_g est suffisamment positive, ils conduisent. Pour le MOSFET de type n, nous avons les règles suivantes : nous appelons source celle des électrodes A et B qui est la plus négative, l'autre étant le drain. Si la tension de la grille dépasse une certaine tension de seuil positive, V_{min}, supérieure à la tension de la source, alors le composant sera conducteur — l'interrupteur est « fermé » et le courant circule. Pour un transistor de type p, c'est l'électrode, A ou B, la plus positive qui sera la source ; le transistor laissera passer le courant si la tension de la grille est *inférieure* à une tension de seuil *négative*, inférieure à la tension de la source. Nous avons en outre défini deux modes de fonctionnement pour le transistor à effet de champ : les régimes d'*enrichissement* et d'*appauvrissement*. Le premier correspond au cas où la tension de seuil V_{min} est > 0 pour le type n et < 0 pour le type p. En régime d'appauvrissement, c'est l'inverse. Or, une propriété intéressante des MOSFET en régime d'appauvrissement est que, si $V_g = V_s$ (la tension de la source), alors le composant laisse toujours passer le courant. Ainsi, en reliant directement la source à la grille afin qu'elles aient automatiquement la même tension, nous réalisons que notre transistor ne fonctionne plus comme un interrupteur mais comme une *résistance* (figure 7.15) :

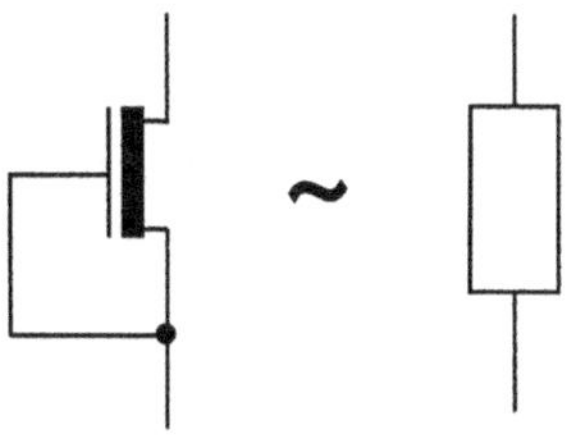

FIG. 7.15 – *MOSFET en régime d'appauvrissement fonctionnant comme une résistance.*

Quel est l'intérêt de ce câblage ? Eh bien, c'est une question d'économie et de conception. Mettre une résistance sur une puce électronique coûte très cher et prend beaucoup de place, ce qui n'est pas le cas des MOSFET en régime d'appauvrissement[3]. (Notons au passage que cette astuce ne fonctionnerait pas avec un transistor en régime d'enrichissement.)

Problème 7.1 Je vous propose à présent de résoudre un problème — dont je donnerai la réponse sous peu, mais cela ne vous empêche pas de vous essayer à faire les calculs afin de mieux comprendre le fonctionnement théorique de ces petites bêtes. La question concerne les capacités. Dans la diode, non seulement le courant était une fonction non linéaire de la tension, mais c'était

[3]Depuis l'avènement de la technologie CMOS (voir plus loin), les transistors nMOS en régime d'appauvrissement sont plus rarement utilisés, et le plus souvent remplacés par des transistors en régime d'enrichissement en voie p. [Note des éditeurs américains.]

aussi le cas de sa capacité. Et c'est également le cas pour le MOSFET. Bien que la majeure partie de la capacité provienne de l'oxyde de silicium, le composant dans son ensemble se révèle en fait hautement non linéaire — et drôlement intéressant ! Le problème que je m'apprête à vous soumettre concerne la nature de cette non-linéarité.

Modélisons l'électrode de la grille du MOSFET comme sur la figure 7.16. Supposons que nous ayons un gros morceau de matériau légèrement dopé-p — en principe, la profondeur de ce matériau (mesurée verticalement sur le diagramme) serait infinie. Nous disposons au-dessus une plaque de métal, elle aussi de grande taille (mais cette fois sur le plan horizontal) :

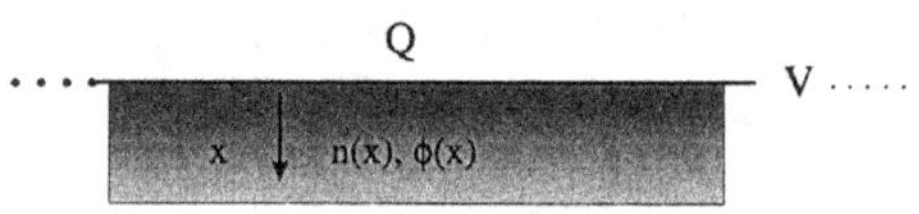

FIG. 7.16 – *Modélisation de l'électrode de la grille semi-conductrice.*

Nous soumettons la plaque à une tension V positive, ce qui a pour effet d'attirer les porteurs de charge négative vers sa face inférieure. Plus loin dans le matériau, là où les forces électrostatiques exercées par la plaque sont négligeables, le nombre de porteurs de charge négative sera précisément égal au nombre d'ions dopants. Cependant, du fait de la tension de la plaque, la densité de porteurs à son voisinage sera très supérieurs, et diminuera jusqu'à devenir constante lorsque nous nous en éloignons. Notons x la distance de la plaque à une profondeur donnée du matériau ; nous pouvons définir une densité de porteurs en fonction de la position : $n(x)$, ainsi que le potentiel électrique induit dans le matériau : $\phi(x)$. Nous notons n_0 la concentration initiale (positive) en dopant. La question que je vous pose est la suivante :

combien de charges y a-t-il sur l'électrode ? Ou encore : quelle est la capacité de cet agencement ?

Voici quelques indices pour vous aider. Premièrement, il faut prendre $\phi(0)$ (c'est-à-dire le potentiel à l'électrode) comme étant la tension V de la plaque, et choisir nulle la valeur de $\phi(\infty)$. Je vous livre sur un plateau la relation entre $n(x)$ et $\phi(x)$, qui s'obtient par des considérations thermodynamiques :

$$n(x) = n_0 \exp[q\phi(x)/kT], \tag{7.12}$$

où q est la charge des porteurs négatifs et T la température, comme d'habitude. n_0 est une constante. Une autre relation essentielle est celle qui relie le taux de variation de $\phi(x)$ lorsqu'on s'enfonce dans le matériau (ou, en d'autres termes, le champ électrique dans le semi-conducteur) et la densité de charge sur la plaque, Q. Notons qu'il est important de définir une *densité* de charge : parler de la charge *totale* d'une plaque *infinie* n'aurait aucun sens. Nous trouvons (grâce à l'équation (7.4) ou au théorème de Gauss) qu'en $x = 0$:

$$\frac{\partial \phi}{\partial x} = \frac{Q}{\varepsilon}, \tag{7.13}$$

où ε, la *permittivité* du matériau dopé, détermine la rapidité avec laquelle le champ électrique s'atténue lorsque la distance à la plaque augmente. En intégrant l'équation de Poisson ordinaire $\partial^2\phi/\partial x^2 = -\rho(x)$, où $\rho(x)$ est la densité de charge au sein du matériau (nous pouvons l'exprimer en termes de $n(x)$ et N) et en prenant soin d'inclure nos conditions aux limites, vous devriez trouver le résultat sous la forme :

$$Q = V \left[2(\mathrm{e}^V - V - 1)/V^2\right]^{1/2}, \tag{7.14}$$

pour des unités bien choisies ($kT/q = 1$ et $n_0\, q\, \varepsilon = 1$). La présence d'un V^2 sous la racine carrée peut surprendre, et nous aurions tendance à vouloir l'annuler avec le V en facteur de la racine, mais celui-ci est nécessaire pour obtenir le bon signe pour Q. En comparant ce résultat avec la formule habituelle $Q = CV$ donnant la capacité, nous voyons que la capacité de ce système dépend de la tension V de la plaque de manière extrêmement non linéaire. À ma connaissance, cette propriété n'est pas beaucoup exploitée en VLSI — il y a tout de même des applications récentes telles que la « synchronisation à chaud » (que je présenterai plus tard).

Jusqu'à présent, nous n'avons considéré qu'un seul MOSFET sur un substrat de silicium. La prochaine étape de notre voyage au centre de la puce sera l'étude de la manière dont y sont agencés les transistors pour faire des circuits logiques. Nous voilà enfin confrontés aux vraies machines !

7.1.3 Portes logiques et éléments de circuit MOSFET

Pour construire des circuits électroniques, nous devons pouvoir fabriquer des portes logiques. Or, nous avons vu à la leçon 2 comment procéder en utilisant des « transistors » génériques. Nous utiliserons la même approche pour les MOSFET. Voyons ce qui se passe si nous branchons un transistor à une tension d'alimentation V_{DD} par l'intermédiaire d'une résistance, comme sur le circuit de la figure 7.17 :

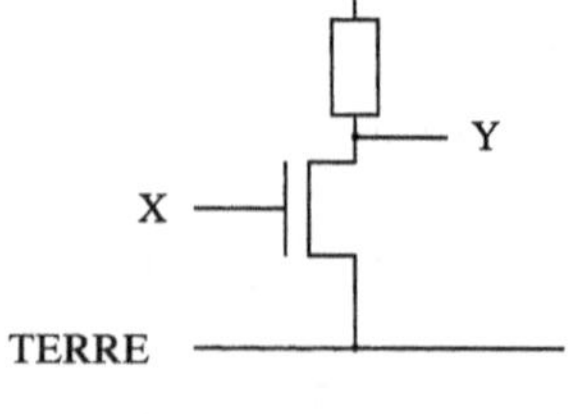

FIG. 7.17 – *Circuit inverseur.*

Nous choisirons un transistor à effet de champ de type nMOS fonctionnant en régime d'enrichissement. (Il existe un grand nombre de possibilités VLSI, et nous ne pourrons pas les étudier toutes — aussi choisissons-nous un composant particulier). Si l'électrode X (la grille) est proche de zéro, alors le transistor est un isolant et la tension de sortie en Y sera proche de la tension d'alimentation V_{DD} : nous interprétons cette situation en attribuant à la sortie Y la valeur logique 1. Cela étant, si X vaut à peu près V_{DD}, alors le transistor est conducteur. Si nous le supposons meilleur conducteur que la résistance, alors Y sera proche de zéro : nous associons cet état à la valeur logique 0. Nous choisirons de ne pas travailler entre ces deux extrêmes, sauf de manière temporaire. Comme nous l'avons vu à la 2e leçon, ce dispositif MOSFET simple fonctionne comme une porte NOT (un « inverseur »), puisqu'il inverse le signal d'entrée.

Poursuivons sur la voie de la leçon 2 pour trouver les autres portes canoniques. Par exemple, la porte NAND (NOT AND) est construite comme suit (figure 7.18) :

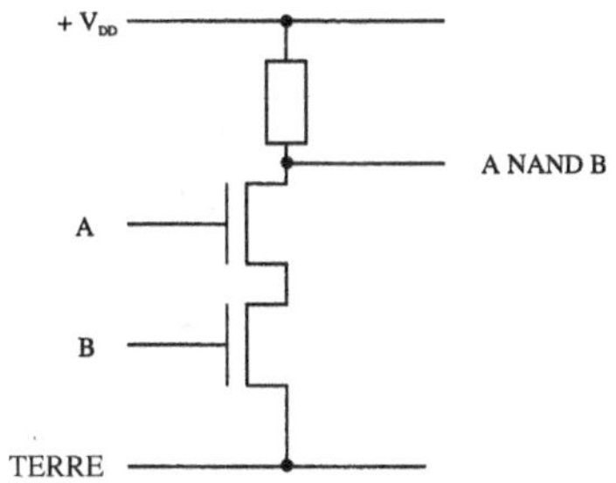

FIG. 7.18 – *Porte NAND réalisée avec des MOSFET.*

Dans ce circuit, la sortie Y ne vaut 0 que si les deux entrées A et B valent toutes deux 1. Pour fabriquer la porte AND, nous câblons simplement un inverseur sur la sortie. Et pour vous remémorer la manière de faire une porte NOR, consultez la leçon 2 !

Outre les portes logiques, nous trouvons dans les puces électroniques d'autres éléments utiles faisant intervenir des MOSFET. Considérons par exemple le cas des résistances : comme je l'ai dit plus haut, les résistances ordinaires s'avèrent très onéreuses et prennent trop de place dans les puces si bien qu'elles sont remplacées par des transistors en régime d'appauvrissement. Ainsi, en technologie nMOS, la structure MOSFET de notre inverseur serait en fait celle de la figure 7.19 :

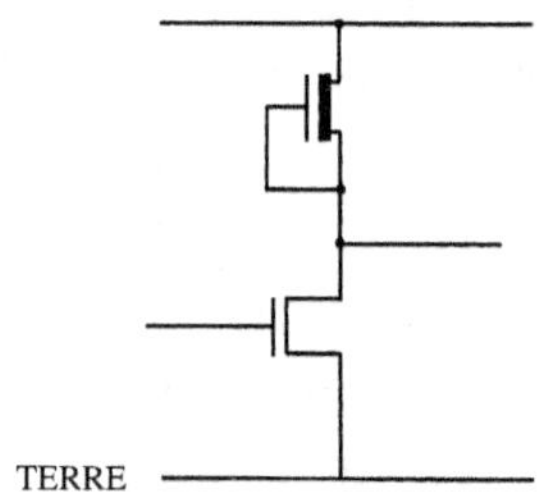

FIG. 7.19 – *Inverseur nMOS avec une résistance MOSFET.*

Le MOSFET possède une autre propriété essentielle qui n'est pas évidente à exploiter du point de vue purement logique. Il s'agit de son fonctionnement comme *amplificateur*. Voyons ce qui se passe si nous branchons deux inverseurs en série (figure 7.20) :

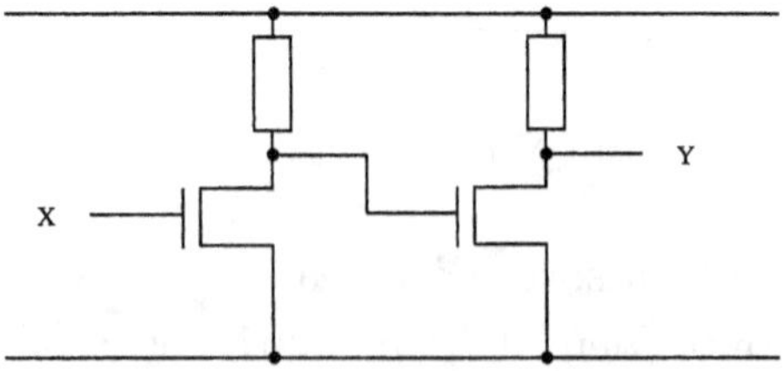

FIG. 7.20 – *Circuit « suiveur ».*

D'un point de vue logique, cette opération est assez triviale : nous ne produisons que l'identité. Nous n'effectuons aucun calcul. Cependant, du point de vue du fonctionnement réel des machines, la prudence s'impose : les transistors dissipent de l'énergie et nous pourrions croire que la sortie d'une telle série de composants diminuerait pour finalement ne rien donner à cause des pertes à chaque étape. Et ce serait effectivement catastrophique ! Mais cela ne se passe pas comme ça : certes, le courant à l'entrée du second transistor pourrait diminuer légèrement, mais cela ne suffira pas à altérer le fonctionnement du transistor (à savoir qu'il soit conducteur ou non), et la sortie Y sera toujours portée à la valeur de la tension d'alimentation (ou à la masse, selon les cas). En d'autres termes, la sortie représentera toujours une décision logique bien définie, et sera relativement insensible aux faibles fluctuations de courant le long de la chaîne. Ce circuit est un « suiveur » extrêmement efficace, qui requinque le courant ou l'impédance (si vous préférez, c'est un double amplificateur). Est-il utile de préciser que cette propriété d'amplification est cruciale au bon fonctionnement des circuits électroniques ? Ceux-ci peuvent contenir des milliers ou des millions de transistors et nous devons constamment rétablir l'intensité des signaux qui les traversent : l'amplification est essentielle aux technologies informatiques.

Avec les VLSI, comme dans d'autres domaines de l'informatique, nous sommes souvent confrontés à des problèmes de synchronisation. À ce sujet, il est intéressant de savoir à quelle vitesse peut fonctionner un inverseur. Autrement dit, si nous allumons le signal d'entrée à l'extrême gauche d'une série d'inverseurs branchés les uns aux autres, que se passe-t-il en sortie, à l'extrême droite ? La commutation ne sera certainement pas instantanée : la sortie de chaque transistor passe à l'entrée d'un autre, dont elle charge la grille, et tout cela prend du temps. Chaque tension de grille doit être modifiée jusqu'à atteindre une certaine valeur, disons V, la grille ayant une capacité effective donnée, disons C_{g}. Si nous parvenons à estimer le temps nécessaire pour ce processus, et — qui sait — à imaginer des moyens de l'accélérer, alors nous pourrons fabriquer des machines plus efficaces. Pour nous faire une idée de ce qui se passe dans ce processus, regardons le circuit de la figure 7.21, dans lequel nous avons explicitement introduit un condensateur pour représenter la capacité de la grille :

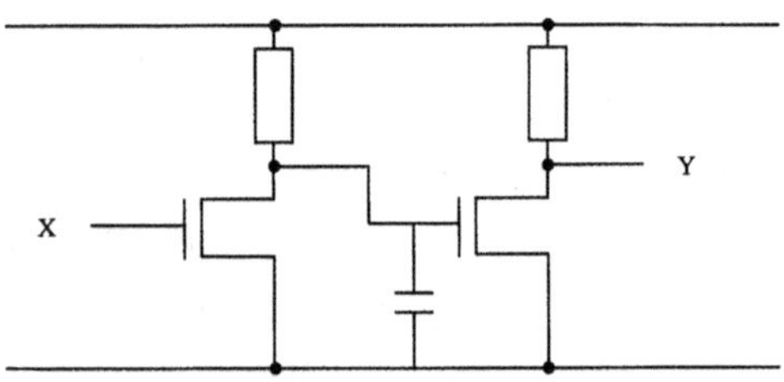

FIG. 7.21 – *Analogue électrique du circuit suiveur.*

Notons Q la charge accumulée nécessaire pour permettre une décision logique (c'est-à-dire telle que la tension de la grille permette au transistor de fonctionner en interrupteur). Alors $Q = C_{\mathrm{g}}V$. À quelle vitesse pouvons-nous distribuer cette charge ou au contraire la recueillir ? Notons tout d'abord que l'état X = 1 ne correspond pas exactement au cas où la sortie du premier transistor est à la masse : le transistor aura une certaine résistance minimum (notons-la R_{min}) provenant d'une légère diminution de la tension à travers le composant. Or, un résultat bien connu en électronique stipule que le temps de décharge d'un condensateur est donné par le produit $R_{\mathrm{min}}\, C_{\mathrm{g}}$, si nous admettons l'analogie avec le circuit RC ordinaire de la figure 7.22 :

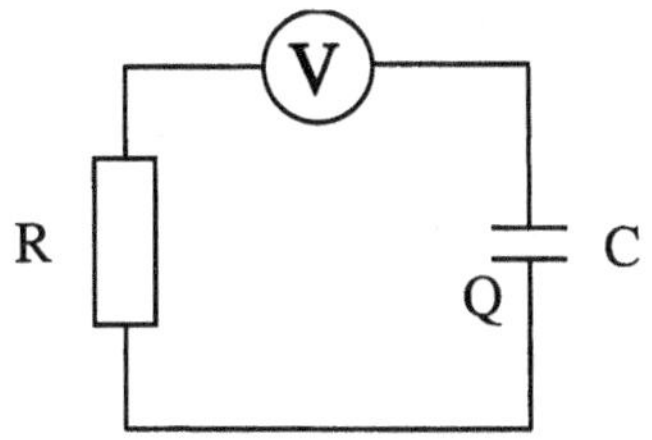

FIG. 7.22 – *Circuit RC équivalent.*

Nous savons que pour ce circuit RC équivalent, la charge $Q(t)$ du condensateur au temps t s'écrit :

$$Q(t) \propto \exp(-t/R_{\min} C_{\mathrm{g}}) \equiv \exp(-t/\tau), \qquad (7.15)$$

avec $\tau = R_{\min} C_{\mathrm{g}}$.

De toute évidence, si notre seul but était de rendre l'inverseur plus rapide, il nous suffirait de diminuer à la fois R et C, ce que nous pourrions faire en diminuant la taille du circuit. Il y a toutefois une limite : souvenons-nous que, même dans un état d'inactivité, il y a toujours des électrons provenant de la source et du drain qui se glissent dans le substrat du MOSFET. Si nous réduisons la taille du composant, ces porteurs s'infiltrent de plus en plus près du pôle opposé jusqu'au point où ils finiront par *court-circuiter* la zone située sous la grille et nous aurons alors du courant qui circule sans même avoir à manipuler la tension de la grille. Lorsque la situation se présente, nous n'avons plus qu'à relever nos manches et revenir à notre tableau noir pour revoir la conception de notre composant, car ce transistor-là ne fonctionnera plus jamais comme au bon vieux temps ! Voilà un bel exemple des limitations que la nature impose à toute notre belle technologie !

Comment fabriquer des machines plus petites ? Eh bien, comme je le disais plus haut, lorsque les règles changent, nous devons reprendre la conception depuis le début. Une situation équivalente s'est présentée en aéronautique, par exemple, au sujet des avions à basse vitesse confrontés à l'incompressibilité de l'air. Une étude détaillée a montré que les machines conçues sur le principe de la propulsion ne pouvaient pas fonctionner au-delà de la vitesse du son : il y avait un « mur du son ». Pour concevoir des avions capables de dépasser la vitesse du son, il fallait quasiment tout reprendre depuis le début. Nous cherchons à trouver une limite fondamentale à la taille des ordinateurs en technologie silicium (il n'y a pas d'analogue au mur du son). Ce problème est un bon exemple d'une situation où il peut être avantageux de ne pas penser comme tout le monde : en faisant une gaffe, nous pourrions découvrir quelque chose d'inédit ! Actuellement, les composants à la pointe du progrès affichent $RC \approx 10$ picosecondes[4]. D'ici à ce que vous parveniez à réduire cette valeur de manière significative, peut-être découvrirez-vous que d'autres vous ont doublé en utilisant une technologie toute nouvelle ! C'est d'ailleurs ce qui s'est passé avec les super-conducteurs : tandis que les recherches dans ce domaine allaient bon train, les avantages qu'on y voyait n'ont cessé de s'amenuiser à mesure que progressait la technologie VLSI conventionnelle. Ce genre de chose est monnaie courante.

Jusqu'à présent, dans cette leçon, nous avons passé en revue la structure des divers composants semi-conducteurs utilisés en informatique, mais nous n'avons pas dit grand-chose des limitations pratiques dans ce domaine. Nous allons maintenant en étudier quelques exemples, en commençant par la question importante de la dissipation de chaleur et de l'atténuation des signaux dans les ordinateurs.

---

[4] À l'époque du cours de Feynman, la valeur de RC était en fait de l'ordre de 4 *nano*secondes. Cette amélioration d'un facteur 1/400 en une dizaine d'années illustre à quel point la technologie VLSI progresse rapidement. [Note des éditeurs américains.]

7.2 Énergie consommée et perte de chaleur dans les ordinateurs

À la 5e leçon, nous avons signalé qu'un transistor ordinaire dissipe environ $10^8 kT$ par commutation. C'est une quantité de chaleur phénoménale — si nous parvenions à réduire cette valeur ne serait-ce que d'un facteur 10 ou 100, cela simplifierait grandement la construction des ordinateurs ne serait-ce qu'en permettant d'éliminer tous les ventilateurs ! L'un des problèmes particulièrement gênants avec la technologie nMOS présentée jusqu'ici, c'est que même dans l'état stationnaire du fonctionnement d'un MOSFET (lorsque X = 1 (Y = 0), disons, et que le transistor se contente de *garder* cette valeur, sans la modifier), il y a *continuellement du courant qui circule.* Donc même si nos transistors ne font rien de particulier, ils gaspillent de l'énergie ! Clairement, s'il existe une technologie qui offre l'espoir d'un fonctionnement plus économique, elle mérite que nous nous y intéressions... or c'est justement le cas de la technologie CMOS (de l'anglais *Complementary Metal Oxide Semiconductor*) que nous allons présenter dans cette section.

7.2.1 L'inverseur CMOS

La technologie CMOS utilise dans les circuits un mélange de MOSFET de type n et de MOSFET de type p. La figure 7.23 montre la manière dont sont combinés ces deux composants pour fabriquer un inverseur CMOS. Comme pour l'inverseur nMOS, le 1 logique est maintenu autour de la valeur $+V$, pour une certaine tension d'alimentation V, mais le 0 logique n'est cette fois pas à la masse : nous le choisissons à la valeur $-V$.

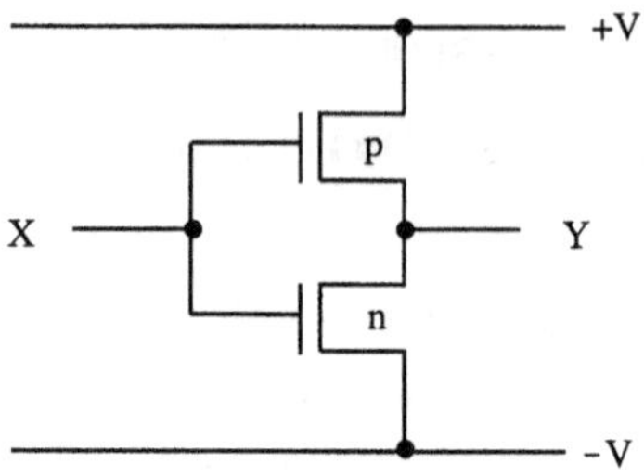

FIG. 7.23 – *L'inverseur CMOS.*

Pour indiquer le type de dopage (n ou p) de chaque MOSFET, nous adoptons la notation conventionnelle consistant à écrire la lettre correspondante juste à côté du symbole qui le représente. Notons que le transistor nMOS en régime d'appauvrissement a effectivement été remplacé par un transistor canal p conventionnel. Ce circuit vaut-il la peine d'être fabriqué ? La réponse est oui. Voici pourquoi : supposons que l'entrée X soit positive. Alors le MOSFET de type n voit sa tension à la grille supérieure à celle de sa source si bien qu'il laisse passer le courant ; le MOSFET de type p, quant à lui, est en inversion et ne laisse donc *pas* passer le courant. La sortie Y est portée à $-V$. Mettons maintenant X à zéro. Comme nous le voyons sur la figure 7.23, c'est maintenant le transistor du haut qui conduit et celui du bas qui ne conduit pas : la tension Y remonte à la valeur de la tension d'alimentation. Jusqu'à présent, rien de nouveau sous le soleil : nous retrouvons simplement le fonctionnement d'un inverseur ordinaire. Néanmoins, ce circuit a une propriété supplémentaire : après la transition, *aucun courant ne circule dans le circuit !* Le chemin vers $-V$ est bloqué par le MOSFET de type n qui fonctionne en isolant. (Je laisse au lecteur le soin de voir ce qui se passe si l'entrée bascule à nouveau à 1.)

Voilà une propriété fort intéressante. Ainsi un inverseur CMOS ne nécessite-t-il aucune énergie pour se *maintenir* à un état donné, mais uniquement pour *changer* d'état[5]. L'inverseur CMOS peut également servir de « laboratoire » simple pour étudier le bilan énergétique des portes logiques. Nous avons donné une estimation abstraite la quantité d'énergie nécessaire pour accomplir une tâche logique à la 5e leçon, mais il est évidemment important de pouvoir étudier tout cela de manière plus concrète. Nous voudrions, bien entendu, que le fonctionnement de nos composants requiert le moins d'énergie possible ; et pour ce faire, nous devrons prendre en compte la quantité d'énergie nécessaire à toute une décision logique, le temps nécessaire à l'établissement des signaux, la fiabilité de nos composants, leur taille et ainsi de suite. Commençons par regarder en détail le comportement électrique d'un inverseur CMOS dans un branchement en série. Cela nous permettra d'étudier également les propriétés d'amplification des composants CMOS. Nous suivrons le modèle simplifié de Mead et Conway.

Dans ce modèle, les deux transistors sont considérés comme de simples potentiomètres. Nous avons donc l'équivalence ci-dessous (figure 7.24) :

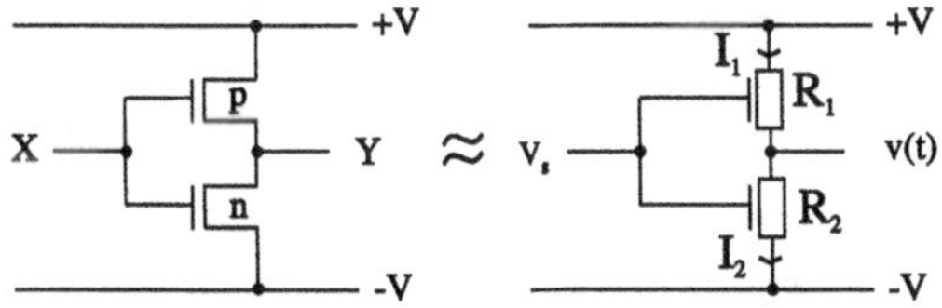

FIG. 7.24 – *Modèle simplifié de l'inverseur CMOS.*

Ce dipositif CMOS est à envisager comme un élément d'un ensemble de dispositifs en série. L'entrée en X provient de la porte précédente ; la sortie Y est à imaginer comme le signal d'entrée

[5]En toute rigueur, nous devrions prendre en compte le très faible courant qui circule dans le transistor en régime d'appauvrissement, mais nous n'en tiendrons pas compte ici.

de la porte suivante, dont la capacité par rapport à la masse vaut C (nous la considérerons constante, bien que ce ne soit pas rigoureusement exact). Nous cherchons à étudier le comportement de la tension de sortie lorsque varie la tension de la grille $V_g(t)$ en X (c'est-à-dire à l'établissement du signal). Considérons tout d'abord le cas simple dans lequel nous maintenons la tension d'entrée à une valeur constante. Cela provoquera la circulation d'un courant. Quelle sera la tension de sortie finale, à l'équilibre ? Notons I_1 et I_2 les courants qui circulent dans les deux transistors, et définissons la différence $I = I_1 - I_2$ entre les deux (c'est-à-dire le courant qui véhiculera les charges vers le composant suivant connecté à Y). La tension en Y est une fonction du temps, disons $v(t)$. Notons $Q(t)$ la quantité de charge accumulée en Y. Grâce à la théorie des circuits électroniques ordinaires, nous savons que :

$$\frac{dQ}{dt} = I_1 - I_2 = C\,\frac{dv(t)}{dt}, \tag{7.16}$$

et avec l'équation (7.11), nous voyons que pour de faibles tensions drain-source, les courants I_n sont donnés par :

$$I_n \approx \frac{V_{\mathrm{ds}\,n}}{R_n}, \tag{7.17}$$

où l'interprétation de $V_{\mathrm{ds}\,n}$ est évidente, et les résistances effectives R_n sont données par :

$$R_1 = R_0 \exp(qV_g/kT), \qquad R_2 = R_0 \exp(-qV_g/kT). \tag{7.18}$$

Notez que nous avons sournoisement fait disparaître toute trace de la tension de seuil dans V_g (nous considérons des composants relativement idéalisés).

Combinons les équations élémentaires donnant I_1 et I_2, à savoir :

$$I_1 = (V - v)/R_1, \qquad I_2 = (v + V)/R_2, \tag{7.19}$$

avec les équations (7.17) et (7.18) pour en déduire directement l'équation différentielle reliant C, $v(t)$ et R :

$$C\,dv/dt = -(2V/R_0)\sinh(V_g/V_T) - (2v/R_0)\cosh(V_g/V_T). \tag{7.20}$$

Si nous maintenons la tension de la grille à une valeur donnée, quel sera alors l'équilibre obtenu en sortie, c'est-à-dire la valeur atteinte une fois le signal bien établi ? Eh bien, une fois que tout cela a fini de gesticuler, $dv/dt = 0$ et nous voyons directement que la valeur à l'équilibre, disons v_e, est donnée par[6] :

$$v_e = -V\tanh(V_g/V_T), \tag{7.21}$$

où v_e est une constante. Puisque V_g/V_T est généralement un nombre — positif ou négatif — élevé, nous pouvons considérer que la tension à l'équilibre tend asymptotiquement vers $+V$ ou $-V$.

Utilisons ce résultat pour étudier les propriétés d'amplification d'une série d'inverseurs CMOS. Imaginons que nous fassions légèrement varier la tension d'entrée : disons de $V_g \to V_g + \delta V_g$. En réponse, la sortie variera d'une certaine quantité, notons-la $\delta v_e = A \times V_g$. En réponse, la sortie de la porte dont v_e est la tension d'entrée, disons v', variera également de $\delta v' = A \times v_e = A^2 \times V_g$ et ainsi de suite le long de la chaîne. De toute évidence, si nous voulons que ce dispositif CMOS fonctionne, il faudra que la valeur absolue $|A|$ de ce facteur d'amplification soit *supérieure à un* : dans le cas contraire, le moindre changement du signal d'entrée à gauche de la chaîne ne parviendra pas à la traverser entièrement et finira par s'éteindre. Le facteur d'amplification A est la pente à l'origine de la courbe donnant v_e en fonction de V_g, c'est-à-dire en $V_g = 0$ (figure 7.25) :

[6] Avec $V_T = kT/q$. [Note du traducteur.]

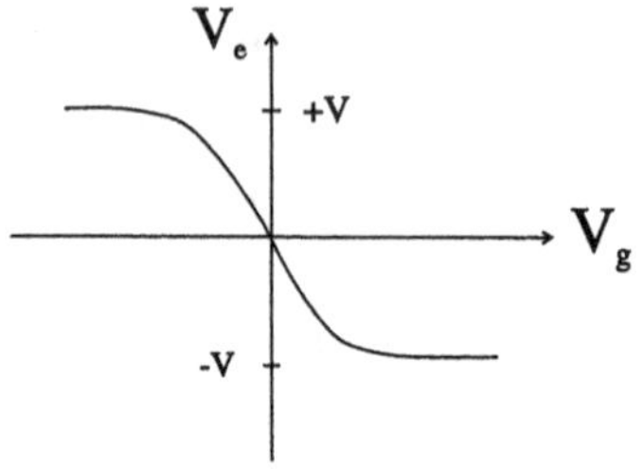

FIG. 7.25 – *La tension de sortie en fonction de la tension de la grille pour l'inverseur CMOS.*

La pente à l'origine vaut $-V/V_T$ (comme vous pourrez le démontrer). Ainsi suffit-il que la tension d'alimentation continue dépasse 1/40e de volt pour que la chaîne fonctionne. Évidemment, en pratique, la tension d'alimentation est très supérieure à cette valeur (plutôt de l'ordre de cinq ou six volts) si bien que l'amplification est relativement importante. La tension de sortie est une fonction extrêmement sensible de la tension d'entrée car de petites variations en entrée seront amplifiées plusieurs fois en sortie.

Problème 7.2 Voici quelques problèmes, pas évidents, pour vous faire la main. Jusqu'à présent, nous avons considéré le comportement à l'équilibre d'un circuit CMOS. Ce que je vous propose de faire maintenant, c'est d'analyser l'évolution de son comportement dans le temps, en résolvant l'équation (7.20) afin de trouver le temps nécessaire au signal de sortie pour suivre l'établissement des signaux d'entrée. La solution générale, pour laquelle V_g est une fonction arbitraire du temps, est évidemment trop compliquée, aussi pourrez-vous considérer dans votre calcul que la tension d'entrée s'établit avec une rapidité *infinie*. Vous étudierez ensuite la dissipation d'énergie dans l'inverseur. J'ai signalé que, s'il peut être utile, dans une étude abstraite idéalisée, de considérer qu'aucun courant ne circule à l'équilibre, ce n'est pas le cas en réalité (effectivement, notre dernier calcul ne part pas de cette hypothèse !). Le transistor en régime d'appauvrissement a simplement une résistance très élevée. Et cela implique une petite dissipation d'énergie continuelle, qui s'obtient grâce à la formule ordinaire donnant la puissance dissipée par une chute de tension V dans une résistance R : V^2/R, où R est la résistance « non conductrice » (nous pouvons également utiliser I^2R, avec I le courant de fuite). Il y aura également une perte de puissance dans le processus de commutation (qui a lieu lorsque les charges s'accumulent sur la grille par l'intermédiaire de la résistance — qui est maintenant conductrice). Vous devriez trouver que la perte d'énergie à la commutation vaut $2Cv_{\mathrm{e}}^2$. En outre, quelle est la constante de temps τ du condensateur effectif à la grille ?

Bien que nous nous intéressions à la technologie CMOS essentiellement parce qu'elle peut nous renseigner sur le bilan énergétique des VLSI, par souci de complétude, je ferai une petite digression pour vous montrer comment utiliser les inverseurs CMOS pour construire les portes logiques les plus générales. Considérons la réalisation d'une porte NAND : souvenons-nous que si nous parvenons à fabriquer cette porte, alors nous pouvons tout fabriquer. Une porte NAND peut être obtenue par le circuit ci-dessous (figure 7.26) :

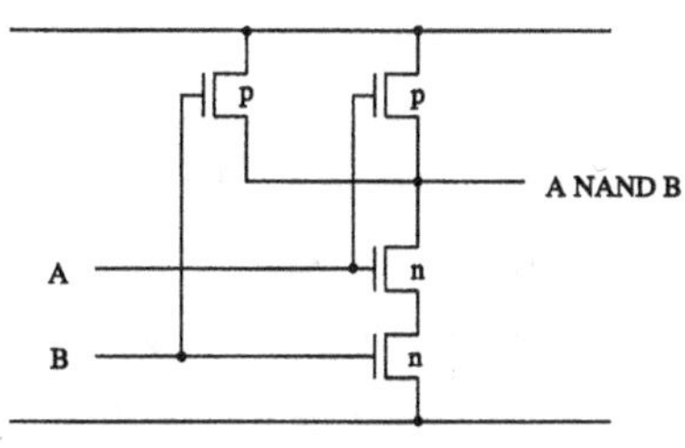

FIG. 7.26 – *Porte NAND en technologie CMOS.*

Voyons comment elle fonctionne. Souvenons-nous que la sortie d'une porte NAND ne vaut zéro que si les deux entrées valent un ; elle vaut un dans tous les autres cas. C'est clairement ce qui se passe ici : la tension de sortie de la figure 7.26 ne peut être ramenée à $-V$ (c'est-à-dire au 0 logique) *que si les deux transistors du bas sont conducteurs.* Or, cela ne peut avoir lieu lorsque les deux entrées sont positives. Si l'une ou l'autre des entrées est négative, alors le transistor correspondant ne laissera pas passer le courant et la tension de sortie restera à $+V$.

Revenons à la question de la dissipation d'énergie dans les circuits CMOS. En pratique, l'énergie dissipée à chaque commutation est de l'ordre de $10^8 kT$. Cette valeur est énorme. Voici de quoi faire sensation dans le monde de l'informatique : *rien ne justifie une valeur aussi élevée.* De toute évidence, les tensions doivent atteindre une certaine valeur selon la technologie mise en jeu dans nos circuits, mais cela ne représente en aucun cas une limitation fondamentale ; il devrait être possible de diminuer l'énergie dissipée. (Souvenons-nous de ce que nous avons vu à la 5e leçon, où nous affirmions pouvoir atteindre $kT \log 2$.) Voyons ce qu'il est possible de faire dans le domaine considéré ici.

Voyons ce qui se passe lors du processus de commutation. Avant celle-ci, une tension est déjà appliquée en entrée du condensateur et une certaine énergie y est stockée. Après la commutation, la tension est inversée, mais l'énergie du condensateur reste la *même.* Nous sommes donc bêtement passés d'une situation énergétique donnée à la même situation, en transférant tout le jus du circuit aux oubliettes et en le rechargeant à l'aide de l'alimentation ! Un peu comme si, lancé sur l'autoroute à une vitesse faramineuse, nous écrasions tout à coup la pédale de freins — scriiiii ! — jusqu'à l'immobilisation de la voiture... pour repartir dans l'autre sens à toute vitesse ! Nous repartons à cent trente kilomètre à l'heure pour nous retrouver au point de départ, après avoir dissipé une quantité d'énergie considérable. En principe, il devrait être possible de transmettre l'énergie de la voiture à un volant du moteur, par exemple, afin de stocker cette énergie. Ainsi, après l'arrêt, nous pourrions repartir en puisant dans cette réserve plutôt que dans une source d'énergie toute neuve. Nous ne devrions pas avoir à gaspiller de l'énergie. Existe-t-il une analogie semblable pour les VLSI ?

Une idée serait de stocker l'énergie dans une inductance, l'équivalent électrique de l'inertie. Nous construirions alors le circuit en sorte que l'énergie ne soit pas perdue, mais stockée « dans une boîte » afin de pouvoir être réutilisée par la suite. Est-ce possible ? Voyons voir... Pour expliquer le concept d'inductance, je vais adopter une autre analogie de mécanique des fluides. Ceux d'entre vous qui ont acquis une certaine « intuition électrique » devraient avoir l'habitude de faire des analogies entre l'eau et l'électricité ; ceux qui préfèrent la mécanique à l'électricité trouveront aussi qu'avec de l'eau, tout semble plus facile ! Imaginons le dispositif de la figure 7.27, composé d'une vaste cuve remplie d'eau, munie de deux tuyaux :

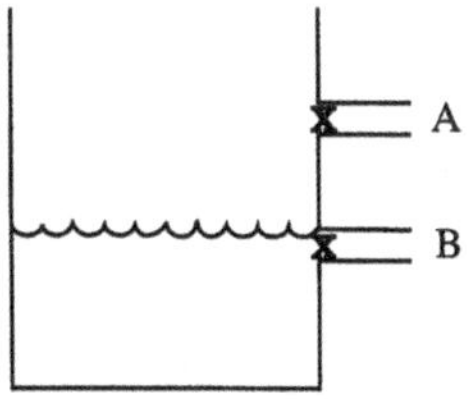

FIG. 7.27 – *Analogie fluide pour la commutation en technologie CMOS.*

Chaque tuyau est relié à un réservoir sans fond et inépuisable (ils ne sont pas représentés) duquel ou dans lequel l'eau pourra s'écouler (le flux sera régulé par une valve installée sur chacun des tuyaux). L'analogie est la suivante : les tuyaux munis de valves représentent les transistors, et l'eau des réservoirs représente la charge de la source d'alimentation, qui n'attend que d'être libérée pour s'accumuler sur les transistors. Le réservoir supérieur correspond à la tension $+V$, le réservoir inférieur à la tension $-V$ et la hauteur de l'eau dans la cuve peut être interprétée comme la tension aux endroits où les charges iront s'accumuler. Pour que cette analogie ait un sens, les valves sont manipulées de telle sorte que si l'une est ouverte (conductrice), l'autre est fermée (isolante). Pour modéliser la commutation dans un inverseur, ouvrons et fermons les valves de ce dispositif et voyons ce qui se passe.

La condition initiale est celle de la figure 7.27 : la valve supérieure est fermée et la valve inférieure ouverte. L'eau est à un certain niveau d'équilibre. Nous effectuons une commutation en fermant la valve inférieure tout en ouvrant la valve supérieure (ce qui correspond à une tension de grille négative). L'eau du réservoir supérieur se déverse en cascade — plouf ! — et remplit la cuve jusqu'à un nouveau niveau d'équilibre. Dans le processus, il y a du bruit, des frottements, des turbulences... et donc de l'énergie dissipée. Finalement, le système atteint un nouveau point d'équilibre bien tranquille. Si nous voulons à présent revenir à la configuration initiale, nous devons faire une nouvelle commutation : nous ouvrons la valve du bas tout en fermant celle du haut. Le niveau d'eau descend, dissipe de l'énergie de diverses manières, tout cela jusqu'à ce que la cuve retrouve son niveau d'eau initial. Nous sommes revenus au point de départ, mais en ayant dépensé un sacré paquet d'énergie en chemin !

Nous voudrions modifier le dispositif de telle sorte que nous ne dépensions pas autant d'énergie à chaque commutation. Une manière de faire est la suivante : nous disposons une deuxième cuve à côté de la première, en les reliant par un tuyau muni d'une valve (figure 7.28) :

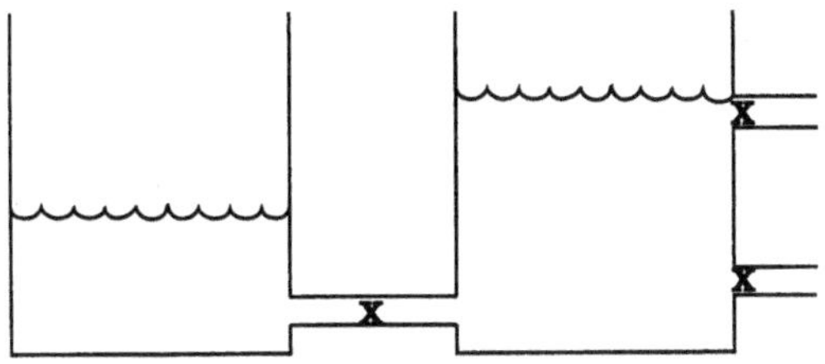

FIG. 7.28 – *Analogie de l'économie d'énergie pour la commutation en technologie CMOS.*

Imaginons que la valve supérieure soit ouverte : le niveau d'eau de la cuve initiale est donc celui de la figure 7.28. Si nous fermons alors la valve du haut en ouvrant celle de la nouvelle cuve, l'eau passera dans cette cuve supplémentaire par le tuyau qui la relie à la première. Lorsque l'eau atteint le niveau maximum de la nouvelle cuve, nous refermons la valve, sans quoi l'eau s'écoulerait de part et d'autre, d'une cuve à l'autre, pour finalement s'arrêter à un état d'équilibre pour lequel le niveau dans les deux cuves est le même. Dans ce cas, la pression serait équilibrée, mais après un certain temps seulement, car l'eau possède une certaine inertie. La première fois que nous ouvrons la valve, l'eau de la nouvelle cuve atteint un niveau supérieur à celui qui serait atteint si nous laissions l'eau couler librement. De même, le niveau dans notre première cuve est inférieur à sa valeur d'équilibre. En fermant la valve juste après avoir atteint le niveau maximum, nous nous arrangeons pour piéger la majeure partie de l'eau, et avec elle son énergie potentielle, dans la nouvelle cuve. Pas toute l'eau, bien sûr — il y a des pertes par frottements, etc., et peut-être devrons-nous ajouter un peu d'eau dans la nouvelle cuve. Mais maintenant, si nous voulons récupérer l'énergie de l'eau, il nous suffit, lorsque la cuve de droite est au plus bas, d'ouvrir la valve entre les deux cuves.

Pour réaliser cela avec du silicium, nous devons trouver son analogue électrique, ce qui implique de trouver l'équivalent électrique de l'inertie. Comme je l'ai déjà dit, c'est l'inductance qui joue ce rôle. Le circuit de la figure 7.29 présente donc une manière de concrétiser cette idée :

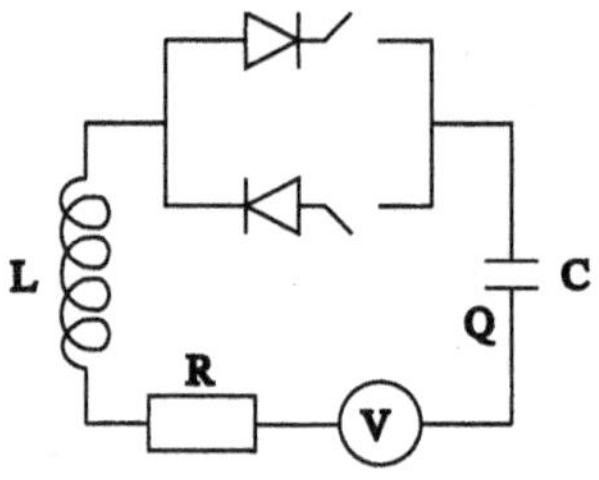

FIG. 7.29 – *Un circuit inductif.*

Ce circuit contient un condensateur, une inductance, une résistance et deux « valves de contrôle » fabriquées à l'aide de diodes. Lorsqu'un des commutateurs est abaissé, la diode adjacente garantit que le courant ne circule que dans un sens, reproduisant ainsi l'écoulement de l'eau dans les tuyaux de notre analogie fluide. Peut-être connaissez-vous l'équation définissant le comportement de ce circuit :

$$L\,d^2Q/dt^2 + R\,dQ/dt + (Q/C) = V, \tag{7.22}$$

où V est la tension aux bornes du circuit ? Je vous laisse le soin de voir si vous pouvez donner corps à une idée de ce genre à l'aide des composants CMOS. Malheureusement, il se révèle extrêmement difficile de fabriquer des inductances dignes de ce nom avec la technologie des semi-conducteurs. Il faut des bobines et de grandes longueurs de câble alors que nous n'avons que très peu de place ! En pratique, ce n'est donc pas un bon moyen de réduire les pertes d'énergie. Mais cela ne veut pas dire que nous devions abandonner l'idée fondamentale — et un bon truc à tenter serait de placer une seule inductance à l'extérieur de la puce, plutôt que d'en mettre une pléthore de petites, à savoir une pour chaque commutation.

7.2.2 Synchronisation « à chaud »

Voici une manière complètement différente, et très astucieuse, de diminuer la dissipation d'énergie. Il s'agit de la technique connue sous le nom de « synchronisation à chaud ». Cette méthode consiste à tenter d'économiser l'énergie en *faisant varier les tensions d'alimentation*. Comment et pourquoi cela fonctionne-t-il ? Revenons à notre analogie de mécanique des fluides. Nous avons dit plus haut que si nous ouvrons la valve du haut lorsque le niveau d'eau de la cuve est bas, alors nous perdons de l'énergie car l'eau se déverse en cascade depuis le réservoir du haut. L'erreur réside dans le fait d'*ouvrir la valve lorsque les niveaux d'eau sont différents*. En faisant cela, nous perdons forcément de l'énergie. Toutefois, en principe, il existe d'autres façons, moins dispendieuses, de remplir les cuves. Imaginons par exemple une cuve dotée d'un seul tuyau, relié à un réservoir d'eau. Si, comme l'indique la figure 7.30, nous remplissons la cuve petit à petit, en ouvrant la valve tout en déplaçant le tuyau vers le haut à mesure que l'eau s'en écoule, celui-ci se trouve toujours à la hauteur du niveau d'eau et il n'y a pas d'énergie dissipée :

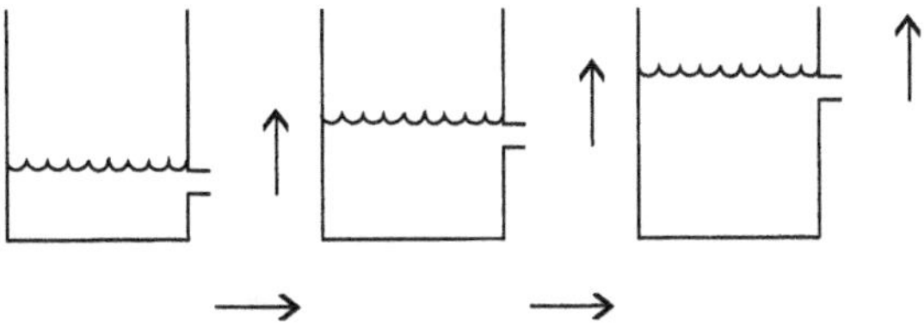

FIG. 7.30 – *Remplissage non dissipatif de la cuve.*

Bien sûr, si nous voulons éviter *complètement* l'occurrence de chutes d'eau dissipatives, nous devons faire cela le plus lentement possible — à un rythme infinitésimal (nous retrouvons le type d'arguments auquel nous avons souvent eu recours à la leçon 5). Cela étant, nous voyons clairement que si nous parvenons à déplacer le tuyau aussi lentement que possible, alors nous pouvons réellement diminuer la perte d'énergie, pourvu que nous n'ouvrions jamais la valve lorsque la position du tuyau et le niveau de l'eau dans la cuve sont différents. Il existe un principe analogue en électricité : *ne jamais ouvrir ou fermer un commutateur tant qu'il y a une tension à ses bornes.* Or, c'est justement ce que nous n'avons cessé de faire !

Voici le principe fondamental de la synchronisation à chaud. Considérons le circuit inverseur modifié comme indiqué sur la figure 7.31 :

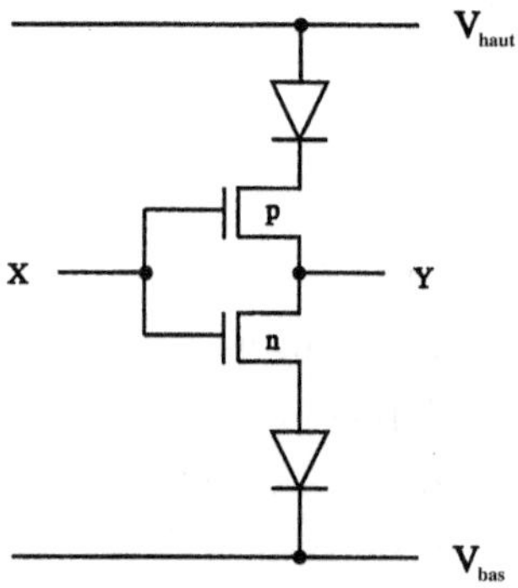

FIG. 7.31 – *Exemple d'un circuit « synchronisé à chaud ».*

Sur la figure 7.31, les tensions d'alimentation du haut et du bas, V_{haut} (= V, disons) et $V_{\text{bas}}(= -V_{\text{haut}})$ ne sont *pas* considérées comme constantes : elles peuvent, et vont, varier, alors attention ! Nous définirons leurs deux principaux états comme suit :

l'état *calme* est celui qui correspond à une tension négative en haut et positive en bas ; et l'état *chaud* en est l'inverse, avec une tension positive en haut et négative en bas. (Notons que ce choix est arbitraire : nous pouvons tout aussi bien les choisir dans l'autre sens.) Voici le principe du fonctionnement de ce dispositif : supposons que nous partions de l'état calme, si bien que la tension du haut est négative, avec X positive ($= +V$). Alors le MOSFET-p est ouvert, le MOSFET-n fermé et aucun courant ne circule (il n'y a pas de tension aux bornes du transistor n). En fait, il n'y aurait pas de courant non plus même si X était négative, grâce aux propriétés de redressement des diodes. Nous pouvons donc faire basculer l'entrée, bon gré mal gré, tant que nous sommes dans l'état calme — le circuit est alors insensible à la valeur de la tension d'entrée. Nous avons donc la liberté de choisir l'état initial pour Y, et nous le choisirons positif.

Et maintenant, nous faisons monter la tension — nous les inversons petit à petit. Ainsi, une tension positive croissante s'applique aux bornes de la diode du bas, qui laisse passer le courant. Cela amène la tension de sortie Y à la valeur de la tension du bas (qui est maintenant négative). La dissipation d'énergie qui en découle est faible car la résistance de la diode est peu élevée. Une fois la tension du bas à son minimum et le système stabilisé, nous commutons à nouveau vers l'état calme : la sortie Y voudrait revenir à sa valeur initiale mais ne le peut pas car la diode ne laisse plus passer le courant. Une fois dans cet état stable, nous pouvons modifier X à loisir, c'est-à-dire faire une commutation. Il est nécessaire d'effectuer la première partie du cycle (lorsque Y varie) le plus lentement possible ; la seconde étape, le retour au calme, peut être exécutée rapidement.

Or, la tension de sortie Y est branchée sur une autre porte. Évidemment, puisque nous ne pouvons pas l'utiliser tant qu'elle varie, le cycle des tensions de la porte suivante doit avoir lieu en décalé, avec une autre source d'alimentation (un peu comme une horloge biphasée). Il est possible de choisir le second signal comme étant l'inverse du premier (comme nous le faisons couramment avec les bascules), ce qui permet de n'utiliser qu'une seule et même alimentation (mais c'est risqué, et source de confusion, car le retour au calme entraîne de petites variations de Y). Mieux vaut procéder de manière plus conventionnelle et choisir deux sources d'alimentation distinctes. Les tensions de ces deux alimentations seraient schématiquement celles de la figure 7.32 :

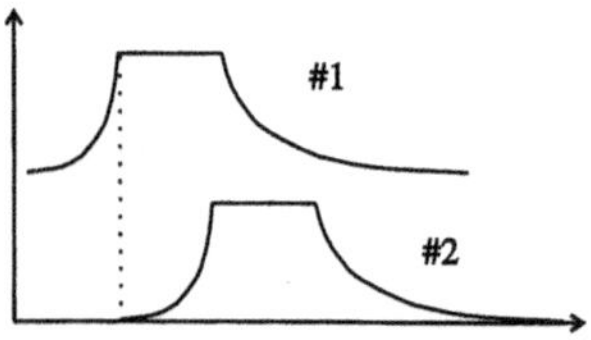

FIG. 7.32 – *Les tensions d'alimentation.*

Notons que le signal à l'avant diminue plus doucement qu'à l'arrière, ce qui reflète la différence des temps de commutation de nos deux étapes. Remarquons en outre que ces sources d'alimentation sont communes à la totalité de la (ou des) puce(s), sans quoi la quantité d'énergie nécessaire pour faire varier les tensions d'alimentation annuleraient finalement toutes les économies réalisées. Nous stockons l'énergie dans le dispositif de la source d'alimentation.

Revenons à l'agencement des diodes et calculons l'énergie perdue durant la commutation. Notons t le « temps de montée » imparti à la tension d'alimentation pour changer de valeur. La quantité de charge à déplacer durant cet intervalle de temps est $Q = CV$ si bien que le courant qui circule vaudra (en moyenne) $Q/t = CV/t$. Supposons que la résistance R rencontrée à la traversée des diodes prend une valeur relativement faible, du même ordre que celle des transistors. La quantité d'énergie perdue par unité de temps, c'est-à-dire la perte de puissance, vaut alors simplement $P = I^2R = Q^2R/t^2$. Ainsi, l'énergie totale dissipée dans une commutation vaut-elle :

$$\Delta E = Pt = C^2V^2R/t = (CV^2)(CR)/t = (CV^2)\tau/t, \quad (7.23)$$

où τ est la constante de temps du circuit CMOS initial. Souvenons-nous que CV^2 était l'énergie perdue à chaque commutation dans ce circuit rudimentaire. Ainsi, voyons-nous que le produit de la perte d'énergie et du temps durant lequel cette énergie est dissipée, est le même pour les deux circuits, le nouveau et l'ancien. Cela suggère une relation générale de la forme :

$$\text{(perte d'énergie)} \times \text{(temps de dissipation)} = \text{constante} \quad (7.24)$$

pour chaque commutation ou chaque étape d'une opération logique. Cette expression s'accorde harmonieusement avec les résultats de la leçon 5 : plus nous procédons lentement, moins nous perdons d'énergie. Dans les circuits réalistes, les horloges sont beaucoup plus lentes que les transistors (d'un facteur de l'ordre de cinquante contre un, par exemple) et la synchronisation nous permet donc d'économiser une bonne quantité d'énergie. Malheureusement, l'obsession des performances de vitesse est telle que nous ne profitons pas de tous les avantages que présentent ces opportunités d'économie d'énergie. Certes, les machines seraient plus lentes, et aussi plus volumineuses de par la présence des composants supplémentaires, mais cela pourrait être compensé par le fait qu'elles coûteraient moins cher, en fonctionnement, et que nous n'aurions plus besoin d'un tel attirail de pompes, de ventilateurs et autres pour refroidir le tout !

Bien que j'aie utilisé des diodes dans l'exemple de la figure 7.31, je dois mentionner que le circuit de la figure 7.33 serait plus réaliste, si nous voulons réduire le nombre de composants utilisés. Nous y avons remplacé les diodes par des transistors :

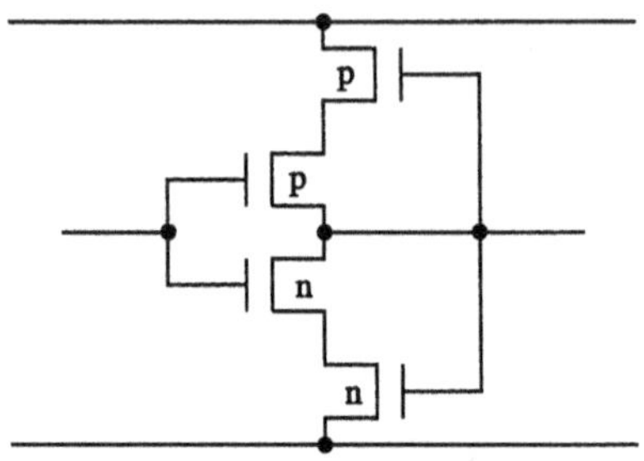

FIG. 7.33 – *Circuit synchronisé à chaud, sans diodes.*

Nous n'avons regardé qu'une méthode de réduction de la dissipation d'énergie parmi toutes celles que l'on appelle de « synchronisation à chaud ». Ces techniques (provenant essentiellement de recherches menées à CalTech[7]) permettaient à des horloges en série de fournir l'alimentation des circuits, mais leur but initial n'était pas de troquer du temps contre de l'énergie. Permettez-moi de clore cette partie en signalant que la synchronisation à chaud est un sujet récent, et qu'il subsiste de nombreuses questions sans réponse — tentez votre chance ! peut-être pourrez-vous apporter votre contribution ! Le circuit que je vous ai proposé est de mon cru. Il est différent de ceux qui ont été conçus et réalisés mais je ne suis pas sûr qu'il présente un quelconque avantage sur les autres. Mais vous pourrez tenter toutes sortes de choses. Par exemple, que se passe-t-il si nous choisissons une alimentation en courant alternatif, c'est-à-dire un signal sinusoïdal ? Pourrions-nous éventuellement utiliser deux sources d'alimentation, toutes

[7]Un article de 1985 sur les « nMOS synchronisés à chaud », écrit par Chuck Seitz et ses collègues de CalTech se termine ainsi : « Nous avons bénéficié, et apprécié, de nombreuses discussions intéressantes sur le sujet de la synchronisation à chaud avec nos collègues Alain J. Martin et Richard P. Feynman. » [Note des éditeurs américains.]

deux en alternatif mais avec un décalage de phase ? Et pourquoi ne pas appliquer aux différents éléments logiques une tension alternative ? Peut-être pourrions-nous définir deux états, l'un en phase avec la source d'alimentation (le un logique) et l'autre en opposition de phase (le zéro logique) ? Il y a beaucoup de possibilités et peut-être parviendrez-vous, en approfondissant la question et avec un peu de persévérance, à découvrir quelque chose d'intéressant.

7.2.3 Quelques considérations d'ordre général et une relation intéressante

L'une des principales découvertes de la section précédente, qui pourrait être un résultat général, est que le produit de l'énergie nécessaire pour la commutation par le temps que prend cette commutation est une constante (tout du moins pour les systèmes résistifs). Nous appellerons cette constante l'« action dissipée » (terme que je viens d'inventer). Or, la constante de temps τ d'un inverseur est typiquement de l'ordre de 0,3 ns, ce qui est assez faible. Est-elle forcément aussi minuscule ? Eh bien oui, du moins si nous voulons une machine aussi rapide que possible. Mais nous pouvons aborder le problème sous un autre angle. Du fait des retards qui s'accumulent dans les composants en série, et parce que chaque élément doit alimenter le suivant, les cycles d'horloge utilisés sont en fait cent fois plus longs : nous ne pouvons pas nous permettre de changements trop rapides car cela risquerait de tout bloquer. Mais après tout, ne pourrions-nous pas ralentir quelque peu l'inverseur ? Il n'est pas si sûr que cela ralentirait l'ensemble du calcul. Tout cela n'étant pas vraiment clair, il vaut la peine de chercher une estimation précise de la valeur de notre constante, que nous désignerons par $(Et)_{\text{com}}$.

Une manière de procéder consiste à calculer la valeur de la constante dans le cas d'une commutation qui nous permette de faire un calcul direct. Nous considérerons donc la commutation la plus rapide possible et nous calculerons la constante correspondante (c'est un choix comme un autre). Commençons par récapituler les équations à notre disposition. Le commutateur, un simple transistor, aura une certaine capacité C_{g} pour une tension à ses bornes V_{g} et donc une charge $Q = C_{\mathrm{g}}V_{\mathrm{g}}$. Cela donne pour l'énergie de la commutation $E_{\mathrm{com}} = C_{\mathrm{g}}V_{\mathrm{g}}^2$. Or, $\tau = C_{\mathrm{g}}R$ si bien que $(Et)_{\mathrm{com}} = C_{\mathrm{g}}^2V_{\mathrm{g}}^2R = Q^2R$, c'est-à-dire le carré de la charge nécessaire pour que le commutateur fonctionne, multiplié par la résistance minimum obtenue lorsque le commutateur laisse passer le courant. (Nous pouvons également comprendre ce résultat en termes de la puissance dissipée, en travaillant avec les courants.) Or, nous voudrions évidemment connaître la valeur de cette constante d'« action dissipée » dans le cas de nos transistors ordinaires. Nous cherchons cette constante afin de voir si, en modifiant ces composants, nous pouvons les ralentir légèrement dans l'espoir de consommer moins d'énergie et peut-être aussi moins de temps.

Pour continuer le calcul, qui est assez facile, nous aurons besoin de quelques paramètres physiques. Tout d'abord, la charge de l'électron : $e = 1,6 \times 10^{-19}$ C. En outre, à température ambiante, nous avons $kT/e = 1/40$ Volts. Grâce à l'expression de l'énergie cinétique $(1/2)mv^2 = (3/2)kT$ (m étant la masse effective de l'électron), nous pouvons définir une « vitesse thermique » v_{th} qui se révèle de l'ordre de $1,2 \times 10^7$ cm/s. Nous aurons également besoin de certaines des propriétés des matériaux faiblement dopés : les électrons disposent d'une mobilité dans le canal en surface valant $\mu = 800$ cm^{2}V^{-1}s^{-1} et leur libre parcours moyen vaut $l_{\mathrm{col}} = 5 \times 10^{-6}$ cm. Comme nous l'avons fait plus tôt dans l'étude du MOSFET, nous appellerons $L \times P$ la taille de la tranche de silicium sous la grille ; en 1978, la valeur typique de L était de 7 microns, contre 3 microns en 1985[8].

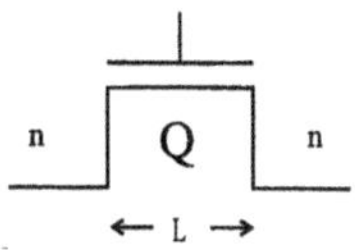

FIG. 7.34 – *Le MOSFET simple.*

Supposons que les électrons lambinent sous la grille, et que nous exercions sur eux une force F durant un temps τ_{col}. Nous choisirons pour cette dernière grandeur le temps moyen entre collisions, ce qui est un choix naturel étant donné la physique de la situation. Il existe une relation agréablement intuitive entre le libre parcours moyen et le temps entre collisions : $l_{\text{col}} = v_{\text{th}}\tau_{\text{col}}$. Or nous savons en mécanique ordinaire qu'une fois ce temps écoulé, un électron donné aura l'impulsion $mv_{\text{trans}} = F\tau_{\text{col}}$, où la vitesse v_{trans} est la « vitesse de transit » dans la direction de la force, indépendante de v_{th} (et également très inférieure). La mobilité étant définie par la relation $v_{\text{trans}} = \mu F$, nous avons $\mu = \tau_{\text{col}}/m$. Notons I le courant qui circule sous la grille. Nous avons $I = Q/(\text{temps du transit sous la grille}) = Q/(L/v_{\text{trans}}) = (Q/L) \times (\mu e) \times (V_{\text{ds}}/L)$. Cependant, la tension source-drain $V_{\text{ds}} = IR$, si bien que nous avons, pour la résistance, $R = L^2/(Q\mu e) = mL^2/(Qe\tau_{\text{col}})$. (Signalons au passage que la masse effective de l'électron en mouvement dans le silicium reste de l'ordre de 10% de sa masse au repos, et c'est donc cette dernière que nous choisirons pour m.) À l'aide de notre expression donnant l'action dissipée en fonction de Q et R, et des relations que nous avons obtenues, nous trouvons :

$$(Et)_{\text{com}} = N\,(L/l_{\text{col}})^2\,(3kT)\,\tau_{\text{col}}, \tag{7.25}$$

[8]En 1996, la technologie standard atteint 0,5 micron, et même 0,35 micron pour les plus grands fabricants. [Note des éditeurs américains.]

où nous avons introduit le nombre N d'électrons (libres) sous la grille : $N = Q/e$. Concentrons-nous sur les deux derniers termes de droite dans l'équation (7.25) : $3kT$ est une énergie, de l'ordre de l'énergie cinétique d'un électron, et τ_{col} est un temps, le temps moyen entre collisions. Peut-être comprendrons-nous plus facilement ce qui se passe si nous définissons le produit de ces deux termes comme étant *à lui seul* une action dissipée — celle dissipée lors d'une *unique* collision. Rien ne nous impose de faire cela, mais voyons ce que cela donne. Notons cette action $(Et)_{\mathrm{col}}$. Nous avons alors :

$$(Et)_{\mathrm{com}} = N\,(L/l_{\mathrm{col}})^2\,(Et)_{\mathrm{col}}. \qquad (7.26)$$

Nous trouvons donc que le (Et) de la commutation est supérieure au (Et) d'une seule collision, et ce en vertu de deux facteurs. L'un d'eux est le nombre d'électrons sous la grille, et l'autre est le rapport de la largeur de la grille et du libre parcours moyen. Avec L de l'ordre de 6 microns (et donc L/l_{col} de l'ordre de 100) et le nombre N d'électrons de l'ordre de 10^6, nous obtenons :

$$(Et)_{\mathrm{com}} = 10^{10}\,(Et)_{\mathrm{col}} \approx 10^8\,kT\,\tau_{\mathrm{col}}. \qquad (7.27)$$

Ce résultat est bien du même ordre de grandeur que ce que nous avions mentionné plus haut. Mais c'est une quantité *énorme* et nous pouvons espérer trouver le moyen d'améliorer les choses ! Pourquoi ce nombre est-il si élevé ? Nous savons depuis la leçon 5 qu'il n'est en aucun cas le reflet d'une limite énergétique fondamentale. Que pouvons-nous tenter pour diminuer sa valeur ?

Évidemment, tous les calculs effectués jusqu'à présent provenaient de l'approche conventionnelle des systèmes VLSI... alors peut-être devrions-nous sortir de ce cadre et tenter autre chose ? Abordons la question sous un angle, tout à la fois plus général et plus abstrait. Imaginons que quelqu'un nous ait chargé de concevoir un superbe commutateur, élément fondamental d'un quelconque dispositif informatique, doté d'une certaine énergie par commutation $E_{\text{élém}}$ et du temps de commutation correspondant $t_{\text{élém}}$. Nous fournissons au type tout un tas de ces composants et il construit lui-même son circuit. Mais le type les assemble de la manière la plus débile et inefficace qui soit (tout cela peut sembler un peu abstrait à première vue, mais... patience) : tout d'abord, il câble p commutateurs en parallèle et les branche tous au même signal d'entrée :

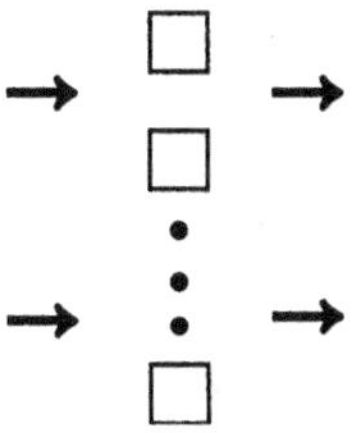

FIG. 7.35 – *Branchement d'éléments en parallèle.*

Tous ces commutateurs opèrent simultanément, le signal se propageant de gauche à droite. De toute évidence, l'énergie dissipée à la commutation de tous ces composants sera $E_{\text{syst}} = p\,E_{\text{élém}}$, et le temps nécessaire sera simplement $t_{\text{syst}} = t_{\text{élém}}$. En d'autres termes, $(Et)_{\text{syst}} = p\,(Et)_{\text{élém}}$. Ce branchement est absurde car tous donnent la même réponse.

Ensuite, le type fait quelque chose d'encore plus stupide : il branche en plus des composants en série, formant ainsi des chaînes de n éléments :

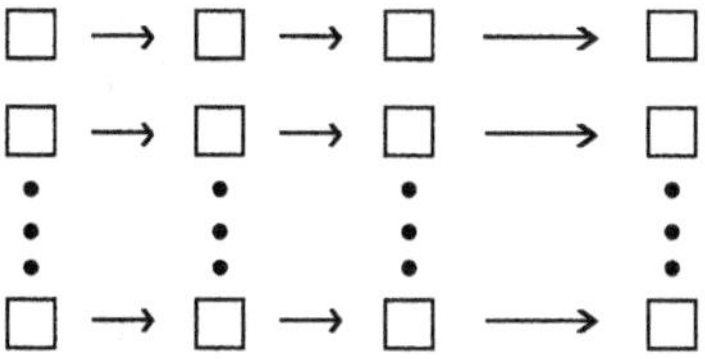

FIG. 7.36 – *Branchement d'éléments en série.*

Voilà qui est décidément complètement idiot ! Chaque commutateur de la chaîne inverse l'action du précédent, si bien qu'au final il n'a qu'un seul commutateur, ce qui n'apporte rien au câblage en parallèle dont il est parti ! Mais à présent, $(Et)_{\text{syst}} = ps^2\,(Et)_{\text{élém}}$. Alors quel est l'intérêt de tout cela ? Eh bien, une collision d'électrons s'apparente à une *commutation à un électron* à laquelle nous pouvons associer la grandeur $(Et)_{\text{élém}} = 3kT\tau_{\text{col}}$. Considérons ce type de collision comme l'opération fondamentale. Or, les électrons qui s'agitent en tous sens sous la grille font tous la même chose : ils se heurtent les uns les autres tout en avançant, et nous pouvons effectivement considérer qu'ils opèrent *en parallèle*, avec le nombre d'éléments branchés en parallèle valant $p = N$, à savoir le nombre d'électrons sous la grille. Bien sûr, une collision ne suffit pas à rendre compte de tout ce que vit un électron entre les pôles (en fait, le nombre de chocs, en moyenne, vaut $(L/l_{\text{col}}) \sim s$, en utilisant cette fois l'analogie du branchement en série). Nous pouvons donc interpréter notre résultat pour $(Et)_{\text{com}}$ en termes de la construction aberrante de notre bricoleur : $10^{10} = ps^2$! Il y a sûrement moyen de faire mieux, non ?

D'accord... alors quelle amélioration *pouvons*-nous apporter ? Premièrement, le branchement en parallèle est-il complètement absurde ? Eh bien, pas du tout : cela donne une meilleure précision. Il est tout à fait possible que les éléments utilisés soient extrêmement sensibles et qu'ils peuvent facilement basculer dans le mauvais sens *via* les fluctuations thermiques et tout ce qui s'en suit. En branchant ces éléments en parallèle pour récolter à la sortie une moyenne, ou le résultat majoritaire, nous améliorons la fiabilité du système. Si la probabilité de disfonctionnement d'un élément vaut 1/4, alors il suffit d'en brancher 400 en parallèle pour faire chuter la probabilité d'une réponse fausse aux alentours de 1 sur 10^{18}... génial ! Et qu'en est-il des *séries* ? Eh bien j'y ai beaucoup réfléchi mais je n'ai pas encore réussi à leur trouver un quelconque avantage. Cela ne contribue pas à améliorer la fiabilité du système — ça ne fait qu'augmenter le délai. En fait, je ne vois aucune raison de choisir autre chose que $s = 1$.

Problème 7.3 Dans notre modélisation par l'électron, $s = 1$ correspondrait à ramener le rapport fondamental (L/l_{col}) à l'unité. Se pose alors une question intéressante si nous prenons cela au pied de la lettre. En fait, je vous propose de considérer le cas le plus extrême, pour lequel le libre parcours moyen des électrons sous la grille est *infini* : en d'autres termes, ils ne peuvent pas se permettre la moindre collision. Analysez les caractéristiques et le comportement d'un tel composant. Bien sûr, à première vue, nous pourrions penser qu'il ne fonctionnerait pas comme commutateur — il laisserait toujours passer le courant. Mais n'oublions pas l'*inertie* : pour qu'un courant circule, les électrons doivent accélérer et modifier leur vitesse, en partant de zéro. Donc quoi qu'il arrive, il y aura toujours une certaine densité de charge sous la grille. En fait, toute cette analyse a été faite, avec un libre parcours moyen nul, pour des tubes à vide, lesquels fonctionnaient, évidemment. Imaginons et analysons un tel commutateur — le seul inconvénient, c'est que nous ne pourrons pas le réaliser en silicium (dans lequel les électrons se déplacent un peu comme dans du miel).

De manière générale, quelle que soit la méthode choisie, nous devrions faire tous les efforts possibles pour augmenter le libre parcours moyen et diminuer L. Nous devrions pouvoir extraire un facteur 100 de $(Et)_{\text{com}}$ (mais pas 10^4 car si nous changeons le libre parcours moyen, nous changeons aussi τ_{col}). La conception actuelle des ordinateurs est révoltante ! Les pertes d'énergie sont considérables alors qu'aucune raison physique ne nous empêche de limiter cette effusion tout en accélérant le fonctionnement.

Alors allez-y ! Vous n'avez que votre imagination à défier, pas la nature.

Une proposition toute simple serait de réduire la taille de nos machines. Nous pourrions y gagner. Réduisons L d'un facteur $\alpha < 1 : L \to \alpha L$. Nous trouvons alors $(L/l_{\text{col}}) \to \alpha^2(L/l_{\text{col}})$ car τ_{col} récolte un facteur $1/\alpha$. Le nombre d'électrons sous la grille est proportionnel à la surface, si bien que $N \to \alpha^2 N$, d'où le résultat :

$$(Et)_{\text{com}} \to \alpha^4 (Et)_{\text{com}}. \tag{7.28}$$

C'est un excellent rapport et bien que nous ne puissions pas le pousser à des valeurs trop faibles de α, il montre néanmoins qu'il peut être avantageux de réduire simplement la taille des composants.

La présentation que j'ai faite de ces idées sur (Et) est ma vision personnelle de ces aspects et peut tout à fait se révéler erronée. L'idée que (Et) puisse être une constante rappelle le principe d'incertitude de la mécanique quantique et je serais ravi d'en connaître l'explication fondamentale, si tant est qu'il y ait effectivement un rapport. Vous pouvez tout à fait vous pencher sur ce type de questions pour voir si vous parvenez à comprendre quelque chose. Toutes les critiques ou les remarques que vous pourrez formuler seront bienvenues. Et d'ici là, la relation simple :

$$\text{Puissance} = E/t = (Et)/t^2 \tag{7.29}$$

montre qu'en réduisant l'action dissipée (Et), nous devrions également parvenir à réduire la perte en puissance des machines les plus rapides.

7.3 Construction de circuits VLSI

Nous arrivons — enfin ! — à la véritable technologie des VLSI. Comment les transistors sont-ils fabriqués ? Nous qui sommes si grands, comment parvenons-nous à mettre autant de trucs dans de si petites puces ? La réponse est : de manière très, très astucieuse — l'idée fondamentale étant conceptuellement toute simple. La technologie VLSI est une victoire de l'ingénierie et de l'industrie et je trouve bien dommage que le commun des mortels ne puisse mesurer l'élégance de cette technologie extraordinaire ! La précision et le talent nécessaires pour réaliser ces puces sont invraisemblables. Les gens parlent de pouvoir écrire sur une tête d'épingle comme si cela faisait partie du futur, mais ils n'ont pas idée de ce qu'il est possible à faire aujourd'hui ! De nos jours, nous pouvons facilement faire tenir un livre entier (et pas des moindres : carrément une encyclopédie, ou la Bible), dans une tête d'épingle ! Abordons à présent, à un niveau d'analyse relativement simple, quelles sont les méthodes de fabrication des composants VLSI. Ici encore, nous ne nous intéresserons qu'à la technologie nMOS.

7.3.1 Technologie de fabrication à plat

Tout commence avec un cristal de silicium très pur. Nous connaissions déjà ce matériau pour l'avoir étudié bien des années avant de lui trouver une utilité en électronique. Mais les cristaux étaient rares, d'une part, et après extraction, ils se révélaient criblés d'impuretés — de nos jours, en laboratoire, il est possible d'en fabriquer d'extrêmement purs. Nous partons d'un cube d'une dizaine de centimètres de côté[9] que l'on découpe en fines tranches. Pour construire les puces sur ce substrat, nous y déposons, en couches successives, l'oxyde de silicium, le polysilicium et les métaux nécessaires selon ce que nous voulons faire. Souvenons-nous que la source et le drain d'un transistor à effet de champ sont des régions dopées-n incluses dans (et non pas

[9] En 1996, des cylindres de silicium de trente centimètres de diamètre sont monnaie courante. [Note des éditeurs]

ajoutées au) matériau Si légèrement dopé-p (il est important de garder en tête que les tranches de silicium utilisées sont en fait ce matériau de type p). Pour voir ce qui se passe, nous expliquerons en détail la première étape, qui consiste à créer puis manipuler la couche d'oxyde non conductrice sur le silicium, laquelle jouera au bout du compte un rôle dans la construction de la couche isolante sous la grille du transistor. En premier lieu, nous exposons la surface de la tranche de silicium portée à haute température à de l'oxygène pur, ce qui a pour effet de créer une couche d'oxyde de silicium (SiO_2). Cette couche d'oxyde est représentée sur la figure 7.37. Nous allons ensuite l'enlever de manière sélective. Et le procédé est très ingénieux. La surface de l'oxyde est recouvert d'une couche de vernis photosensible (un matériau organique appelé en anglais *resist*). L'une des propriétés de ce vernis est qu'il se décompose sous le rayonnement ultraviolet, aussi exploitons-nous cette propriété pour graver les contours de notre circuit sur la tranche de Si. Pour ce faire, nous plaçons sur le vernis un gabarit du circuit à réaliser — le « masque ». Celui-ci se compose d'un matériau transparent appliqué sur une substance ultraviolette opaque répartie aux endroits auxquels, sur la puce, nous voulons laisser le SiO_2. (En général, le masque reproduit le même gabarit plusieurs fois sur toute sa surface, permettant ainsi de fabriquer plusieurs puces sur une même tranche, qui sera ensuite découpée.) Après cela, nous exposant la tranche à un rayonnement ultraviolet (ou à des rayons X pour les gravures les plus fines). Le vernis exposé, c'est-à-dire les parties qui ne sont pas recouvertes par les zones opaques du masque, se décompose et peut alors être éliminé. Cela dévoile des parties de SiO_2 que nous pouvons ôter en appliquant un agent corrosif, comme de l'acide fluorhydrique. Tout l'intérêt du vernis réside dans le fait qu'il n'est *pas* éliminé par l'acide, si bien qu'il protège les couches de SiO_2 situées en dessous (contrairement à celles qui sont nettoyées) et que nous voulons préserver. Après la gravure, nous avons donc un quadrillage avec des parties hautes formées du vernis protégeant le SiO_2 et, plus bas, le silicium de départ mis à nu. Nous appliquons alors un autre solvant organique qui enlève le vernis restant tout en laissant l'oxyde intact. Le résultat est en quelque sorte une couche d'oxyde percée de « fentes » en silicium (figure 7.37) :

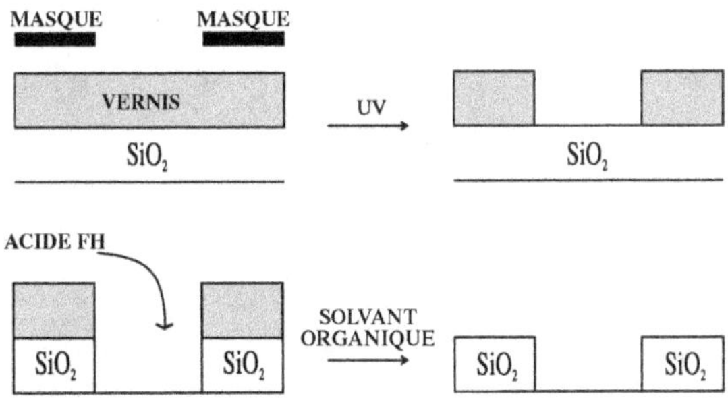

FIG. 7.37 – *Les premières étapes de la fabrication d'une puce.*

Voilà la première de toute une série d'étapes. La seconde consiste à déposer une couche du matériau nécessaire pour fabriquer les transistors *en régime d'appauvrissement* dont nous pourrions avoir besoin dans le circuit (pour les résistances, par exemple). La construction de ces transistors diffère de celle des composants en régime d'enrichissement par une fine couche de Si dopé-n sous la grille, entre la source et le drain :

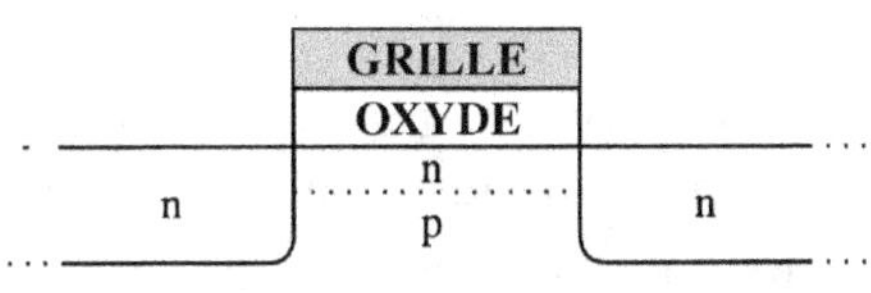

FIG. 7.38 – *Le transistor en régime d'appauvrissement.*

Ce type de transistor est toujours *fermé* et laissera toujours passer le courant à moins de placer une charge négative sur la grille pour empêcher le courant de circuler et ouvrir le commutateur (c'est-à-dire $V_{\mathrm{min}} < 0$ comme nous l'avons vu plus haut). Pour intégrer ce type de transistor à la puce, nous devons avant tout poser ses fondations : cela implique tout d'abord de délimiter les régions de la grille puis de créer une très fine couche de Si dopé-n à ces emplacements. Pour ce faire, nous recouvrons à nouveau la tranche de vernis, puis nous plaçons un nouveau masque dont les régions transparentes correspondent cette fois aux zones de déplétion du transistor. De nouveau, nous exposons le vernis à un rayonnement ultraviolet (ou à des rayons X) et, cette fois, nous nous retrouvons avec une tranche recouverte de vernis ponctué de petites zones où le substrat de silicium est mis à nu. Ces zones ouvertes sont alors dopées au phosphore, à l'arsenic ou à l'antimoine, afin de créer les régions de déplétion. Le vernis empêche ces ions de pénétrer dans les autres zones de silicium. Cela étant fait, le vernis est éliminé comme précédemment.

La prochaine couche à réaliser est la couche de polysilicium (silicium polycristallin). Souvenons-nous que le polysilicium hautement dopé conduit bien, mais pas aussi bien qu'un métal, aussi est-il utilisé pour fabriquer, entre autres, les grilles des transistors. Ces grilles étant séparées du substrat par une fine couche d'oxyde isolant (voir la figure 7.8), vous ne serez pas surpris d'apprendre qu'avant toute chose, nous recouvrons la tranche d'une autre couche d'oxyde, comme nous l'avions fait initialement. Comme précédemment, cela est fait en chauffant la tranche et en l'exposant à de l'oxygène pur (remarquez que cela laisse une couche d'oxyde d'épaisseur inégale). La tranche est ensuite recouverte de polysilicium, puis d'un nouveau masque, qui servira cette fois à éliminer le polysilicium superflu. Après cela, il nous reste à fabriquer les drains et les sources (et, en général, la couche de diffusion) de nos transistors, ce que nous faisons en dopant toutes les parties de silicium exposées de la manière idoine (c'est-à-dire avec du phosphore). Cela est fait en éliminant tout le SiO_2 qui n'est pas recouvert par le polysilicium et en dopant les régions de Si exposées. Les couches de déplétion sous le polysilicium étant protégées, elles ne seront donc pas dopées.

Nous voyons à présent comment sont fabriqués les transistors en régime d'enrichissement. Pour en donner une représentation graphique, adoptons pour les différentes couches les conventions représentées sur la figure 7.39 (notons que les conventions communément utilisées comportent plutôt des codes de couleur) :

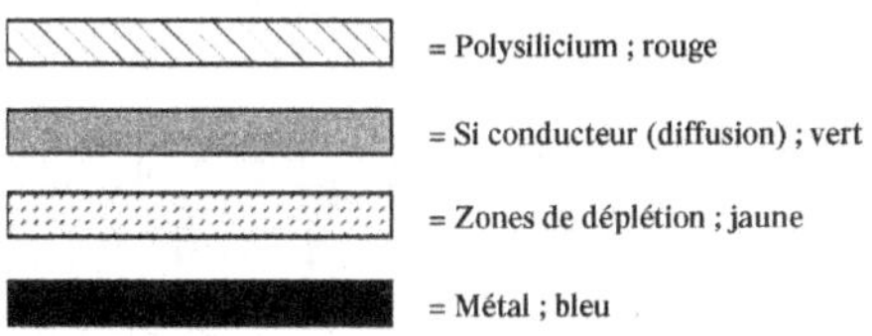

FIG. 7.39 – *Conventions pour les différentes couches des circuits intégrés.*

Nous avons ajouté une couche supplémentaire : une couche de métal[10]. Cette couche comprend les « câbles plats » utilisés pour transmettre le courant à des distances mesurables, de préférence vers les couches de diffusion ou de polysilicium. (La source d'alimentation provient généralement des couches de métal.) Il faudra également ajouter des points de contact pour permettre au courant de circuler librement entre les couches, comme il se doit. Avec ces conventions, nous pouvons dessiner un transistor en régime d'enrichissement aussi simplement que ci-dessous :

[10]En 1996, il est d'usage d'utiliser trois couches de métal, et les laboratoires les plus spécialisés en ont cinq à leur actif. Typiquement, l'une de ces couches « métalliques » serait en polysilicium. [Note des éditeurs américains.]

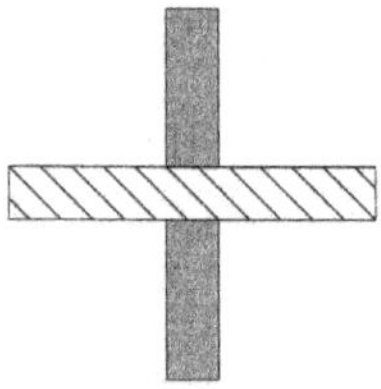

FIG. 7.40 – *Représentation schématique du transistor en régime d'enrichissement.*

Le transistor n'est que le point de croisement d'une couche de polysilicium et d'une couche de diffusion ! Bien sûr, ceux-ci ne se croisent pas au sens physique du terme : il y a une couche isolante d'oxyde entre les deux.

Pour fabriquer un inverseur complet, nous devons brancher une résistance en série. Comme nous l'avons vu plus haut, nous la remplaçons par un transistor en régime d'appauvrissement. Le circuit inverseur est celui de la figure 7.41 :

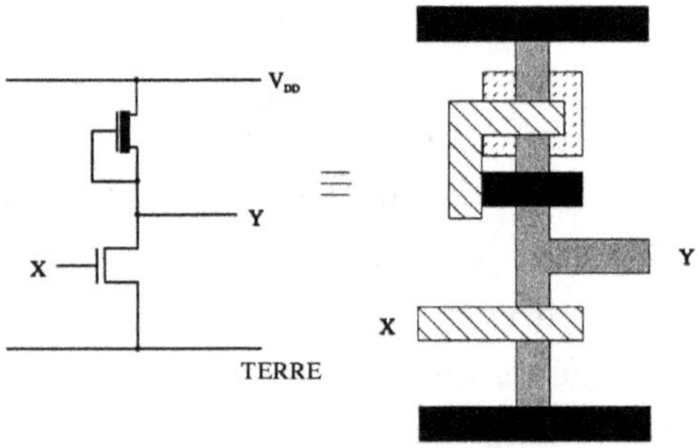

FIG. 7.41 – *L'inverseur complet.*

Vous remarquerez que j'ai représenté la source d'alimentation et les lignes de terre, qui sont toutes des couches de métal. Dans le processus de fabrication, il est nécessaire d'exposer des zones de couches de diffusion aux endroits où les couches de métal se croisent, afin d'assurer le contact électrique. Ces détails ne peuvent pas être représentés sur une vue en plan. (Le circuit réel n'est pas disposé à plat comme le laisse penser la figure 7.41 : les différentes parties sont agencées les unes sur les autres dans une toute petite boîte bien remplie et bien conçue. Pour en savoir plus, je vous invite à consulter l'ouvrage de Mead et Conway.) Nous devons faire de même si nous voulons par exemple utiliser la source ou le drain d'un transistor en entrée d'une autre porte ; il faut alors relier une couche de diffusion à une couche de polysilicium. De toute évidence, il faut une certaine forme de contact direct, sans quoi nous trouverons un condensateur ou une résistance à l'intersection. Sont alors utilisés ce que l'on appelle en anglais des « *butting contacts* », superpositions d'une couche de métal sur un contact direct diffusion/polysilicium, comme sur la figure 7.42 :

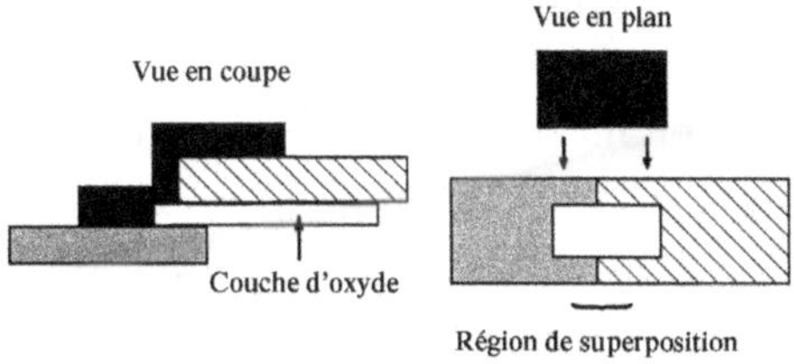

FIG. 7.42 – *Contact polysilicium-couche de diffusion.*

Prenons l'exemple d'une unité logique plus compliquée, et regardons la fabrication d'une porte NAND. Il nous suffit de prendre le circuit précédent et de croiser la couche de diffusion avec une autre couche de polysilicium afin de former un autre transistor (figure 7.43) :

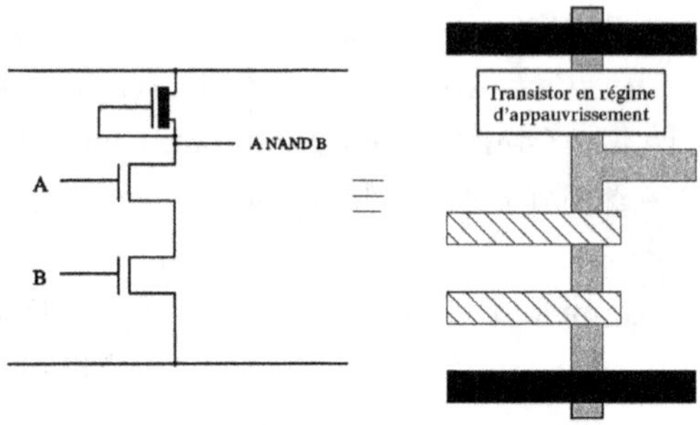

FIG. 7.43 – *La porte NAND.*

Remarquons que dans ce circuit, pour chacun des transistors, le polysilicium déborde un petit peu sur la couche de diffusion. Pourquoi ? Eh bien, il existe un certain nombre de règles pour la conception de ces puces, définissant la manière dont doivent être agencées les différentes couches les unes par rapport aux autres, leur taille, etc. En voici une liste succincte. (Pour une présentation détaillée de ces règles de conception, je vous invite à nouveau à consulter l'ouvrage de Mead et Conway.) Nous commençons par définir une certaine unité de longueur, λ, afin d'exprimer toutes les longueurs intervenant dans la puce en termes de cette dernière. En 1978, λ valait 3 microns ; en 1985, λ avait baissé jusqu'à 1 micron et continue de diminuer à mesure que le temps passe. La largeur minimum des couches de diffusion et de polysilicium vaut 2λ. Les câbles de métal, quant à eux, doivent atteindre au moins 3λ, pour contrer un phénomène appelé « électromigration », dans lequel les atomes du métal tendent à se déplacer dans la direction du courant. Cet effet peut s'avérer extrêmement destructeur si le câble est trop fin (figure 7.44) :

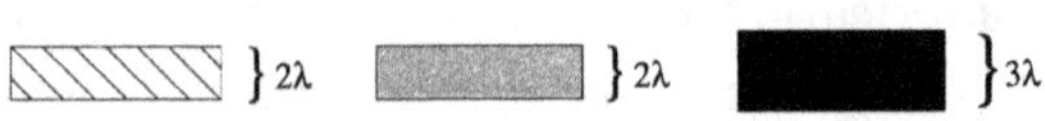

FIG. 7.44 – *Largeur des couches dans les puces au silicium.*

Je le répète, ces valeurs sont des minima et nous pouvons choisir de fabriquer des couches plus larges. Un autre ensemble de règles précise la contiguïté avec laquelle nous pouvons relier les câbles. Les couches conductrices ne doivent pas être disposées trop proches les unes des autres, sans quoi nous risquons de court-circuiter toute la puce (figure 7.45) :

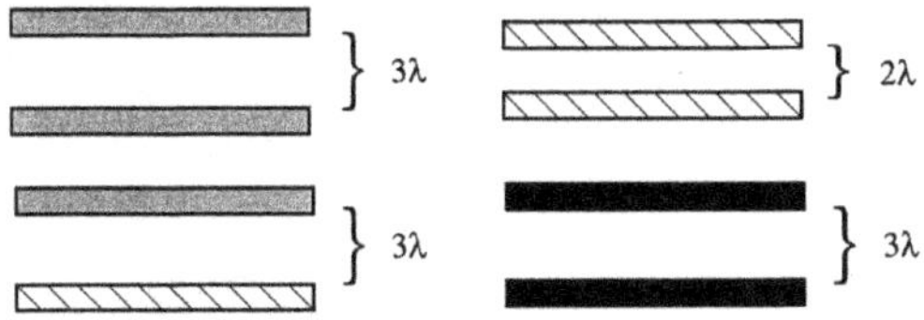

FIG. 7.45 – *Séparation entre les couches dans les puces au silicium.*

Les couches de métal (en bleu) peuvent se superposer à celle de polysilicium (en rouge) et de diffusion (en vert) sans pour autant créer un contact. Lorsque le rouge croise le vert, comme nous l'avons vu, cela donne un transistor. Pour ce composant, il est important que la ligne de polysilicium formant la grille recouvre la région de diffusion, afin d'éviter que ne se forme une ligne conductrice entre la source et le drain. Il est d'usage d'imposer un recouvrement d'au moins 2λ, pour garantir une certaine marge d'erreurs à la fabrication (figure 7.46) :

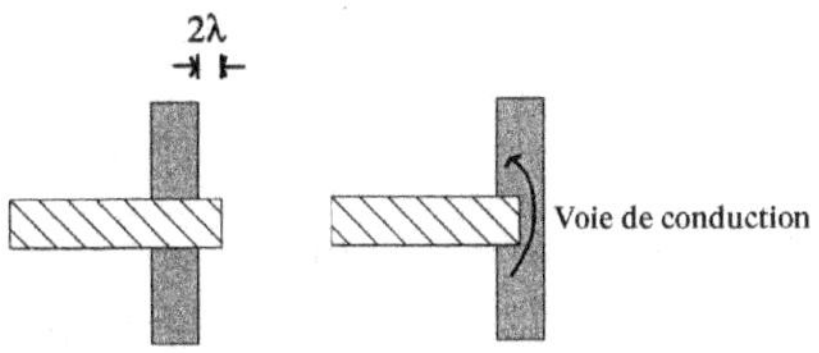

FIG. 7.46 – *Règles de fabrication pour un transistor.*

Il faut également considérer la jonction entre les différents niveaux. Si nous relions une ligne de métal à une autre couche, nous devons être certains que le contact se fait bien (généralement, les jonctions carrées fabriquées sont carrées). Pour s'en assurer, nous ne nous contentons pas de mettre le métal en contact avec la couche considérée, mais nous laissons autour de la jonction une zone libre de la substance de ladite couche, en débordant d'au moins λ, afin d'éviter une fuite dans le métal ou dans les matériaux environnants. Et ce quelle que soit la jonction : qu'il s'agisse de couches de polysilicium, de diffusion ou de métal (figure 7.47) :

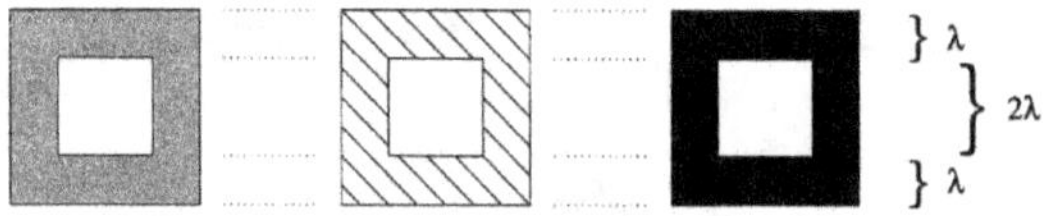

FIG. 7.47 – *Règles pour les jonctions.*

7.3.2 Conception des circuits et transistors passants

Pour fabriquer un circuit précis, nous commençons par concevoir tous les masques nécessaires (et ils sont en général très compliqués) avant de les envoyer à un fabricant. Celui-ci les utilise dans le procédé de fabrication décrit plus haut, afin de nous fournir le circuit demandé. Il existe une méthode heuristique de représentation des circuits, qui indique la topologie du résultat, mais pas sa géométrie (autrement dit, elle nous indique de quoi est faite chaque couche, et qui se connecte à quoi, mais ne donne aucune information sur l'échelle, c'est-à-dire la taille des couches, etc.). Par exemple, la représentation (connue sous le nom de « figure bâton ») de la porte NAND est donnée sur la figure 7.48, dans laquelle nous avons également indiqué les nouvelles conventions, linéaires, adoptées pour chaque type de matériau :

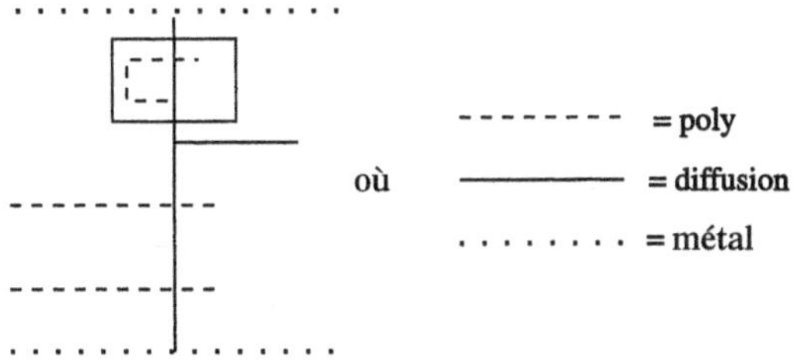

FIG. 7.48 – « *Figure bâton* » *pour la porte NAND.*

Ce diagramme indique les jonctions importantes du circuit, mais si nous devions représenter précisément le produit réellement obtenu au final, les tailles relatives des différentes parties seraient complètement différentes. Mais cela ne pose pas de problème pour nous, et dans la suite, c'est cette représentation des circuits que nous utiliserons. Pour simplifier davantage, nous pouvons également adopter une sorte de raccourci consistant à représenter certains sous-circuits de la puce par des boîtes noires (nous commençons à en avoir l'habitude...). Donc, par exemple, pour une chaîne d'inverseurs en série, plutôt que de dessiner et redessiner encore et encore toute la figure bâton du transistor, il est plus facile d'utiliser la représentation de la figure 7.49, où chaque triangle est simplement le symbole conventionnel de l'inverseur, et où la convention pour les lignes est celle de la figure 7.48 :

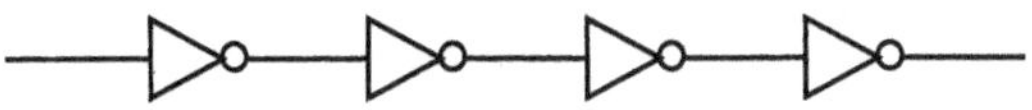

FIG. 7.49 – *Diagramme simplifié pour une chaîne d'inverseurs.*

Un autre circuit fréquemment utilisé est celui du registre à décalage. Il est représenté sur la figure 7.50 comme une chaîne d'inverseurs en série avec deux horloges, interrompue par des lignes de polysilicium :

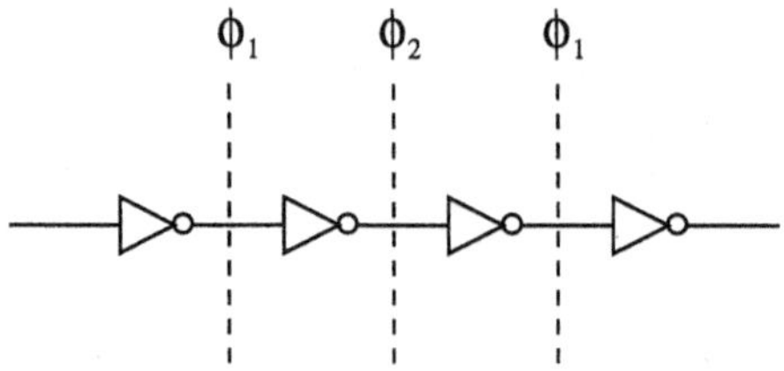

FIG. 7.50 – *Un registre à décalage.*

Les deux horloges (complémentaires) envoient leurs signaux le long des lignes de polysilicium et, à l'intersection avec une ligne de diffusion, celles-ci forment ce que l'on appelle un « transistor passant », lequel doit son nom au simple fait qu'il permet au courant de circuler entre la source et le drain (et donc de gauche à droite sur le dessin ci-dessus) lorsque la grille est en conduction. Il en va ainsi lorsque le signal d'horloge sur la ligne de polysilicium est allumé. Au signal suivant, l'inverseur lui succédant commute et conservera sa nouvelle valeur jusqu'au prochain signal d'horloge. Vous devriez parvenir à faire le lien avec ce que nous avons vu à la 2e leçon sur les registres synchronisés, et vous faire une idée du fonctionnement du dispositif de la figure 7.50. Cet agencement est plus simple que le tas de bascules et de portes logiques que nous avions auparavant. Notons au passage que nous pouvons fermer ce circuit (c'est-à-dire le faire fonctionner « en boucle ») dans le but de l'utiliser comme espace mémoire.

7.3.3 Les puces logiques programmables

Avec les puces logiques programmables (encore appelées PLA, de l'anglais *Programmable Logic Arrays*), nous abordons la question des instructions conditionnelles « si, alors » (c'est-à-dire la question de savoir comment, pour un certain ensemble de données d'entrée, la machine devra déterminer quoi faire ensuite).

Par exemple, « si telle et telle donnée vaut zéro, alors pause » ou « si les deux bits valent 1, mets 1 en retenue ». Disons de manière abstraite, qu'une information provenant d'une certaine partie de la machine indique ce qu'elle est censée faire ensuite. Cette information touche des « détecteurs » (c'est un terme de mon cru, et non pas le terme technique consacré) qui nous indiquent l'état dans lequel nous nous trouvons. Connaissant cet état, nous pouvons agir sur celui-ci, par exemple en demandant à un additionneur d'additionner ou de soustraire. Cette instruction ou, de manière plus générale, cet ensemble d'instructions, prendra la forme d'un certain nombre de données sortantes (figure 7.51) :

FIG. 7.51 – *Un dispositif de contrôle général.*

La première étape dans la conception d'un tel dispositif consiste, de toute évidence, à savoir quel ensemble d'instructions est associé à un ensemble de détection donné. C'est assez simple. Nous pourrions par exemple représenter les instructions comme dans le tableau 7.3.3 :

lignes de détection	lignes d'instructions
1 2 3 4 5	a b c d e f
1 1 0 1 0	1 0 1 1 0 1
1 0 0 1 1	1 0 1 1 0 1
0 1 1 0 1	0 1 10 1 0
⋮	⋮

TAB. 7.1 – *Exemple d'un ensemble d'instructions pour un dispositif de contrôle.*

Voici ce que cela signifie : chaque ligne de la colonne de gauche représente une configuration de bits sur les lignes du détecteur (qui sont au nombre de cinq dans cet exemple). La ligne correspondante dans la colonne de droite représente les bits à envoyer le long des lignes d'instructions (six dans cet exemple) en fonction des lignes de détection de la partie gauche. Dans cette colonne de droite, un 1 peut signifier « exécuter une certaine tâche si le bit en entrée de cette ligne vaut 1 » (la tâche en question pouvant être « additionner » ou « allumer la lumière »), tandis qu'un 0 indique de ne rien faire, ou de faire autre chose (« laisser l'état X tel quel » ou encore « éteindre la lumière »). Une manière directe, mais inefficace, de concevoir un système de contrôle serait simplement de garder ce tableau en mémoire, avec les lignes de détection comme adresses mémoire et les lignes de contrôle comme le contenu correspondant à ces adresses. Ainsi, conservons-nous en différents endroits les actions à effectuer pour toutes les combinaisons possibles des lignes de détection. Mais le contenu de cette mémoire étant fixe, nous pourrions tout aussi bien enregistrer le tout dans une « mémoire morte », encore appelée ROM (de l'anglais *Read Only Memory*), n'autorisant que la lecture des informations qu'elle contient. Le seul inconvénient de cette méthode toute simple est une question de synchronisation : il peut arriver que certaines instructions quittent la ROM avant les autres, ce qui modifierait l'état de la machine et fausserait la détection. Cet effet pourrait se répercuter sur la ROM avant même qu'elle ait fini de traiter le premier ensemble détecté, ce qui pourrait poser problème. Nous pouvons éviter cet écueil (et là vous devriez me voir venir) en disposant des registres synchronisés à chaque extrémité de la ROM afin de garantir que la récupération et l'utilisation des instructions se font à des moments différents (figure 7.52) :

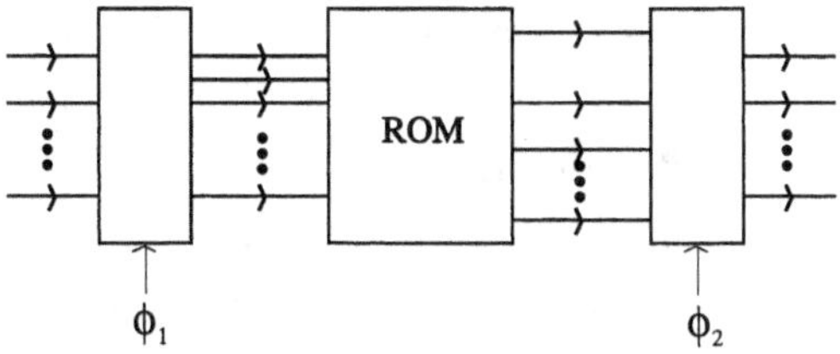

FIG. 7.52 – *Un système de contrôle à ROM synchronisée.*

Lorsque ϕ_1 est allumée, les lignes de détection alimentent la mémoire, qui recherche les signaux de contrôle correspondants. Mais ces signaux ne peuvent pas sortir tant que ϕ_2 est éteinte. Une fois que nous sommes certains que tout est stabilisé (c'est-à-dire que toute l'information détectée est rentrée, et l'ensemble des instructions sélectionné), alors nous allumons ϕ_2. Entre-temps, ϕ_1 s'est éteinte pour empêcher toute entrée de données dans la mémoire. L'horloge de sortie étant allumée, l'ensemble des instructions peut maintenant sortir et atteindre le reste de la machine sans interaction avec l'entrée de la mémoire. Et ainsi de suite.

Nous voyons donc que le processus de contrôle peut se révéler extrêmement simple. Toutefois, ce type de méthode n'est pas satisfaisant car nous voudrions aussi être efficace ! Gaver notre mémoire de 2^n entrées est franchement excessif. Par exemple, il arrive souvent que deux entrées, voire plus, conduisent au même résultat en sortie, à moins que nous ne filtrions quelques lignes de détection par l'intermédiaire d'une porte OR multiple avant de les faire lire par la ROM. Notre tableau présenterait alors une grande redondance d'information et, par la force des choses, nous serions tentés d'éliminer complètement la ROM pour revenir à un circuit plus élémentaire, faisant intervenir une pléthore de portes logiques. C'est ce qui était fait dans le temps : les circuits logiques étaient terriblement compliqués, et l'on utilisait des théorèmes à tour de bras pour trouver le nombre minimum de portes nécessaires, sans la moindre trace de ROM en vue. De nos jours, les circuits sont si compliqués qu'il est souvent nécessaire (étant donné les limitations de l'esprit humain !) d'avoir recours à cette méthode de la mémoire morte. Mais il existe néanmoins des cas intermédiaires pour lesquels nous pouvons nous passer d'une ROM car le nombre de sorties possibles est suffisamment restreint pour permettre une réalisation plus compacte, avec de simples circuits logiques (et l'assemblage n'est pas *trop* compliqué pour nous). À titre d'exemple, étudions les puces logiques programmables, ou PLA (de l'anglais *Programmable Logic Array*), que nous avons déjà rencontrées à la 2e leçon. Il s'agit d'un agencement ordonné de portes logiques dans lequel nous injectons en entrée les lignes de détection, pour obtenir en sortie l'ensemble d'instructions correspondant. Idéalement, ce type de circuit ne doit présenter aucune redondance. Dans un diagramme à « boîte noire », une PLA générique serait représentée de la manière suivante (figure 7.53) :

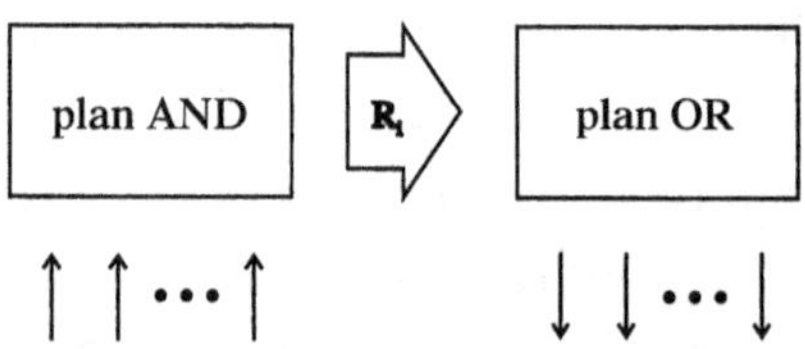

FIG. 7.53 – *Une puce logique programmable (PLA) générique.*

La PLA comprend deux parties principales : le « plan AND » (formé exclusivement de portes AND) et le « plan OR » (formé exclusivement de portes OR). Les deux plans sont reliés par un pont de câbles noté R. Les données d'entrée arrivent au plan AND puis sont traitées et transmises au plan OR via les câbles R. Un second niveau de traitement des données a lieu avant qu'un signal émerge en sortie du plan OR. Ce signal de sortie est l'ensemble des instructions « à exécuter ensuite » correspondant aux données particulières de l'entrée.

Considérons un cas particulier avec trois lignes d'entrée A, B, C et quatre lignes de sortie $Z_1, \ldots Z_4$. Chaque entrée, avant d'être transmise au plan AND, est scindée en deux parties (elle-même et son complémentaire, par exemple A et NOT A). Nous disposons à présent d'un dispositif pouvant manipuler chaque signal avec NOT, AND et OR (autrement dit, nous pouvons représenter n'importe quelle fonction logique). Choisissons une PLA particulière afin d'illustrer la structure de ce type de circuit. Nous avons trois lignes d'entrée pour définir l'état de certaines parties de la machine, et quatre sorties possibles qui indiqueront à la machine quoi faire ensuite. Supposons alors que les sorties Z soient données en fonction des entrées par le truchement des fonctions booléennes ci-dessous ($\vee$ = OR, $\wedge$=AND, $'$=NOT) :

$$\begin{aligned}
Z_1 &= A, \\
Z_2 &= A \vee (A' \wedge B' \wedge C), \\
Z_3 &= B' \wedge C', \\
Z_4 &= (A' \wedge B' \wedge C) \vee (A' \wedge B \wedge C').
\end{aligned} \tag{7.30}$$

Il n'est pas évident à première vue que nous puissions effectivement écrire ces fonctions booléennes de A, B, C donnant les Z comme le produit d'une série de AND suivi de OR. Mais c'est pourtant le cas, en vertu de ce que nous avons démontré à la 2e leçon pour une fonction logique générale. Dans ce cas particulier, les sorties R_i du plan AND doivent s'écrire uniquement en termes des AND et NOT de A, B, C. Nous pouvons donc définir les R_i par :

$$\begin{aligned}
R_1 &= A, \\
R_2 &= B' \wedge C', \\
R_3 &= A' \wedge B' \wedge C, \\
R_4 &= A' \wedge B \wedge C',
\end{aligned} \tag{7.31}$$

et nous voyons alors immédiatement que les sorties Z peuvent s'écrire uniquement en termes d'opérations OR (ou de l'identité) sur les R :

$$\begin{aligned} Z_1 &= R_1, \\ Z_2 &= R_1 \vee R_3, \\ Z_3 &= R_2 \\ Z_4 &= R_3 \vee R_4. \end{aligned} \tag{7.32}$$

La possibilité de factoriser ainsi n'importe quelle fonction booléenne est un résultat général. La PLA correspondant à cette fonction est représentée sur la figure 7.54 :

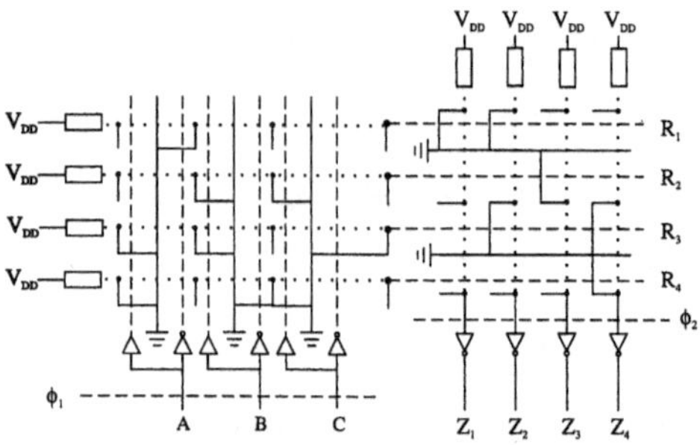

FIG. 7.54 – *Diagramme des circuits d'une PLA.*

Je vous laisse le soin de voir, au niveau électronique, comment ce circuit produit effectivement la transformation annoncée !

En général, environ 90% de la structure d'un PLA est indépendante de sa fonction précise. Par conséquent, il suffit souvent, pour les fabriquer, d'apporter quelques modifications bien choisies à un élément générique. Par exemple, le circuit ci-dessus est obtenu à partir d'un plan AND générique qui sera modifié, dans le circuit réalisé, en ajoutant quelques lignes de diffusion à des endroits judicieusement choisis (figure 7.55) :

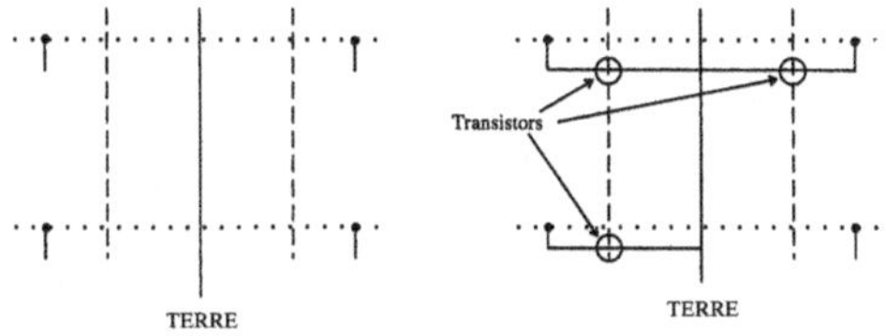

FIG. 7.55 – *Un plan AND générique et sa version modifiée.*

Cette méthode est très commode. Évidemment, si nous voulons davantage de lignes, nous devrons feuilleter les catalogues des fabricants à la recherche des circuits génériques adaptés. Notons au passage que sur la figure 7.54, le plan OR générique est essentiellement le plan AND tourné d'un angle droit.

Problème 7.4 Voici un problème intéressant que je vous propose de résoudre. Ce problème s'est réellement présenté, lors de la conception d'un véritable circuit. Le voici : nous voudrions commuter, c'est-à-dire échanger, une paire de lignes A et B, sous le contrôle d'une ligne C. Nous connaissons C et son complémentaire C' (ils viennent de je-ne-sais-où et nous ne nous en soucierons pas). Si le contrôle C est « chaud », alors A et B s'intervertissent ; si C est « froid », A et B ne changent pas. C'est une variante de notre vieil ami l'échange sous contrôle. Nous utiliserons le circuit représenté sur la figure 7.56 :

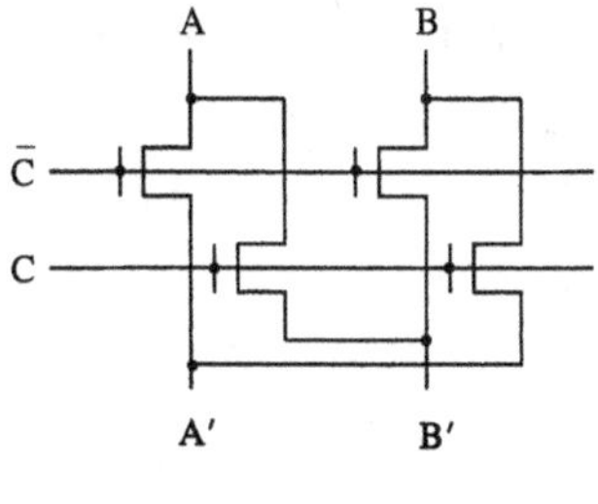

FIG. 7.56 – *Un échangeur.*

Récapitulons : $C = 0 \Rightarrow A' = A, B' = B$; et $C = 1 \Rightarrow A' = B, B' = A$. Vous devriez parvenir à voir comment tout cela fonctionne. Voici ce que je vous demande de faire :

(a) dessiner une figure bâton avec les conventions consacrées pour la diffusion, le polysilicium et le métal (un indice : les entrées A et B sont transmises *via* des lignes de métal) ;

(b) dessiner le plan de manière précise, sur du papier millimétré, en tenant compte des règles en λ ;

(c) il est aisé de modifier ce circuit pour permettre plusieurs entrées $A, B, \ldots$ en reproduisant simplement cette même structure (et en allongeant les lignes C, NOT C). Imaginons alors que nous ayons huit paires entrant par le haut. Il n'y a que quatorze λ disponibles à l'horizontale pour chaque paire, avec en plus seize ou vingt λ sur les bords, soit en tout une largeur de 132λ. Mais nous avons en profondeur jusqu'à 150λ. Or, nous voudrions que les A et B sortent aussi du circuit par des lignes de métal. Parviendrez-vous à construire ce circuit ? Vous pourrez prendre plus de C venant de la gauche si vous voulez.

7.4 Autres limitations à la conception des ordinateurs

Nous n'avons pas à réfléchir bien longtemps pour réaliser que l'un des composants les plus importants dans un ordinateur quel qu'il soit est le *câble*. Nous sommes tellement habitués à considérer les câbles (ou, plus généralement les lignes de transmission, y compris les lignes de polysilicium) comme idéalisés, que nous en oublions qu'ils sont de véritables objets physiques, dotés de véritables propriétés physiques, susceptibles d'avoir une influence sur la conception de nos machines. Dans cette dernière partie, je voudrais présenter deux situations dans lesquelles les câbles jouent un rôle important. La première concerne la manière dont la longueur des câbles peut faire capoter la synchronisation ; il s'agit du problème connu en anglais sous le nom de « *clock skew* » (que nous pourrions traduire par « dérive d'horloge »). La seconde vient d'un fait tout simple : c'est que les câbles prennent de la place et, lors de la fabrication d'un ordinateur, il vaut mieux s'assurer que nous disposons d'assez d'espace pour tout mettre !

7.4.1 *Clock skew*

Revenons à la synchronisation d'une PLA générique. Souvenons-nous : nous avions utilisé deux signaux d'horloges ϕ_1 et ϕ_2, prenant la forme générale :

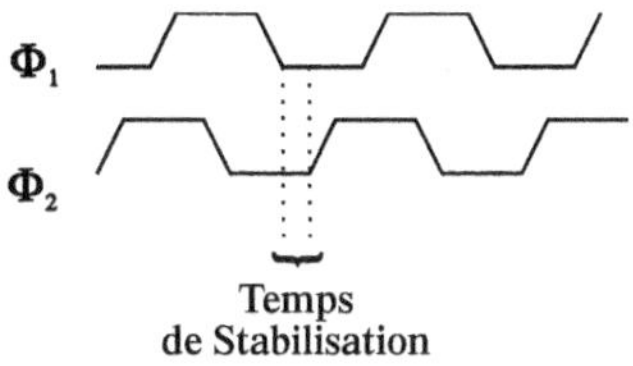

FIG. 7.57 – *Les signaux d'horloge d'une PLA.*

L'idée consiste à introduire les données dans la PLA lorsque ϕ_1 est positif, puis de laisser les choses se stabiliser : les portes logiques font ce qu'elles ont à faire, préparent leurs données de sortie, et ainsi de suite. C'est pour cette raison que nous introduisons un certain décalage entre les horloges, plutôt que de choisir deux horloges complémentaires. Nous enclenchons ensuite ϕ_2 afin de permettre aux données de sortir. Tout cela paraît très simple.

Et pourtant, dans une véritable machine, un certain nombre de problèmes peuvent se présenter. Tout d'abord, la charge des grilles des différents éléments du circuit peut prendre un certain temps, ce qui est susceptible d'introduire délais et décalages. En outre, les signaux d'horloges sont des salves de courants envoyées le long de *câbles* (métal, polysilicium et autres) et ces salves *prennent un certain temps à parvenir à destination.* Un signal d'horloge transmis sur un câble court atteindra le bout avant un signal envoyé sur un câble plus long. Une manière intéressante de modéliser un câble simple consiste à le représenter comme une série infinie de composants, comme indiqué sur la figure 7.58 (qui, dans le cas d'une série finie, peut être considérée comme modélisant une chaîne de transistors passants) :

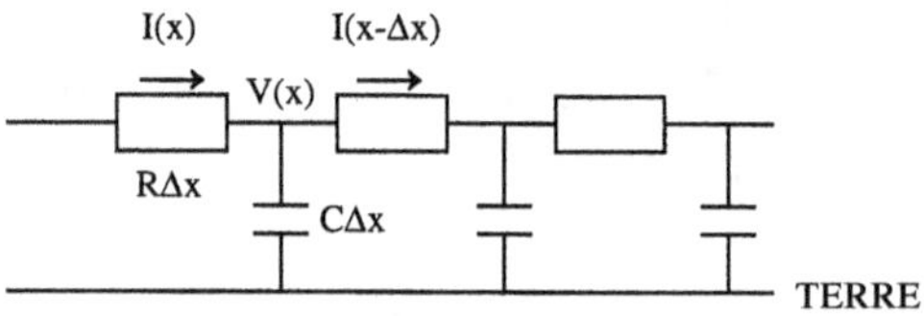

FIG. 7.58 – *Modèle infini d'un câble simple.*

Nous avons une ligne de résistances interrompue par des condensateurs. En supposant les résistances en nombre infini et les condensateurs infiniment proches les uns des autres, cela modélise effectivement un câble, avec une résistance par unité de longueur valant R et une capacité par unité de longueur valant C. Or, ce que nous cherchons à faire, c'est brancher un bout de cette ligne (qui n'est pas nécessairement du métal, mais pouvant être du polysilicium) et attendre que le signal se propage tout du long jusqu'à l'autre extrémité. Notons x la distance mesurée le long du câble à partir du point de départ. À chaque jonction nous pouvons définir le potentiel $V(x)$ et le courant qui la traverse, $I(x)$. En prenant la limite $\Delta x \to 0$, des calculs élémentaires en électricité nous donnent l'ensemble d'équations :

$$\partial I/\partial x = C\,\partial V/\partial t, \tag{7.33}$$

$$\partial V/\partial x = R\,I, \tag{7.34}$$

$$\partial^2 V/\partial x^2 = RC\,\partial V/\partial t = \tau\,\partial V/\partial t, \tag{7.35}$$

où l'on définit $\tau = RC$. L'équation (7.35) est un exemple d'« équation de diffusion ». La charge arrive par une extrémité et se diffuse dans tout le système. La forme générale de la solution en termes de fonctions de Green est bien connue. Avec nos conditions aux limites, celle-ci s'écrit :

$$V(x,t) \propto \exp(-x^2/4t\tau). \tag{7.36}$$

Nous voyons aisément sur cette expression que si la longueur totale de câble vaut X, alors le temps de charge du câble sera proportionnel à son carré X^2. Pour 1 mm de polysilicium, ce temps s'élève à 100 ns. Avec 2 mm, il vaut 400 ns. Ces valeurs ne sont pas extraordinaires, surtout si nous avons l'habitude d'utiliser des lignes de transmission pour lesquelles le temps de charge est proportionnel à la distance. Toutefois, le métal possède une résistance si faible que le temps de charge est comparativement beaucoup plus court (donc si nous voulons envoyer un signal à grande distance, mieux vaut utiliser du métal).

Les questions de synchronisation revêtent une importance telle en informatique (bien plus importante en effet que ce que vous pourriez croire sachant que je n'en ai pas beaucoup parlé) que nous sommes contraints d'explorer d'autres voies, de rechercher d'autres manières de contrôler la transmission de nos informations. Le problème de la méthode standard, connue sous le nom de « cadencement synchrone » (la seule que nous ayons considérée jusqu'à présent) c'est que dans la conception de notre machine, nous devons nous préparer, pour chaque partie du système, à affronter un « scénario catastrophe ». Par exemple, supposons que nous devions prélever le signal en sortie d'un additionneur compliqué, lequel peut donner son résultat, disons d'un intervalle de temps s'échelonnant entre t et $5t$ unités de temps. Même si le résultat paraît après t unités seulement, nous devons malgré tout laisser la machine en attente durant $5t$ unité au moins, pour le cas où le résultat tarderait à se montrer. Et cela contribue largement à l'inefficacité en temps. Or, une autre manière de concevoir nos machines (qui n'est toutefois pas encore utilisée pour les ordinateurs commercialisés) serait d'adopter une méthode « asynchrone » : nous *laissons l'additionneur contrôler la synchronisation*. C'est lui qui nous fait savoir quand il est prêt ! Il exécute son calcul et ensuite seulement envoie un signal disant qu'il est prêt à envoyer les données. De cette manière, ce sont les composants eux-mêmes qui contrôlent la synchronisation, plutôt qu'un ensemble d'horloges externes.

Fait intéressant, en y réfléchissant un petit peu, vous verrez que même les systèmes synchrones ont leurs propres problèmes asynchrones à résoudre ! Par exemple, voyons ce qui se passe lorsqu'une machine reçoit des données venant d'un clavier ou de tout autre périphérique. Les claviers n'ont aucun moyen de savoir quel est le « bon moment » pour envoyer les données ! Aussi avons-nous besoin d'une « mémoire tampon », une petite boîte qui ne transmet les données à la machine que si les horloges de la machine sont dans un certain état. Elle doit prendre une décision : accepter les données tout de suite, ou attendre le cycle suivant, si les données sont arrivées trop tard. Le fait que cela soit subordonné à une prise de décision introduit la possibilité théorique d'un blocage si les données arrivent *précisément* à un instant tel que la mémoire tampon n'est pas assez rapide pour prendre une décision — elle ne sait plus où donner de la tête. C'est un problème fascinant, qui vaut la peine d'y réfléchir...

7.4.2 Disposition des câbles et règle de Rent

Jusqu'à présent, nous avons parlé des transistors, des systèmes VLSI et de toutes ces jolies choses, et nous nous figurons que c'est cela la partie la plus difficile dans la conception d'un ordinateur. Mais à la fin d'un gros travail de conception, lorsque nous nous attelons finalement à sa fabrication, nous réalisons que tous les algorithmes que nous avons savamment élaborés ne suffisent pas — il y a toujours quelque chose qui coince. Et ce quelque chose, ce sont les *câbles*. Voyons de quoi il retourne.

Je tiens à insister sur le fait que les câbles représentent un réel problème pour les concepteurs de machines. Nous avons déjà étudié l'une des difficultés inhérentes à ceux-ci, à savoir les problèmes de synchronisation dus au temps fini nécessaire au courant pour parcourir les câbles. Mais un autre problème tient au fait que l'espace nécessaire pour les branchements, pour le câblage de telle puce à telle autre[11], est bien supérieur à celui qu'occupent les différents composants, tels que les transistors par exemple ! Cela étant, rien ne garantit que le règne du câble sera éternel : avec les fibres optiques par exemple, nous parvenons à transmettre plusieurs messages en même temps dans un seul « câble », en utilisant des rayonnements de fréquences différentes. De temps à autre, les informaticiens au bord de la déprime se prennent à rêver, à imaginer des choses fabuleuses comme l'idée géniale d'une machine qui fonctionnerait sur le même principe que la radio, ou dans laquelle chaque composant émettrait un rayonnement lumineux d'une certaine couleur (par le truchement d'une diode électroluminescente par exemple) qui se propagerait partout dans la machine, pour être choisi et traité par des composants à sensibilité fréquentielle. Mais redescendons sur Terre : pour le moment,

[11]Ici, je ne m'intéresse plus aux « câbles » *dans* les puces, mais plutôt à ceux qui les relient entre elles — de *véritables* câbles, qui influent sur la manière dont nous pourrons entasser les puces, et le reste.

la principale méthode de transmission utilise des câbles et je voudrais que nous consacrions un peu de temps à les étudier. Plus exactement, j'aimerais que nous nous penchions sur la question de la *quantité* de câble dont nous aurions besoin pour fabriquer un circuit générique.

Je ne peux pas dire grand-chose sur l'implantation des câbles — après tout ce ne sont que des câbles — mais il existe une règle empirique, dite « règle de Rent », qui prétend éclairer quelque peu la question. C'est une règle curieuse et je ne peux pas vraiment garantir qu'elle soit toujours très précise, mais elle semble avoir été confirmée par l'expérience de la société IBM. La voici : prenons une unité donnée, comme une plaque de circuit imprimé, et supposons que nous puissions séparer des éléments de cette unité en « cellules » — ni trop grosses ni trop petites —, ces cellules pouvant être des puces distinctes, par exemple. Nous supposons alors que :

(a) chaque cellule possède t pattes, ou bornes,

(b) N cellules constituent une unité, et

(c) le nombre de bornes, ou de pattes de sortie, de l'unité totale vaut T.

Est-il nécessaire de préciser qu'il convient d'interpréter ces grandeurs avec une certaine souplesse ? Supposons que nous tentions de câbler tout ce petit monde de telle sorte que les composants interagissent le plus possible, c'est-à-dire que nous tentons de minimiser la longueur de câbles en les compactant au mieux. La règle de Rent stipule que :

$$T = tN^r, \tag{7.37}$$

où $0,65 \leq r \leq 0,70$. (Cette inégalité n'étant qu'approchée, nous pourrons choisir $r = 2/3$.) En d'autres termes, cette règle prétend relier le nombre de câbles entrant et sortant de l'unité ($\sim T$) à la densité de cellules de ladite unité ($= N$). La première question naïve pourrait être simplement : pourquoi pas $T = tN$? Eh bien, pour la simple raison qu'une bonne partie des câbles sera *interne* à l'unité (figure 7.59) :

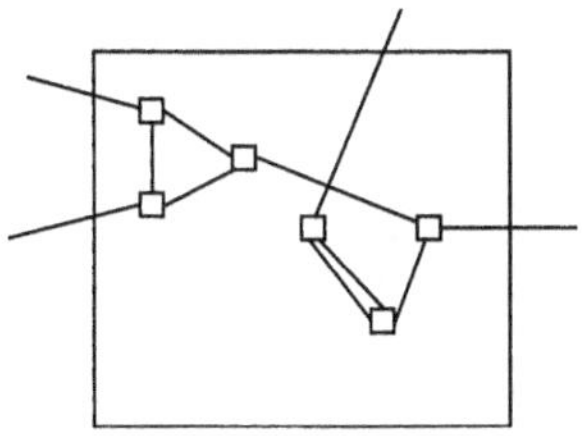

FIG. 7.59 – *Représentation schématique des cellules fondamentales sur un circuit.*

Nous voyons ainsi comment une expression telle que celle de l'équation (7.37) peut apparaître lorsque nous « montons d'un cran » dans notre hiérarchie d'unités et de cellules. Nous avons considéré une unité sur laquelle des cellules étaient reliées les unes aux autres ; nous considérons à présent des *unités* reliées les unes aux autres. Alors imaginons que nous ayons une unité un cran plus haut : une « super-unité », dont les cellules sont les unités initiales contenant les cellules initiales. Imaginons que cette super-unité contienne M unités. Alors, puisque nous n'avons pas défini de niveau d'analyse plus fondamental qu'un autre, il doit exister une certaine constance dans le rapport d'échelle de ces deux situations. Notons T_{S} le nombre de bornes de cette super-unité. Évidemment, les M unités auront toutes T pattes. Dans ce cas, la règle de Rent dirait :

$$T_{\mathrm{S}} = TM^r. \tag{7.38}$$

Cependant, si nous revenons à notre premier niveau d'analyse, nous pouvons considérer la super-unité comme possédant un nombre NM des cellules originales, chacune étant dotée de t pattes. Appliquée une nouvelle fois, la règle de Rent donne :

$$T_S = t(NM)^r. \tag{7.39}$$

De toute évidence, à l'aide de l'équation (7.37), nous voyons que (7.38) et (7.39) ne se contredisent pas, si bien que la règle de Rent possède les bonnes propriétés d'échelle. Et c'est très important.

Notons que cela ne nous dit pas grand-chose sur la valeur de r (à ceci près qu'il devrait être évident, étant donné l'expression de la règle et la discussion suivant l'équation (7.37), que r doit être inférieur à 1). D'où vient cet exposant ? Eh bien, souvenons-nous que sa valeur avait été choisie par expérience, cette expérience étant certainement le fruit des problèmes de géométrie qui ont dû être résolus dans la conception et le câblage de circuits logiques. Ainsi, alors que nous pourrions être enclins à penser que la valeur de r procède de déductions logiques précises ou d'un traitement mathématique élaboré, il est tout à fait possible qu'elle ne soit qu'un artefact des méthodes de conception conventionnelles. Mais pour le moment, tout en gardant ce point en tête, supposons que cette règle est effectivement vraie en général, et voyons quel enseignement nous pouvons en tirer concernant l'agencement des câbles.

Revenons au cas bi-dimensionnel. Supposons que nous ayons une plaque carrée, dont la longueur des côtés vaut L cm. Prenons le centimètre comme unité de longueur. Nous la garnissons de cellules, chacune de taille l cm, si bien que le nombre de cellules s'écrit $N = (L/l)^2$ (figure 7.60) :

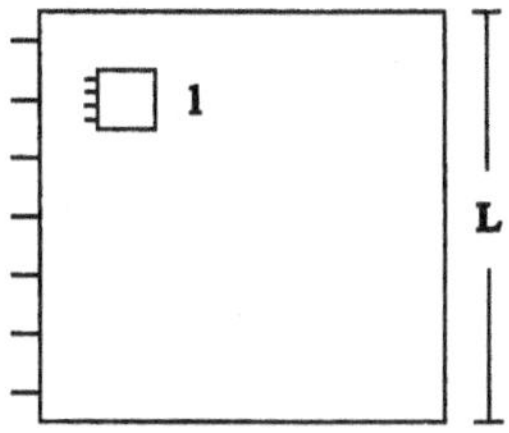

FIG. 7.60 – *Une unité générale à deux dimensions.*

Supposons à présent qu'il existe une limite à la quantité de bornes que nous pouvons faire tenir sur chacune des cellules : admettons que nous ne puissions les disposer qu'à une certaine distance les unes des autres. Soit s_{C} le nombre maximum de pattes par centimètre sur le pourtour d'une cellule. Imaginons qu'il y ait également une distance minimale à respecter entre les bornes de la plaque, dont le nombre maximum par centimètre du contour vaut s_{P}. La règle de Rent devient alors :

$$T = (4s_{\mathrm{P}}\,L) = tN^r = (4s_{\mathrm{C}}\,l)(L/l)^{2r}, \tag{7.40}$$

et nous avons :

$$s_{\mathrm{P}} = s_{\mathrm{C}}(L/l)^{2r-1}. \tag{7.41}$$

Si $r > 1/2$, nous voyons manifestement que si L augmente, il faut de plus en plus de bornes par centimètre du contour pour prendre en compte tout ce que nous fourrons à l'intérieur. Et nous nous retrouvons avec un beau sac de nœuds ! Donc, plus grandes sont les machines, plus le problème du câblage devient compliqué. Au cœur de tout cela réside le fait que le contour varie comme la racine carrés de la surface, mais le nombre de bornes (en vertu de la règle de Rent) varie à la puissance (2/3), c'est-à-dire avec un facteur d'échelle bien supérieur. Il est donc inévitable de se retrouver avec un méli-mélo de câbles incompressible, si bien que nous devons augmenter l'espacement entre les cellules, ce qui nous oblige à utiliser plus de plaques, avec une plus grande distance entre plaques et ainsi de suite, pour gagner de la place. Or, fait intéressant, si nous refaisons cette analyse en trois dimensions plutôt que deux, nous obtenons un résultat différent : en 3D, le contour est remplacé par la surface du bord (une longueur au carré) et la surface par un volume (une longueur au cube). Ainsi, la première varie comme la puissance 2/3 de ce dernier, c'est-à-dire comme le nombre de pattes ! Ainsi, en 3D, nous pouvons nous en sortir : nous utilisons toujours la même densité de bornes sur la surface du bord, et nous n'aurons pas à nous battre avec les câbles. Évidemment, l'inconvénient de ce type de conception en 3D, c'est que pour voir ce qui se passe, il faut pouvoir passer la main ou un outil à l'intérieur. Au moins, à deux dimensions, nous pouvions regarder nos circuits d'en haut !

Toujours en admettant la validité de la règle de Rent, nous pouvons nous poser une autre question intéressante : quelle est la distribution des longueurs de câbles à l'intérieur d'un ordinateur ? Imaginons un bon gros ordinateur à deux dimensions : une plaque couverte de cellules et de câbles. Certains câbles sont courts, joignant par exemple deux cellules adjacentes, mais d'autres peuvent avoir à s'étendre sur toute la largeur de la plaque. Une question naturelle serait : quelle chance avons-nous, en choisissant un câble au hasard, que celui-ci ait une longueur donnée ? Grâce à la règle de Rent, nous pouvons estimer la valeur de cette probabilité. Revenons au cas bi-dimensionnel représenté sur la figure 7.60, en prenant cette fois L comme la taille d'une unité arbitraire sur la plaque. Nous pouvons considérer que tous les câbles reliant les différentes cellules de cette unité ont une longueur inférieure à L. Évidemment, ce n'est pas tout à fait exact, car il peut y avoir des câbles en diagonale. Mais en nous contentant d'ordres de grandeur, nous pouvons nous permettre de négliger cette subtilité. Il y aura également des câbles partant de cette unité, et rejoignant d'autres unités de la plaque. Nous considérerons que ceux-ci sont plus longs que L. À l'aide de la règle de Rent, nous calculons alors le nombre de câbles de longueur supérieure à L — qui vaudra T, le nombre de bornes de l'unité, donnée dans le cas présent par :

$$T = t\,(L/l)^{2r}. \tag{7.42}$$

Calculons alors la probabilité qu'un câble choisi au hasard soit de longueur supérieure à L : celle-ci vaut simplement le terme de droite de l'équation (7.42) divisé par le nombre total de câbles de l'unité considérée. Nous voyons aisément que ce nombre est $\propto t\,(L/l)^2$. Donc, en notant $P(L)$ la probabilité qu'un câble ait une longueur supérieure à L, nous trouvons :

$$P(L) \propto (L/l)^{(2r-2)}, \text{ c'est-à-dire } P(L) \propto 1/L^{2/3}, \tag{7.43}$$

où nous avons posé $r = 2/3$ dans la formule de Rent.

Nous pouvons aller plus loin dans les statistiques ; notons $\rho(L)$ la densité de probabilité, définie de la manière habituelle, la probabilité de trouver un câble de longueur comprise entre L et $L + \delta L$ étant donnée par $\rho(L)\delta L$. Nous avons alors :

$$P(L) = \int_L^\infty \rho(L')\,dL', \tag{7.44}$$

avec

$$\rho(L) = dP/dL \propto 1/L^{5/3}. \tag{7.45}$$

Calculons la grandeur particulièrement intéressante qu'est la longueur moyenne d'un câble. En suivant le raisonnement statistique habituel, elle vaut :

$$\left[\int_l^{L_{\max}} L\,\rho(L)\,dL\right] \Big/ \left[\int_l^{L_{\max}} \rho(L)\,dL\right]. \tag{7.46}$$

Remarquons que nous avons trafiqué les bornes de l'intégration dans l'équation (7.46) : si nous laissons L varier entre zéro et l'infini, alors le numérateur devient problématique à la limite supérieure (à l'infini) car l'intégrale est une puissance positive de L, et le dénominateur pose problème à la limite inférieure (en zéro) car son intégrale est une puissance négative de L. Nous définissons donc une limite supérieure $L_{\max}$ et choisissons la taille l des cellules comme limite inférieure naturelle. Vous vérifierez en calculant les intégrales que la longueur moyenne d'un câble est donc :

$$2l(L_{\max}/l)^{1/3}. \tag{7.47}$$

Notons que cette grandeur diverge : plus la machine est volumineuse (sa taille étant donnée, à peu de chose près, par $L_{\max}$), plus élevée sera la longueur moyenne de câble. Nous pouvions nous y attendre. C'est toutefois l, la *taille des cellules* qui mène la barque dans (7.47) : la longueur moyenne varie deux fois moins vite avec la taille de la machine qu'avec la taille des cellules (ce qui, dans notre modèle, est équivalent à augmenter l'espacement entre cellules). Si nous éloignons davantage nos cellules, la taille de notre machine va croître de manière disproportionnée.

Au début des années 1980, on disait qu'un bon informaticien devrait parvenir, avec un peu d'ingéniosité et beaucoup de travail, à construire un circuit qui surpasserait la règle de Rent. Mais dès que nous en arrivions au produit fini, il arrivait toujours quelque chose (il fallait rajouter des circuits, un registre ici ou une impédance là) si bien qu'au moment de fabriquer la machine, nous nous apercevions qu'elle obéissait encore et toujours à la règle de Rent. Au stade du produit fini, la règle de Rent reste déterminante, même si nous parvenons à la surpasser pour quelques circuits particuliers. Il existe aujourd'hui des « programmes de compactage des machines », des logiciels quasi intelligents, qui assistent l'agencement du contenu d'une machine de façon à minimiser l'espace requis.

Le mot de la fin des éditeurs américains

Que dire de plus ? Eh bien, il reste quelques leçons parmi les enregistrements de Feynman que nous avons choisi de ne pas publier. Ces leçons abordent d'autres sujets intéressants comme la physique des fibres optiques et l'alternative des ordinateurs optiques. Mais les progrès dans ces domaines ont été tellement considérables que nous avons préféré laisser à un expert contemporain le soin d'en faire un compte-rendu à la page dans le prochain volume. Cela étant, les leçons publiées dans cet ouvrage offrent un aperçu précis de la vision qu'avait Feynman du monde de l'informatique. En outre, par le choix des sujets traités, elles montrent quels étaient les domaines que Feynman avait pressentis comme importants pour les développements futurs.

Suggestions de lectures

Leçons 1, 2, 3

Ira Pohl et Alan Show, *The Nature of Computation : An Introduction to Computer Science*, Computer Science Press (1981).

David Harel, *Algorithmics*, Addison-Wesley Publishing Compagny, 2e édition (1992).

John L. Hennessy et David A. Patterson, *Computer Organization and Design : The Hardware/Software Interface*, Morgan Kaufmann Publishers (1993).

Andrew S. Tanenbaum, *Structured Computer Organization*, Prentice-Hall, 2e édition (1984).

Marvin L. Minsky, *Computation : Finite and Infinite Machines*, Prentice-Hall (1967).

John Barwise et John Etchemendy, *Turing's World 3.0 : an Introduction to Computability Theory*, Notes de cours 35 du CSLI, Stanford, CA.

John E. Hopcroft et Jeffrey D. Ulman, *Introduction to Automata Theory, Languages, and Computation*, Addison-Wesley Publishing Compagny (1979).

P. J. Denning et R. L. Brown, « Operating Systems », *Scientific American*, 96 (septembre 1984).

R. H. Risch, « The Problem of Integration in Finite Terms », *Transactions of the American Mathematical Society*, **139** (1969) 167.

M. Bronstein, « Integration of Elementary Functions », *Journal of Symbolic Computation*, **9** (2) (1990) 117.

Leçon 4

Claude E. Shannon, *Mathematical Theory of Communication*, University of Illinois Press (1963).

Richard. W. Hamming, *Coding and Information Theory*, Prentice-Hall (1980).

R. E. Blahut, *Principles and Practice of Information Theory*, Addison-Wesley (1987).

A. B. Carlson, *Communication Systems*, McGraw-Hill (1986).

Leçon 5

Charles H. Bennett, « Logical Reversibility of Computation », *IBM Journal of Research and Development* **17**, 525 (1973).

Charles H. Bennett, « Thermodynamics of Computation — A Review », *International Journal of Theoretical Physics* **21** (1982) 905.

Charles H. Bennett, « Notes on the History of Reversible Computation », *IBM Journal of Research and Development* **32** (1) (1988) 16.

Rolf Landauer « Zig-Zag Path to Understanding », *Proceedings of the Workshop on Physics and Computation : Physcomp'94*, IEEE Computer Society Press (1994).

Harvey S. Leff et Andrew F. Rex, éditeurs, *Maxwell's Demon : Entropy, Information, Computing*, Adam Hilger (1990).

Leçon 6

Paul Benioff, « Quantum Mechanical Models of Turing Machines that Dissipate No Energy », *Physical Review Letters* **48** (1982) 1581.

E. Fredkin et T. Toffoli, « Conservative Logic », *International Journal of Theoretical Physics* **21** (1982) 219.

T. Toffoli, « Bicontinuous Extensions of Invertible Combinatorial Functions », *Mathematical Systems Theory* **14** (1981) 13.

L. Priese, « On a Simple Combinatorial Structure Sufficient for Sublying Non-Trivial Self Reproduction », *Journal of Cybernetics* **6** (1976) 101.

Leçon 7

Carver A. Mead et Lyn Conway, *Introduction to VLSI Systems*, Addison-Wesley (1980).

Paul Horowitz et Winfield Hill, *The Art of Electronics*, Cambridge University Press, 2e édition (1989).

S. M. Sze, *Physics of Semiconductor Devices*, Wiley, 2e édition (1993).

Niel H. E. Weste et Kamran Eshraghian, *Principles of CMOS VLSI Design : A Systems Perspective*, Addison-Wesley, 2e édition (1993).

Greg Parker, *Introdutory Semiconductor Device Physics*, Prentice-Hall (1994).

C. L. Seitz, A. H. Frey, S. Mattisson, S. D. Rabin, D. A. Speck et J. L. A. van de Snepscheut, « Hot-Clock nMOS », *Chapel Hill Conference on VLSI*, 1 (1988).

Carver A. Mead, « Scaling of MOS Technology to Submicrometer Feature Sizes », *Journal of VLSI Signal Processing* **8** (1994) 9.

Maurice V. Wilkes, « The CMOS End-Point and Related Topics in Computing », *IEE Computing and Control Journal* **7** (1996) 101.

Index

Table des matières

Ouvrage publié sous la responsabilité éditoriale
de Gérard Jorland

n° d'édition : 7381-1415-1
Dépôt légal : août 2013

www.ingramcontent.com/pod-product-compliance
Lightning Source LLC
LaVergne TN
LVHW010644051026
849532LV00001B/167
* 9 7 8 2 7 3 8 1 1 4 1 5 0 *